职 业 教 育 课 程 改 革 新 教 材

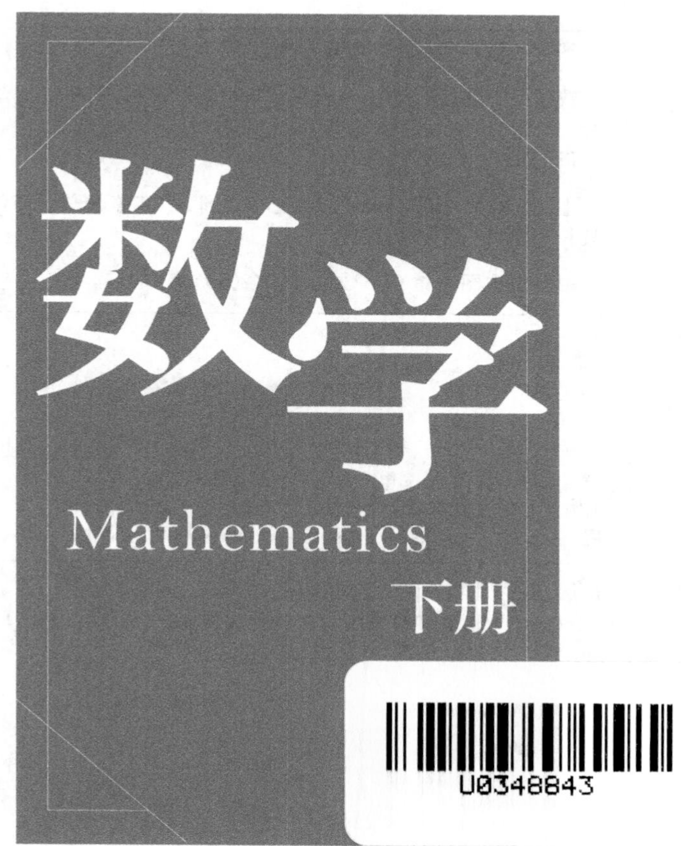

数学

Mathematics

下册

主　编　侯学群　孙少平

副主编　张　娟　王艳丽　吴　鹏

　　　　冯　静　王文文　罗庆丽

主　审　王兆晶　胡德文

zjfs.bnup.com | www.bnupg.com

图书在版编目(CIP)数据

数学．下册/侯学群，孙少平主编．—北京：北京师范大学出版社，2019.8　(2021.8 重印)
ISBN 978-7-303-24923-7

Ⅰ．①数…　Ⅱ．①侯…　②孙…　Ⅲ．①高等数学—高等职业教育—教材　Ⅳ．①O13

中国版本图书馆 CIP 数据核字(2019)第 159054 号

营 销 中 心 电 话　010-57654738　57654736
北师大出版社职业教育分社网　http://zjfs.bnup.com
电 子 信 箱　zhijiao@bnupg.com

出版发行：北京师范大学出版社　www.bnup.com
北京市西城区新街口外大街 12-3 号
邮政编码：100088
印　刷：北京虎彩文化传播有限公司
经　销：全国新华书店
开　本：787 mm×1092 mm　1/16
印　张：16.75
字　数：297 千字
版　次：2019 年 8 月第 1 版
印　次：2021 年 8 月第 3 次印刷
定　价：39.80 元

策划编辑：庞海龙　　责任编辑：马力敏
美术编辑：焦　丽　　装帧设计：锋尚设计
责任校对：陈　民　　责任印制：陈　涛

前 言

数学是研究数量关系和空间形式的科学，是科学和技术的基础，是现实生活中解决客观问题的必要工具，是人类文化的重要组成部分．在大数据和人工智能时代，数学在科学研究和社会生产服务中发挥着越来越重要的作用．数学课程是数学教育的基本形式，是学生获得数学知识和数学技能、掌握数学的基本思想方法、积累基本的数学活动经验、形成数学思维品质、具备一定的数学能力、提高数学文化修养的主要途径．

中等职业(技术)学校数学课程是中等职业(技术)学校学生必修的一门公共基础课程，承载着落实立德树人根本任务、发展素质教育的功能，具有基础性、发展性、应用性和多样性等特点．中等职业(技术)学校数学课程的任务是使中等职业学校学生获得进一步学习和职业发展所必需的数学知识、数学技能、数学思想和数学方法；具备中等职业(技术)教育数学学科核心素养，形成在未来学习和工作中运用数学知识发现问题的意识、运用数学方法和数学工具解决问题的能力；具备一定的科学精神、工匠精神和创新意识，养成良好的道德品质，成为德智体美劳全面发展的高素质技术技能人才．

本套教材是在2015年第一版的基础上修订出版的第二版，分为上册和下册，是根据《中等职业学校数学课程标准》(征求意见稿)、《技工院校公共课设置方案》、《数学课教学大纲》等文件精神，结合当前中等职业(技术)学校学生的特点，在第一版使用了三年的基础上编辑修订而成的．本套教材的特点是：

1．承上启下，学以致用．注重知识的衔接，强调学习的有效性．在九年义务教育的基础上，使学生进一步学习并掌握职业岗位和生活中所必要的数学基础知识，重点使得学生“愿意学，学得会，用得上”．

2．降低起点，化解难点．在讲授新的知识内容之前，先复习以前的有关知识，降低知识的起点，在呈现新的知识时，从多个方面去阐述，适当地降低抽象化和形式化的要求，帮助同学们更好地理解知识的本质.

3. 紧扣专业，突出重点. 对于不同的专业，根据相关的专业课程设置，打破第一版教材各章节的顺序，按照专业教学的实际需求规划各章节，突出专业需求和重点.

4. 夯实基础，分层教学. 在内容组织方面力求遵循因材施教、分层次教学的理念，引导学生逐步培养良好的学习习惯、实践意识、创新意识和实事求是的科学态度. 其中，加“*”号的章节作为选学内容，加“*”的题目作为选择题目的题目，供有精力和有需求的学生进行学习.

5. 体例清晰，结构完整. 例题、思考题、课堂练习配合紧密，每章小结画龙点睛，复习题训练注重层次，专题阅读丰富有趣.

本套教材主要由侯学群和孙少平修订、统稿和定稿. 本次修订工作是在遵循“坚持推进课程改革，不断打造精品教材”的要求下进行的，对各章的内容进行了修订和增补，修订的内容主要包括以下几个方面.

上册第 1 章删去了不等式与方程的一些简单内容，保留了不等式的基本性质与解法，增加了 1.3 基本不等式的应用，由侯学群、孙少平修订编写；增加了 2.1.5 区间、3.1.4 反函数及复合函数、3.3 一次函数和二次函数、4.3.3* 函数零点以及图像变换，由孙少平、侯学群修订编写；增加了第 7 章复数，由冯静编写；增加了第 8 章算法与程序框图，由张娟编写.

下册删除了第 10 章 Mathematica 软件初步；增加了 3.4 二项式定理，3.5 统计初步，由张娟编写；增加了 4.4 空间中点、直线、平面之间的位置关系，6.4 直线与圆锥曲线的应用，由孙少平、侯学群编写；增加了第 7 章参数方程和极坐标变换，由冯静编写.

对全书的习题配置、本章小结和专题阅读等内容进行了充实和调整，大幅度增加了每一章课堂练习及复习题(B)的内容，便于学生复习、巩固所学知识，提高学生解决实际问题的能力，主要由侯学群和孙少平修订编写.

本书的编写修订工作得到了北京师范大学出版社的大力支持，在此表示衷心的感谢！由于时间仓促和水平有限，在修订的过程中，尽管我们认真对待和严格要求，难免有不尽如人意的地方，诚请广大读者和同行批评指正.

编　者

2019 年 1 月

目 录

第 1 章　三角公式及其应用 …… 1

1.1　和角公式 …… 2

1.2　正弦型函数 …… 9

1.3　反三角函数 …… 14

1.4　正弦定理和余弦定理 …… 17

本章小结 …… 25

复习题一(A) …… 28

复习题一(B) …… 33

专题阅读 …… 36

第 2 章　数　列 …… 37

2.1　数列的基本概念 …… 38

2.2　等差数列 …… 41

2.3　等比数列 …… 48

本章小结 …… 54

复习题二(A) …… 56

复习题二(B) …… 59

专题阅读 …… 64

第 3 章　统计与概率 …… 65

3.1　两个计数原理 …… 66

3.2　排列及排列数 …… 68

3.3　组合及组合数 …… 75

3.4　二项式定理 …… 81

3.5　统计初步 …… 84

3.6 随机事件及其概率 …… 95
本章小结 …… 101
复习题三(A) …… 106
复习题三(B) …… 109
专题阅读 …… 112
第4章 立体几何 …… 114
4.1 空间几何体 …… 115
4.2 三视图与直观图 …… 123
4.3 简单几何体的表面积和体积 …… 129
4.4 空间中点、直线、平面之间的位置关系 …… 136
本章小结 …… 153
复习题四(A) …… 160
复习题四(B) …… 163
专题阅读 …… 167
第5章 直线与圆 …… 168
5.1 平面直角坐标系 …… 169
5.2 直线的方程 …… 172
5.3 圆的方程 …… 187
本章小结 …… 196
复习题五(A) …… 198
复习题五(B) …… 201
专题阅读 …… 204
第6章 圆锥曲线 …… 208
6.1 椭圆的方程 …… 209
6.2 双曲线的方程 …… 213
6.3 抛物线的方程 …… 219
6.4 直线与圆锥曲线的应用 …… 225
本章小结 …… 228
复习题六(A) …… 231
复习题六(B) …… 234
专题阅读 …… 237

第 7 章　参数方程和极坐标变换 …… 239
7.1　参数方程 …… 240
7.2　极坐标变换 …… 243
本章小结 …… 246
复习题七(A) …… 249
复习题七(B) …… 252
专题阅读 …… 254
参考文献 …… 258

第 1 章 三角公式及其应用

本章概述

本章在学习上册第 5 章三角函数的基础上，将继续学习反三角函数的概念、图像及性质，继续学习和角公式，并研究正弦型函数的图像和平移变换的方法. 学习正弦定理、余弦定理，并灵活运用这两个定理解斜三角形.

本章学习要求

△ 1. 掌握两角和、两角差、二倍角的正弦、余弦、正切的公式. 综合运用上述公式，化简三角函数式，求某些角的三角函数值，证明简单三角恒等式.

△ 2. 掌握正弦型函数的图像与性质，掌握三角函数图像平移变换的方法.

△ 3. 理解反三角函数的概念、图像及性质. 掌握已知三角函数值求指定区间内的角度及反正弦、反余弦、反正切的记号.

△ 4. 掌握正弦定理、余弦定理，灵活运用正弦定理、余弦定理解斜三角形.

1.1 和角公式

变换是研究数学的重要工具，恒等变换在解决数学问题时更是能达到事半功倍的效果. 在初中，我们已经学习过代数的变换，并且在上册第 5 章第二节也学习了同角三角函数的变换. 在此基础上，本节将介绍两角和与差的正弦、余弦和正切公式，并以此为依据学习包含两个角的三角函数的变换.

1.1.1 两角和与差的正弦、余弦和正切公式

在生活中，我们经常遇到研究两个角的和与差的正弦、余弦和正切的问题，也就是说，若任意给出角 α，β，那么角 $\alpha-\beta$，$\alpha+\beta$ 的正弦、余弦和正切值是多少呢？或者说能不能用 $\sin\alpha$，$\sin\beta$，$\cos\alpha$，$\cos\beta$，$\tan\alpha$，$\tan\beta$ 或者它们的线性组合来表示 $\sin(\alpha\pm\beta)$，$\cos(\alpha\pm\beta)$，$\tan(\alpha\pm\beta)$ 呢？

试想 $\sin(\alpha+\beta)=\sin\alpha+\sin\beta$ 吗？不妨取 $\alpha=\beta=\frac{\pi}{6}$，则 $\sin(\alpha+\beta)=\sin\frac{\pi}{3}=\frac{\sqrt{3}}{2}$，而 $\sin\frac{\pi}{6}+\sin\frac{\pi}{6}=1$. 显然，$\sin(\alpha+\beta)\neq\sin\alpha+\sin\beta$. 事实上，角 $\alpha+\beta$ 的正弦不但与 $\sin\alpha$ 和 $\sin\beta$ 有关，还与 $\cos\alpha$ 和 $\cos\beta$ 有关，其满足以下关系.

两角和的正弦公式为：

$$\sin(\alpha+\beta)=\sin\alpha\cos\beta+\cos\alpha\sin\beta. \qquad \boldsymbol{S_{(\alpha+\beta)}}$$

利用此式和前面的诱导公式，我们可以推得：

$$\begin{aligned}\sin(\alpha-\beta)&=\sin[\alpha+(-\beta)]\\&=\sin\alpha\cos(-\beta)+\cos\alpha\sin(-\beta)\\&=\sin\alpha\cos\beta-\cos\alpha\sin\beta.\end{aligned}$$

即两角差的正弦公式为：

$$\sin(\alpha-\beta)=\sin\alpha\cos\beta-\cos\alpha\sin\beta. \qquad \boldsymbol{S_{(\alpha-\beta)}}$$

在推导 $S_{(\alpha-\beta)}$ 的过程中都用到了哪些诱导公式?

上面我们得到了两角和与差的正弦公式，我们知道利用上册第 5 章第三节中的诱导公式(六)或诱导公式(七)可以实现正弦和余弦的互化，能不能利用公式 $S_{(\alpha+\beta)}$ 和 $S_{(\alpha-\beta)}$ 结合诱导公式(六)或诱导公式(七)推出用 $\sin\alpha$，$\sin\beta$，$\cos\alpha$，$\cos\beta$ 来表示 $\cos(\alpha+\beta)$ 和 $\cos(\alpha-\beta)$ 的公式呢？下面给出 $\cos(\alpha+\beta)$ 的推导过程.

$$\begin{aligned}\cos(\alpha+\beta)&=\sin\left[\frac{\pi}{2}-(\alpha+\beta)\right]\\&=\sin\left[\left(\frac{\pi}{2}-\alpha\right)-\beta\right]\\&=\sin\left(\frac{\pi}{2}-\alpha\right)\cos\beta-\cos\left(\frac{\pi}{2}-\alpha\right)\sin\beta\\&=\cos\alpha\cos\beta-\sin\alpha\sin\beta.\end{aligned}$$

所以，**两角和的余弦公式**为：

$$\cos(\alpha+\beta)=\cos\alpha\cos\beta-\sin\alpha\sin\beta. \qquad \boldsymbol{C_{(\alpha+\beta)}}$$

类似地，**两角差的余弦公式**为：

$$\cos(\alpha-\beta)=\cos\alpha\cos\beta+\sin\alpha\sin\beta. \qquad \boldsymbol{C_{(\alpha-\beta)}}$$

你能用 $S_{(\alpha+\beta)}$ 和 $C_{(\alpha-\beta)}$ 证明公式 $\sin\left(\frac{\pi}{2}+\alpha\right)=\cos\alpha$ 和 $\cos(2\pi-\beta)=\cos\beta$ 吗?

例 1 利用两角和的正弦公式，求 $\sin 75°$.

解 $\sin 75°=\sin(30°+45°)=\sin 30°\cos 45°+\cos 30°\sin 45°$

$$=\frac{1}{2}\times\frac{\sqrt{2}}{2}+\frac{\sqrt{3}}{2}\times\frac{\sqrt{2}}{2}=\frac{\sqrt{2}+\sqrt{6}}{4}.$$

例 2 已知 $\sin\alpha=\frac{3}{5}$，$\alpha\in\left(\frac{\pi}{2},\pi\right)$，$\cos\beta=-\frac{12}{13}$，$\beta$ 是第二象限角，求 $\sin(\alpha-\beta)$，$\cos(\alpha+\beta)$.

解 由已知 $\sin\alpha=\frac{3}{5}$，$\alpha\in\left(\frac{\pi}{2},\ \pi\right)$，得

$\cos\alpha=-\sqrt{1-\sin^2\alpha}=-\sqrt{1-\left(\frac{3}{5}\right)^2}=-\frac{4}{5}$.

又由 $\cos\beta=-\frac{12}{13}$，β 是第二象限角，得

$\sin\beta=\sqrt{1-\cos^2\beta}=\sqrt{1-\left(-\frac{12}{13}\right)^2}=\frac{5}{13}$.

所以，$\sin(\alpha-\beta)=\sin\alpha\cos\beta-\cos\alpha\sin\beta=\frac{3}{5}\times\left(-\frac{12}{13}\right)-\left(-\frac{4}{5}\right)\times\frac{5}{13}=-\frac{16}{65}$，

$\cos(\alpha+\beta)=\cos\alpha\cos\beta-\sin\alpha\sin\beta=\left(-\frac{4}{5}\right)\times\left(-\frac{12}{13}\right)-\frac{3}{5}\times\frac{5}{13}=\frac{33}{65}$.

同样地，我们可以利用正切函数与正弦、余弦的关系推出**两角和与差的正切公式为：**

$$\tan(\alpha+\beta)=\frac{\tan\alpha+\tan\beta}{1-\tan\alpha\tan\beta};\qquad \boldsymbol{T_{(\alpha+\beta)}}$$

$$\tan(\alpha-\beta)=\frac{\tan\alpha-\tan\beta}{1+\tan\alpha\tan\beta}.\qquad \boldsymbol{T_{(\alpha-\beta)}}$$

我们知道，公式 $S_{(\alpha+\beta)}$，$C_{(\alpha+\beta)}$ 和 $T_{(\alpha+\beta)}$ 给出了任意角 α，β 的三角函数与它们的和角 $\alpha+\beta$ 的三角函数的关系，因此，我们通常把这三个公式称为**和角公式.**

同样地，公式 $S_{(\alpha-\beta)}$，$C_{(\alpha-\beta)}$ 和 $T_{(\alpha-\beta)}$ 称为**差角公式.**

根据以上推导过程，我们可以得到两角和与差的三角函数公式之间的关系，如图 1-1 所示.

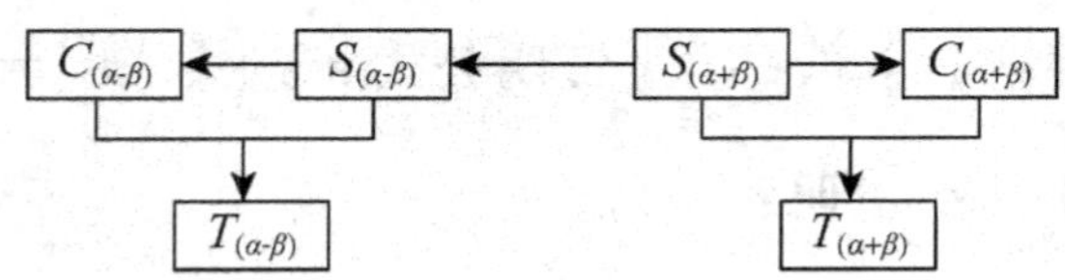

图 1-1

例 3 已知 $\sin\theta=-\frac{4}{5}$，θ 为第三象限角，求 $\tan\left(\frac{\pi}{4}+\theta\right)$，$\tan\left(\frac{\pi}{4}-\theta\right)$.

解 由 $\sin\theta=-\frac{4}{5}$，θ 为第三象限角，得

$$\cos\theta=-\sqrt{1-\sin^2\theta}=-\sqrt{1-\left(-\frac{4}{5}\right)^2}=-\frac{3}{5},$$

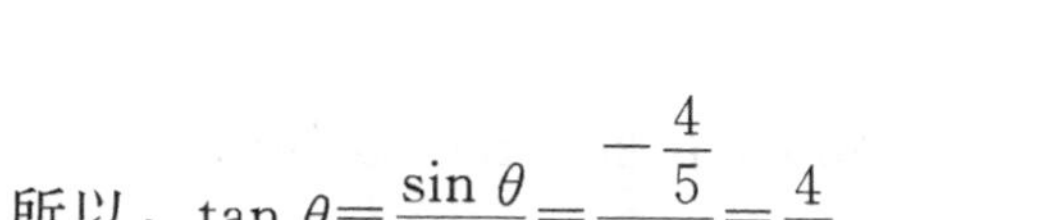

所以，$\tan\theta=\dfrac{\sin\theta}{\cos\theta}=\dfrac{-\frac{4}{5}}{-\frac{3}{5}}=\dfrac{4}{3}$.

因此，$\tan\left(\dfrac{\pi}{4}+\theta\right)=\dfrac{\tan\frac{\pi}{4}+\tan\theta}{1-\tan\frac{\pi}{4}\tan\theta}=\dfrac{1+\tan\theta}{1-\tan\theta}=\dfrac{1+\frac{4}{3}}{1-\frac{4}{3}}=-7$.

$\tan\left(\dfrac{\pi}{4}-\theta\right)=\dfrac{\tan\frac{\pi}{4}-\tan\theta}{1+\tan\frac{\pi}{4}\tan\theta}=\dfrac{1-\tan\theta}{1+\tan\theta}=\dfrac{1-\frac{4}{3}}{1+\frac{4}{3}}=-\dfrac{1}{7}$.

例 4 利用和(差)角公式计算下列各式的值.

(1)$\sin 56^\circ\cos 26^\circ-\cos 56^\circ\sin 26^\circ$；

(2)$\cos 85^\circ\cos 25^\circ+\sin 85^\circ\sin 25^\circ$；

(3)$\dfrac{1-\tan 15^\circ}{1+\tan 15^\circ}$.

解 (1)$\sin 56^\circ\cos 26^\circ-\cos 56^\circ\sin 26^\circ=\sin(56^\circ-26^\circ)=\sin 30^\circ=\dfrac{1}{2}$.

(2)$\cos 85^\circ\cos 25^\circ+\sin 85^\circ\sin 25^\circ=\cos(85^\circ-25^\circ)=\cos 60^\circ=\dfrac{1}{2}$.

(3)$\dfrac{1-\tan 15^\circ}{1+\tan 15^\circ}=\dfrac{\tan 45^\circ-\tan 15^\circ}{1+\tan 45^\circ\tan 15^\circ}=\tan(45^\circ-15^\circ)=\tan 30^\circ=\dfrac{\sqrt{3}}{3}$.

1.1.2 二倍角的正弦、余弦和正切公式

在上一节中我们给出了任意角 α，β 的和与差的正弦、余弦和正切公式．在这里，当 $\alpha=\beta$ 时，我们就可以利用和角公式 $S_{(\alpha+\beta)}$，$C_{(\alpha+\beta)}$ 和 $T_{(\alpha+\beta)}$ 很容易得到**倍角公式**．

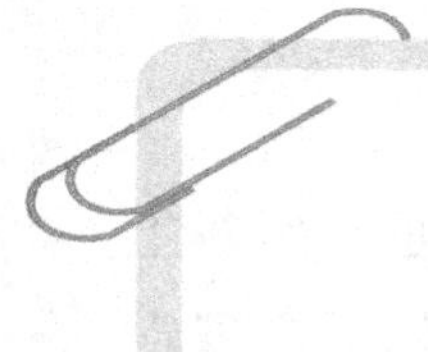

$\sin 2\alpha=2\sin\alpha\cos\alpha$；

$\cos 2\alpha=\cos^2\alpha-\sin^2\alpha=1-2\sin^2\alpha=2\cos^2\alpha-1$；

$\tan 2\alpha=\dfrac{2\tan\alpha}{1-\tan^2\alpha}$.

小贴士：这里的倍角专指二倍角.

例 5 若 $\sin\alpha=\frac{12}{13}$，$\frac{\pi}{2}<\alpha<\pi$，求 $\sin 2\alpha$，$\cos 2\alpha$，$\tan 2\alpha$ 的值.

解 由 $\frac{\pi}{2}<\alpha<\pi$，得

$$\cos\alpha=-\sqrt{1-\sin^2\alpha}=-\sqrt{1-\left(\frac{12}{13}\right)^2}=-\frac{5}{13},$$

所以，

$$\sin 2\alpha=2\sin\alpha\cos\alpha=2\times\frac{12}{13}\times\left(-\frac{5}{13}\right)=-\frac{120}{169},$$

$$\cos 2\alpha=\cos^2\alpha-\sin^2\alpha=\left(-\frac{5}{13}\right)^2-\left(\frac{12}{13}\right)^2=-\frac{119}{169},$$

$$\tan 2\alpha=\frac{\sin 2\alpha}{\cos 2\alpha}=\frac{-\frac{120}{169}}{-\frac{119}{169}}=\frac{120}{119}.$$

例 6 求下列各式的值.

(1) $\sin 15°\cos 15°$；

(2) $2-2\sin^2 22.5°$；

(3) $\frac{\tan 22.5°}{1-\tan^2 22.5°}$.

解 (1) $\sin 15°\cos 15°=\frac{1}{2}\times 2\sin 15°\cos 15°=\frac{1}{2}\times\sin 30°=\frac{1}{2}\times\frac{1}{2}=\frac{1}{4}$；

(2) $2-2\sin^2 22.5°=1+1-2\sin^2 22.5°=1+\cos 45°=1+\frac{\sqrt{2}}{2}$；

(3) $\frac{\tan 22.5°}{1-\tan^2 22.5°}=\frac{1}{2}\times\frac{2\tan 22.5°}{1-\tan^2 22.5°}=\frac{1}{2}\times\tan 45°=\frac{1}{2}$.

1.1.3 简单的三角恒等变换

三角函数的和角公式、差角公式和倍角公式给我们提供了三角变换的新工具，为我们方便灵活地进行三角变换提供了新思路、新方法，也为我们提高逻辑推理能力提供了新平台，但在具体的三角变换中仍需要我们注意变换的技巧.

例 7 试给出 $\sin\alpha$，$\cos\alpha$ 和 $\sin\frac{\alpha}{2}$，$\cos\frac{\alpha}{2}$之间的关系式.

解 α 是$\frac{\alpha}{2}$的二倍角，在倍角公式

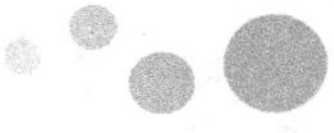

$$\sin 2\alpha=2\sin\alpha\cos\alpha,$$
$$\cos 2\alpha=\cos^2\alpha-\sin^2\alpha=1-2\sin^2\alpha=2\cos^2\alpha-1,$$
$$\tan 2\alpha=\frac{2\tan\alpha}{1-\tan^2\alpha}$$

中，以 α 代替 2α，以 $\frac{\alpha}{2}$ 代替 α，即得

$$\sin\alpha=2\sin\frac{\alpha}{2}\cos\frac{\alpha}{2},$$

$$\cos\alpha=\cos^2\frac{\alpha}{2}-\sin^2\frac{\alpha}{2}=1-2\sin^2\frac{\alpha}{2}=2\cos^2\frac{\alpha}{2}-1,$$

$$\tan\alpha=\frac{2\tan\frac{\alpha}{2}}{1-\tan^2\frac{\alpha}{2}}.$$

在 $\cos\alpha=1-2\sin^2\frac{\alpha}{2}=2\cos^2\frac{\alpha}{2}-1$ 中怎样用 $\cos\alpha$ 表示 $\sin\frac{\alpha}{2}$，$\cos\frac{\alpha}{2}$？

在三角变换中，不仅三角函数的形式结构有所差异，而且三角函数所包含的角以及三角函数的函数类型也会有所变化．因此，在进行三角恒等变换时，通常先观察三角函数式中角的大小关系，然后以此为依据找出三角函数式与和角公式、差角公式以及倍角公式的联系，从而找到三角恒等变换的突破口．

例 8 求证：(1) $\cos\alpha\sin\beta=\frac{1}{2}[\sin(\alpha+\beta)-\sin(\alpha-\beta)]$；

(2) $\sin\theta-\sin\gamma=2\cos\frac{\theta+\gamma}{2}\sin\frac{\theta-\gamma}{2}$.

解 (1)因为

$$\sin(\alpha+\beta)=\sin\alpha\cos\beta+\cos\alpha\sin\beta,$$
$$\sin(\alpha-\beta)=\sin\alpha\cos\beta-\cos\alpha\sin\beta.$$

将上面两式两端分别相减，得

$$\sin(\alpha+\beta)-\sin(\alpha-\beta)=2\cos\alpha\sin\beta,$$

即

$$\cos\alpha\sin\beta=\frac{1}{2}[\sin(\alpha+\beta)-\sin(\alpha-\beta)].$$

(2)由(1)可得

$$\sin(\alpha+\beta)-\sin(\alpha-\beta)=2\cos\alpha\sin\beta. \quad ①$$

令 $\alpha+\beta=\theta$，$\alpha-\beta=\gamma$，则 $\alpha=\frac{\theta+\gamma}{2}$，$\beta=\frac{\theta-\gamma}{2}$.

把 α，β 的值代入①式，即可得

$$\sin\theta-\sin\gamma=2\cos\frac{\theta+\gamma}{2}\sin\frac{\theta-\gamma}{2}.$$

事实上，在例 8 的证明中我们用到了换元的思想．若令 $\alpha+\beta=\theta$，$\alpha-\beta=\gamma$，则 $\alpha=\frac{\theta+\gamma}{2}$，$\beta=\frac{\theta-\gamma}{2}$，从而三角函数式就变成了含有角 θ，γ 的三角函数. 另外，在第一小题的求解中，还暗含了解方程的思想.

在三角恒等变换中最重要的一步是什么？

思考题 1－1

1. 你能用公式 $C_{(\alpha+\beta)}$ 推导出公式 $S_{(\alpha+\beta)}$ 吗？
2. 你能总结进行三角恒等变换的技巧吗？

课堂练习 1－1

1. 求下列三角函数的值.

(1) $\sin 15°$；　(2) $\cos 15°$；　(3) $\tan 105°$.

2. 若 $\sin\alpha=\frac{3}{5}$，α 为第一象限角，求 $\cos\left(\frac{\pi}{6}-\alpha\right)$.

3. 若 $\cos\gamma=\frac{8}{17}$，$\gamma\in\left(\frac{3\pi}{2},\ 2\pi\right)$，求 $\sin\left(\gamma-\frac{\pi}{4}\right)$.

4. 若 $\sin\alpha=\frac{12}{13}$，α 为第二象限角，$\cos\beta=-\frac{3}{5}$，$\beta\in\left(\frac{\pi}{2},\ \pi\right)$，求 $\cos(\alpha-\beta)$，$\tan(\alpha+\beta)$.

5. 若 $\cos\theta=\frac{5}{13}$，$\theta\in\left(0,\ \frac{\pi}{2}\right)$，求 $\tan\left(\frac{\pi}{4}+\theta\right)$，$\tan\left(\frac{\pi}{4}-\theta\right)$.

6. 求下列各式的值.

(1) $\cos 67°\cos 7°+\sin 67°\sin 7°$；

(2) $\cos 91°\sin 31°-\sin 91°\cos 31°$；

(3) $\sin 23°\sin 37°-\cos 23°\cos 37°$；

(4) $\cos 17°\sin 73°+\sin 17°\cos 73°$.

7. $\sin\left(\frac{\pi}{2}-\alpha\right)=\frac{3}{5}$，$\alpha\in\left(0,\ \frac{\pi}{2}\right)$，求 $\sin 2\alpha$，$\cos 2\alpha$，$\tan 2\alpha$.

8. 求下列各式的值.

(1) $\sin 75°\cos 75°$；

(2) $2\sin^2\frac{\pi}{12}-1$.

1.2 正弦型函数

三角函数的图像在生活中的应用极其广泛．例如，心电图随时间的变化规律，电视机、电冰箱、洗衣机中交流电 i 与时间 t 的变化规律等．图 1-2(a)是关于某电流 i 与时间 t 的函数 $i=30\sin\left(100\pi t-\frac{\pi}{4}\right)$的图像．另外，简谐振动中单摆对平衡位置的位移 y 与时间 x 的关系也是形如 $y=A\sin(\omega x+\varphi)$的函数，如图 1-2(b)所示．观察图 1-2 中的图像，可以看出，图 1-2 中图像的形状和正弦函数的图像十分相似，那么，这些图像是怎样画出来的呢？它们与正弦函数有怎样的联系呢？这就是我们本节课将要解决的问题．

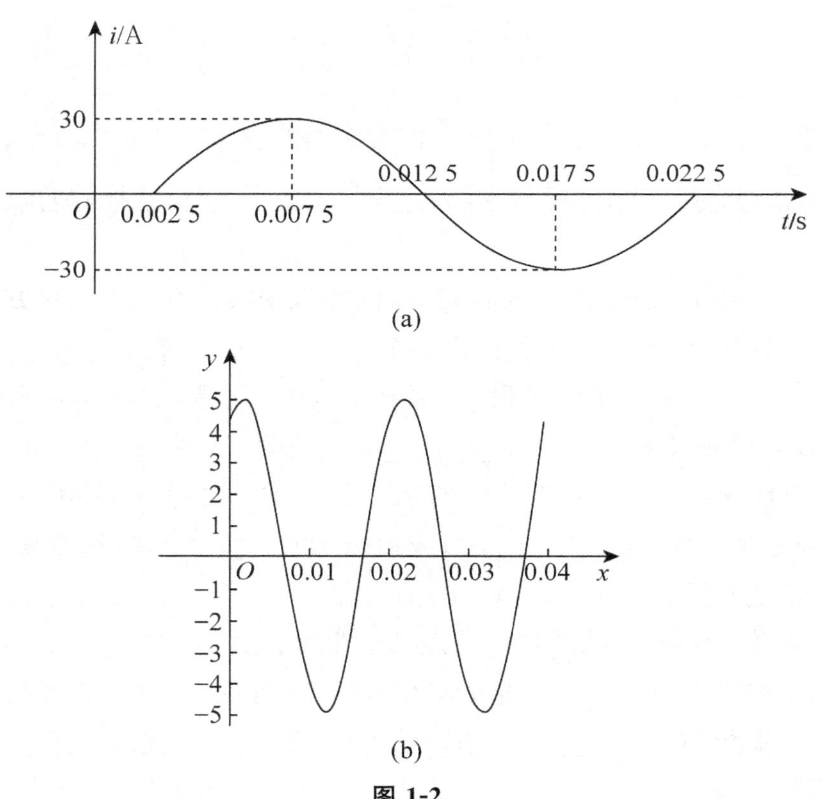

图 1-2

我们把形如 $y=A\sin(\omega x+\varphi)$（$A$，$\omega$，$\varphi$ 为常数）的函数称为**正弦型函数**．其中，A 称为**振幅**，$\omega x+\varphi$ 称为**相位**，φ 称为**初相**，$f=\frac{1}{T}$称为**频率**．这里，T 是周期．

因为函数

$$y=A\sin(\omega x+\varphi)=A\sin(\omega x+\varphi+2\pi)=A\sin\left[\omega\left(x+\frac{2\pi}{\omega}\right)+\varphi\right],$$

所以，函数 $y=A\sin(\omega x+\varphi)$（$A>0$，$\omega>0$，$\varphi$ 为常数）是周期函数，它的周期为

$$T=\frac{2\pi}{\omega}.$$

事实上，今后可以将公式 $T=\frac{2\pi}{\omega}$作为求解形如 $y=A\sin(\omega x+\varphi)$（$A>0$，$\omega>0$，$\varphi$ 为常数）或 $y=A\cos(\omega x+\varphi)$（$A>0$，$\omega>0$，$\varphi$ 为常数）的函数的周期的公式．

函数 $y=A\sin(\omega x+\varphi)$（$A>0$，$\omega>0$）的图像变换，有以下两种方法．

（1）把函数 $y=\sin x$ 的图像向左（当________时），或向________（当 $\varphi<0$ 时）平移________个单位长度得到 $y=\sin(x+\varphi)$的图像，再把 $y=\sin(x+\varphi)$的图像上所有点的横坐标扩大（当________时）或缩短（当________时）到原来的________倍（纵坐标不变）得到 $y=\sin(\omega x+\varphi)$图像，再把 $y=\sin(\omega x+\varphi)$的图像上每点的纵坐标扩大（当________时）或缩短（当________时）到原来的________倍（横坐标不变）得到 $y=A\sin(\omega x+\varphi)$的图像．

（2）把函数 $y=\sin x$ 的图像上每点的横坐标扩大（当________时）或缩短（当________时）到原来的________倍（纵坐标不变）得到 $y=\sin\omega x$ 的图像，再把 $y=\sin\omega x$ 的图像向左（当________时）或向右（当________时）平移________个单位长度得到 $y=\sin(\omega x+\varphi)$的图像，再把 $y=\sin(\omega x+\varphi)$的图像上每点的纵坐标扩大（当________时）或缩短（当________时）到原来的________倍得到 $y=A\sin(\omega x+\varphi)$的图像．

下面我们以例 1 为例来研究当 $A>0$，$\omega>0$ 时，形如 $y=A\sin(\omega x+\varphi)$的函数的图像和性质．

例 1 画出函数 $y=3\sin\left(2x+\frac{\pi}{3}\right)$ 的图像，并求出该函数的定义域、值域、周期、单调区间.

解 第一步，因为 $y=3\sin\left(2x+\frac{\pi}{3}\right)$ 是周期函数，所以，先画出该函数在一个周期上的图像.

为什么 $y=3\sin\left(2x+\frac{\pi}{3}\right)$ 是周期函数？你能给出推导过程吗？

列表 1-1，把 $2x+\frac{\pi}{3}$ 看成一个角，利用五点法，使它的值分别等于 0，$\frac{\pi}{2}$，π，$\frac{3\pi}{2}$，2π，求出 x.

表 1-1

$2x+\frac{\pi}{3}$	0	$\frac{\pi}{2}$	π	$\frac{3\pi}{2}$	2π
x	$-\frac{\pi}{6}$	$\frac{\pi}{12}$	$\frac{\pi}{3}$	$\frac{7\pi}{12}$	$\frac{5\pi}{6}$
$y=3\sin(2x+\frac{\pi}{3})$	0	3	0	-3	0

描点连线，以表 1-1 中对应的 x，y 的值为坐标在平面直角坐标系中描点，并用光滑的曲线连接各点，如图 1-3(a)所示.

第二步，因为函数 $y=3\sin\left(2x+\frac{\pi}{3}\right)$ 的周期 $T=\frac{2\pi}{\omega}=\frac{2\pi}{2}=\pi$，所以，把图 1-3(a)中的图像分别向左右平移 π，2π，3π，…个单位长度，就能得到 $y=3\sin\left(2x+\frac{\pi}{3}\right)$ 的图像，如图 1-3(b)所示.

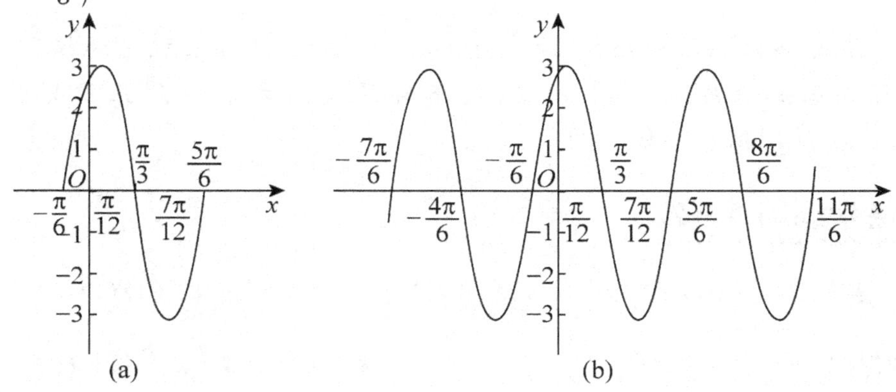

图 1-3

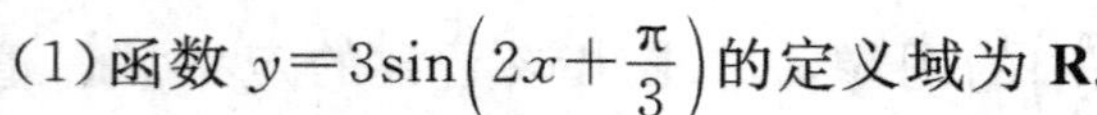

(1)函数 $y=3\sin\left(2x+\frac{\pi}{3}\right)$的定义域为**R**.

(2)值域为$[-3,\ 3]$，当 $2x+\frac{\pi}{3}=\frac{\pi}{2}+2k\pi(k\in\mathbf{Z})$，即 $x=\frac{\pi}{12}+k\pi$ 时，$y=3\sin\left(2x+\frac{\pi}{3}\right)$取得最大值 3，当 $2x+\frac{\pi}{3}=\frac{3\pi}{2}+2k\pi(k\in\mathbf{Z})$，即 $x=\frac{7\pi}{12}+k\pi$ 时，$y=3\sin\left(2x+\frac{\pi}{3}\right)$取得最小值$-3$.

(3)周期 $T=\frac{2\pi}{\omega}=\frac{2\pi}{2}=\pi$.

(4)根据函数的图像和周期性可知，函数 $y=3\sin\left(2x+\frac{\pi}{3}\right)$的单调减区间是$\left[\frac{\pi}{12}+k\pi,\ \frac{7\pi}{12}+k\pi\right]$，单调增区间是$\left[\frac{7\pi}{12}+k\pi,\ \frac{13\pi}{12}+k\pi\right]$.

讨论 $y=3\sin\left(2x+\frac{\pi}{3}\right)$的奇偶性.

例 2　请写出引文中交流电 i(单位：A)与时间 t(单位：s)的函数 $i=30\cdot\sin\left(100\pi t-\frac{\pi}{4}\right)$的周期、振幅、最大值、最小值、初相和频率.

解　周期是 $T=\frac{2\pi}{\omega}=\frac{2\pi}{100\pi}=0.02$ s，振幅为 30；

电流 i 的最大值是 30 A，最小值是-30 A；

初相 $\varphi=-\frac{\pi}{4}$；

频率 $f=\frac{1}{T}=\frac{1}{0.02}=50(\text{Hz})$.

思考题 1－2

1. 用五点法画正弦型函数 $y=A\sin(\omega x+\varphi)$时，怎样选取 x 的值？

2. 已知正弦曲线 $y=\sin x$，通过怎样的变换才能得到正弦型函数 $y=A\sin(\omega x+\varphi)$的图像？举例说明.

课堂练习 1－2

1. 要得到函数 $y=\sin x$ 的图像，只需将函数 $y=\cos\left(x-\frac{\pi}{3}\right)$的图像(　　).

A. 向右平移$\frac{\pi}{6}$个单位长度　　　　B. 向右平移$\frac{\pi}{3}$个单位长度

C. 向左平移$\frac{\pi}{3}$个单位长度　　D. 向左平移$\frac{\pi}{6}$个单位长度

2. 将函数 $y=\sin x$ 的图像上所有点向左平移$\frac{\pi}{3}$个单位，再把所得图像上各点横坐标扩大到原来的 2 倍，则所得图像的解析式为(　　).

A. $y=\sin\left(\frac{x}{2}-\frac{\pi}{3}\right)$　　B. $y=\sin\left(\frac{x}{2}+\frac{\pi}{6}\right)$

C. $y=\sin\left(\frac{x}{2}+\frac{\pi}{3}\right)$　　D. $y=\sin\left(2x+\frac{\pi}{3}\right)$

3. 若函数 $f(x)=2\sin(\omega x+\varphi)$，$x\in\mathbf{R}(\omega>0,\ |\varphi|<\frac{\pi}{2})$的最小正周期是 π，且 $f(0)=\sqrt{3}$，则(　　).

A. $\omega=\frac{1}{2}$，$\varphi=\frac{\pi}{6}$　　B. $\omega=\frac{1}{2}$，$\varphi=\frac{\pi}{3}$

C. $\omega=2$，$\varphi=\frac{\pi}{6}$　　D. $\omega=2$，$\varphi=\frac{\pi}{3}$

4. 函数 $y=\sin\left(2x+\frac{5}{2}\pi\right)$的图像的一条对称轴方程是(　　).

A. $x=2-\frac{\pi}{2}$　　B. $x=-\frac{\pi}{4}$　　C. $x=\frac{\pi}{8}$　　D. $x=\frac{5}{4}\pi$

5. 要得到 $y=\sin\left(x+\frac{\pi}{3}\right)$的图像，只需把 $y=\sin x$ 的图像(　　).

A. 向左平移$\frac{\pi}{3}$个单位长度　　B. 向右平移$\frac{\pi}{3}$个单位长度

C. 向左平移$\frac{1}{3}$个单位长度　　D. 向右平移$\frac{1}{3}$个单位长度

6. 要得到 $y=\cos\left(\frac{x}{2}-\frac{\pi}{4}\right)$的图像，只需将 $y=\cos\frac{x}{2}$的图像(　　).

A. 向左平移$\frac{\pi}{2}$个单位长度　　B. 向右平移$\frac{\pi}{2}$个单位长度

C. 向左平移$\frac{\pi}{4}$个单位长度　　D. 向右平移$\frac{\pi}{4}$个单位长度

7. 要得到 $y=\sin\frac{x}{4}$的图像，只需把 $y=\sin x$ 的图像上所有点(　　).

A. 横坐标扩大到原来的 4 倍，纵坐标不变

B. 横坐标缩短到原来的$\frac{1}{4}$，纵坐标不变

C. 纵坐标扩大到原来的 4 倍，横坐标不变

D. 纵坐标缩短到原来的$\frac{1}{4}$，横坐标不变

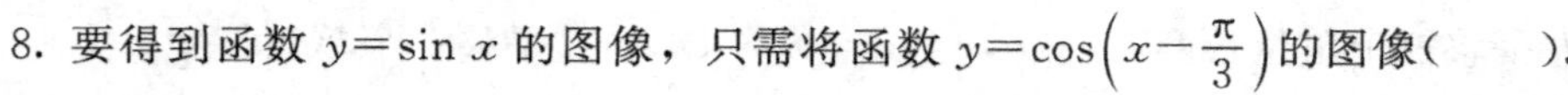

8. 要得到函数 $y=\sin x$ 的图像，只需将函数 $y=\cos\left(x-\frac{\pi}{3}\right)$ 的图像(　　).

A. 向右平移$\frac{\pi}{6}$个单位长度　　B. 向右平移$\frac{\pi}{3}$个单位长度

C. 向左平移$\frac{\pi}{3}$个单位长度　　D. 向左平移$\frac{\pi}{6}$个单位长度

9. 若函数 $y=f(x)$ 的图像上每一点的纵坐标保持不变，横坐标扩大到原来的 2 倍，再将整个图像沿 x 轴向左平移$\frac{\pi}{2}$个单位长度，沿 y 轴向下平移 1 个单位长度，得到函数 $y=\frac{1}{2}\sin x$ 的图像，则 $y=f(x)$ 是(　　).

A. $y=\frac{1}{2}\sin\left(2x+\frac{\pi}{2}\right)+1$　　B. $y=\frac{1}{2}\sin\left(2x-\frac{\pi}{2}\right)+1$

C. $y=\frac{1}{2}\sin\left(2x+\frac{\pi}{4}\right)+1$　　D. $y=\frac{1}{2}\sin\left(2x-\frac{\pi}{4}\right)+1$

10. 已知函数 $f(x)=\sin\left(\omega x+\frac{\pi}{3}\right)(\omega>0)$ 的最小正周期为 π，则该函数的图像(　　).

A. 关于点$\left(\frac{\pi}{3}, 0\right)$对称　　B. 关于直线 $x=\frac{\pi}{4}$ 对称

C. 关于点$\left(\frac{\pi}{4}, 0\right)$对称　　D. 关于直线 $x=\frac{\pi}{3}$ 对称

11. 已知函数 $f(x)=\sin^2 x+\sqrt{3}\sin x\cos x+2\cos^2 x$，$x\in\mathbf{R}$，则函数 $f(x)$ 的图像可以由函数 $y=\sin 2x(x\in\mathbf{R})$ 的图像经过怎样的变换得到？

12. 已知函数 $y=2\sin\left(\frac{1}{2}x-\frac{\pi}{4}\right)$，

(1)用五点法作出函数的图像；

(2)说明此图像是由 $y=\sin x$ 的图像经过怎样的变化得到的；

(3)求此函数的振幅、周期和初相；

(4)求此函数图像的对称轴方程、对称中心．

1.3　反三角函数

在前面，学习函数的概念时，我们学习了反函数的概念，三角函数是一类特殊的函数，它的反函数的图像和性质是怎样的呢？下面我们介绍反三角函数的概念.

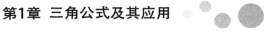

三角函数是周期函数，因此，它们在各自的自然定义域上不是一一映射．在这里，我们所说的三角函数的定义域限制在某一个单调区间上．下面我们以表格的形式给出反三角函数的图像和性质，如表 1-2 所示．

一般地，我们都研究函数的哪些性质？

表 1-2　反三角函数的图像和性质

名称		反正弦函数 $y=\arcsin x$	反余弦函数 $y=\arccos x$	反正切函数 $y=\arctan x$
图像				
性质	定义域	$[-1,\ 1]$	$[-1,\ 1]$	$(-\infty,\ +\infty)$
	值域	$\left[-\frac{\pi}{2},\ \frac{\pi}{2}\right]$	$[0,\ \pi]$	$\left(-\frac{\pi}{2},\ \frac{\pi}{2}\right)$
	单调性	在 $[-1,\ 1]$上单调递增	在$[-1,\ 1]$上单调递减	在$(-\infty,\ +\infty)$上单调递增
	奇偶性	奇函数	非奇非偶函数	奇函数
恒等式		$\sin(\arcsin x)=x$, $x\in[-1,\ 1]$ $\arcsin(\sin x)=x$, $x\in\left[-\frac{\pi}{2},\ \frac{\pi}{2}\right]$	$\cos(\arccos x)=x$, $x\in[-1,\ 1]$ $\arccos(\cos x)=x$, $x\in[0,\ \pi]$	$\tan(\arctan x)=x$, $x\in\mathbf{R}$ $\arctan(\tan x)=x$, $x\in\left(-\frac{\pi}{2},\ \frac{\pi}{2}\right)$

例 1　说出下列反三角函数的值．

$\arcsin\frac{1}{2}$；$\arccos\frac{\sqrt{2}}{2}$；$\arcsin\left(-\frac{\sqrt{3}}{2}\right)$；$\arctan\sqrt{3}$.

解 因为 $\sin\frac{\pi}{6}=\frac{1}{2}$，所以，$\arcsin\frac{1}{2}=\frac{\pi}{6}$.

同理可得，$\arccos\frac{\sqrt{2}}{2}=\frac{\pi}{4}$，$\arcsin\left(-\frac{\sqrt{3}}{2}\right)=-\frac{\pi}{3}$，$\arctan\sqrt{3}=\frac{\pi}{3}$.

例 2 比较函数 $\arcsin\frac{4}{5}$，$\arctan\frac{1}{2}$和 $\arccos\left(-\frac{2}{3}\right)$的大小.

解 因为 $\arcsin\frac{4}{5}<\frac{\pi}{2}$，$\arctan\frac{1}{2}<\frac{\pi}{2}$，$\arccos\left(-\frac{2}{3}\right)>\frac{\pi}{2}$，

所以，$\arccos\left(-\frac{2}{3}\right)$最大.

又因为$\frac{4}{5}>\frac{\sqrt{2}}{2}$，所以，$\arcsin\frac{4}{5}>\arcsin\frac{\sqrt{2}}{2}=\frac{\pi}{4}$，

$\frac{1}{2}<1$，所以，$\arctan\frac{1}{2}<\arctan 1=\frac{\pi}{4}$，

综上可得，$\arctan\frac{1}{2}<\arcsin\frac{4}{5}<\text{arcos}\left(-\frac{2}{3}\right)$.

思考题 1-3

1. 等式 $\arcsin x+\arccos x=\frac{\pi}{2}$成立吗？说明理由.

2. $\sin(\arcsin x)=x$，$\arcsin(\sin x)=x$ 一定成立吗？若不成立，说明理由.

课堂练习 1-3

1. 说出下列反三角函数的值.

$\arcsin\frac{\sqrt{2}}{2}$；$\arccos\frac{1}{2}$；$\arcsin\left(-\frac{\sqrt{2}}{2}\right)$；$\arctan(-\sqrt{3})$；

$\arcsin(-1)$；$\arccos 0$；$\arcsin\frac{\sqrt{3}}{2}$；$\arctan\frac{\sqrt{3}}{3}$.

2. 比较下列反三角函数的值.

(1)$\arcsin\frac{1}{3}$与 $\arcsin\frac{3}{4}$； (2)$\arccos\frac{1}{7}$与 $\arccos\frac{2}{7}$；

(3)$\arctan 2$ 与 $\arctan 3$； (4)$\arcsin\frac{2}{5}$与 $\arccos\frac{2}{3}$.

1.4 正弦定理和余弦定理

在生活中，我们经常会遇到测量长度、高度的问题，借助锐角三角函数的知识可以解决此类问题，但在实际工作中，还会遇到一些复杂的测量问题，如在航行图中测出两个岛屿之间的距离，测量顶部或底部不可到达的建筑物的高度等，这些问题仅用锐角三角函数的知识来解决是远远不够的，它需要我们进一步掌握任意三角形中边与角的关系. 在本节，我们将给出正弦定理和余弦定理以及怎样用这两个定理来解决实际测量中的问题.

1.4.1 正弦定理

我们已经知道，在任意三角形中，有等边对等角、大边对大角、小边对小角的关系，那么，在三角形中能不能得到边与角的精准关系呢？

今后如不特加说明，在△ABC 中，通常用大写字母 A，B，C，…表示角，用小写字母 a，b，c，…表示角所对应的边.

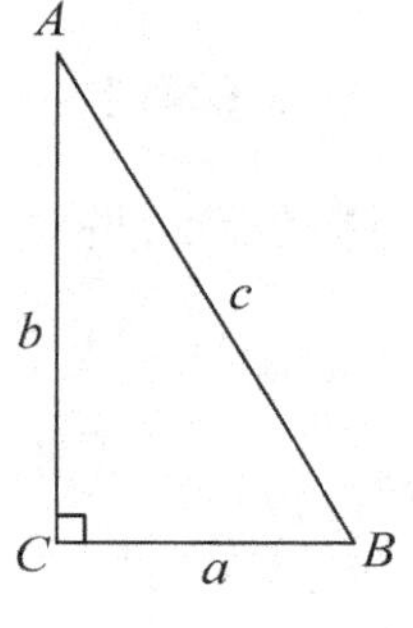

图 1-4

如图 1-4 所示，在△ABC 中，已知角 A 所对的边 BC 用 a 表示，角 B 所对的边 AC 用 b 表示，角 C 所对的边 AB 用 c 表示，那么，角 A，B，C 与边 a，b，c 之间有怎样的关系呢？下面我们首先来研究直角三角形.

在 Rt△ABC 中，根据锐角三角函数的定义，我们知道

$$\sin A=\frac{a}{c},$$

$$\sin B=\frac{b}{c}.$$

也就是说，$\frac{a}{\sin A}=\frac{b}{\sin B}=c$，又因为 $\sin C=1$，所以，

$$\frac{a}{\sin A}=\frac{b}{\sin B}=\frac{c}{\sin C}.$$

对于一般的三角形是不是也有上式成立呢？下面考虑△ABC 为锐角三角形的情况.

当$\triangle ABC$为锐角三角形时，我们作边AB上的高CD，如图1-5所示，根据三角形的定义可知，$CD=a\sin B$，$CD=b\sin A$，所以，$a\sin B=b\sin A$，即

$$\frac{a}{\sin A}=\frac{b}{\sin B}.$$

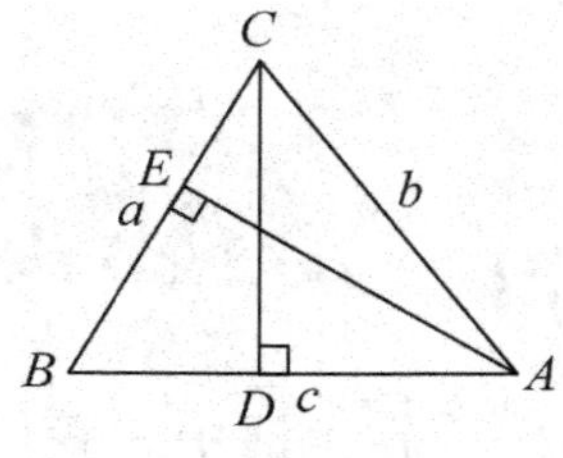

图 1-5

同理，作边BC上的高AE，可得$\frac{b}{\sin B}=\frac{c}{\sin C}$，所以，在锐角三角形中，仍有

$$\frac{a}{\sin A}=\frac{b}{\sin B}=\frac{c}{\sin C}$$

成立.

当$\triangle ABC$为钝角三角形时，怎么证明$\frac{a}{\sin A}=\frac{b}{\sin B}=\frac{c}{\sin C}$？

事实上，当$\triangle ABC$为钝角三角形时，仍有$\frac{a}{\sin A}=\frac{b}{\sin B}=\frac{c}{\sin C}$成立. 于是，我们得到下面的定理.

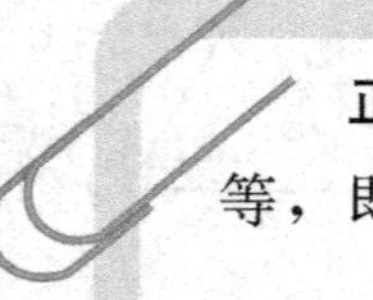

正弦定理：在任意三角形中，各边与它所对角的正弦的比值相等，即

$$\frac{a}{\sin A}=\frac{b}{\sin B}=\frac{c}{\sin C}.$$

正弦定理给出了任意三角形中，三条边与其所对角的正弦之间的关系.

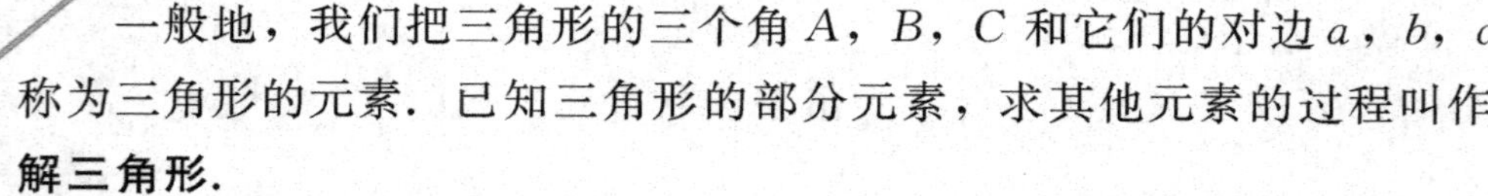

一般地，我们把三角形的三个角A，B，C和它们的对边a，b，c称为三角形的元素. 已知三角形的部分元素，求其他元素的过程叫作**解三角形.**

根据正弦定理，我们可以解决下列两类问题.

(1)已知三角形的两个角和其中一角的对边，可以先求出另一角的对边，再求出其他的角和边；

(2)已知三角形的任意两边和其中一边的对角，可以先求出另一边的对角，

再求出其他的角和边.

例 1 在$\triangle ABC$中，已知$A=45°$，$B=30°$，$a=2$ cm，求其他的角和边(角度精确到1°，边精确到0.01 cm).

解 根据三角形内角和定理可知，

$$C=180°-(A+B)=180°-(30°+45°)=105°.$$

根据正弦定理可知，

$$b=\frac{a\sin B}{\sin A}=2\times\frac{\frac{1}{2}}{\frac{\sqrt{2}}{2}}\approx 1.41(\text{cm}),$$

$$c=\frac{a\sin C}{\sin A}=2\times\frac{\sin 105°}{\frac{\sqrt{2}}{2}}\approx 2.73(\text{cm}).$$

例 2 在$\triangle ABC$中，已知$A=30°$，$a=16$ cm，$b=16\sqrt{3}$ cm，求其他的角和边(角度精确到1°，边精确到1 cm).

解 由正弦定理$\frac{a}{\sin A}=\frac{b}{\sin B}$可知，

$$\sin B=\frac{b\sin A}{a}=\frac{16\sqrt{3}\times\frac{1}{2}}{16}=\frac{\sqrt{3}}{2},$$

所以，

$$B=60°\text{或}120°.$$

当$B=60°$时，$C=180°-(30°+60°)=90°$，

$$c=\frac{a\sin C}{\sin A}=\frac{16}{\frac{1}{2}}=32(\text{cm}).$$

当$B=120°$时，$C=180°-(30°+120°)=30°$，

$$c=\frac{a\sin C}{\sin A}=\frac{16\times\frac{1}{2}}{\frac{1}{2}}=16(\text{cm}).$$

已知两边a，b和其中一边的对角A，是否能确定唯一的三角形？

1.4.2 余弦定理

根据三角形全等的判定方法，我们知道，已知三角形的两条边及其所夹的角，就可以确定三角形的形状和大小．那么，如果已知三角形的两条边及其所夹的角，能不能求出其他的边和角呢？下面我们给出的余弦定理便可以解决此类问题．

余弦定理： 三角形中任何一边的平方等于其他两边的平方和减这两边与它们的夹角的余弦的积的两倍．即

$$a^2=b^2+c^2-2bc\cos A,$$

$$b^2=c^2+a^2-2ca\cos B,$$

$$c^2=a^2+b^2-2ab\cos C.$$

如果已知三角形的两条边及其所夹的角，我们就可以利用余弦定理先求出三角形中的第三条边，然后，再用正弦定理或余弦定理来求其他的角．若要用余弦定理求角，我们可以给出**余弦定理的推论**．

$$\cos A=\frac{b^2+c^2-a^2}{2bc},$$

$$\cos B=\frac{c^2+a^2-b^2}{2ca},$$

$$\cos C=\frac{a^2+b^2-c^2}{2ab}.$$

余弦定理给出了一般三角形中三边平方之间的关系，而勾股定理给出了直角三角形中三边平方之间的关系．事实上，余弦定理是勾股定理的推广，勾股定理是余弦定理的特例．在解三角形时，把正弦定理和余弦定理结合使用，往往能起到事半功倍的效果．

例 3 在$\triangle ABC$中，已知$A=30^\circ$，$b=12$ cm，$c=12\sqrt{3}$ cm，求其他的角和边(角度精确到1°，边精确到 1 cm)．

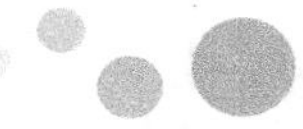

解 根据余弦定理，

$$\begin{aligned} a^2 &= b^2 + c^2 - 2bc\cos A \\ &= 12^2 + (12\sqrt{3})^2 - 2\times 12\times 12\sqrt{3}\times\frac{\sqrt{3}}{2} \\ &= 144 + 432 - 432 \\ &= 144, \end{aligned}$$

所以，$a=12(\text{cm})$.

由正弦定理得，

$$\sin C=\frac{c\sin A}{a}=\frac{12\sqrt{3}\times\frac{1}{2}}{12}=\frac{\sqrt{3}}{2}.$$

因为 c 是三角形中最大的边，所以 C 是钝角.

由 $\sin C=\frac{\sqrt{3}}{2}$ 可知，$C=120°$.

$$B=180°-(A+C)=180°-(30°+120°)=30°.$$

例 4 在 $\triangle ABC$ 中，已知 $a=134.6\ \text{cm}$，$b=87.8\ \text{cm}$，$c=161.7\ \text{cm}$，求三角形的各角(角度精确到 $1'$).

解 由余弦定理的推论可得，

$$\begin{aligned} \cos A &= \frac{b^2+c^2-a^2}{2bc} \\ &= \frac{87.8^2+161.7^2-134.6^2}{2\times 87.8\times 161.7} \\ &\approx 0.554\,3, \end{aligned}$$

所以，$A\approx 56°20'$.

$$\begin{aligned} \cos B &= \frac{c^2+a^2-b^2}{2ac} \\ &= \frac{134.6^2+161.7^2-87.8^2}{2\times 134.6\times 161.7} \\ &\approx 0.839\,8. \end{aligned}$$

所以，$B\approx 32°53'$.

所以，$C=180°-(A+B)=180°-(56°20'+32°53')=90°47'$.

1.4.3 正、余弦定理的简单应用

正弦定理和余弦定理在测量中都有广泛的应用，下面介绍几个它们在测量

距离、高度和角度时的简单应用. 请同学们体会题目中所给条件的必要性和合理性以及选择求解方法的技巧性.

例 5 如图 1-6 所示，设 A，C 两点分别在河的两岸，要测量两点间的距离，测量者在点 A 的同侧选定一点 B，测出 $AB=120$ m，$\angle CAB=45°$，$\angle CBA=75°$，求 A，C 两点间的距离.

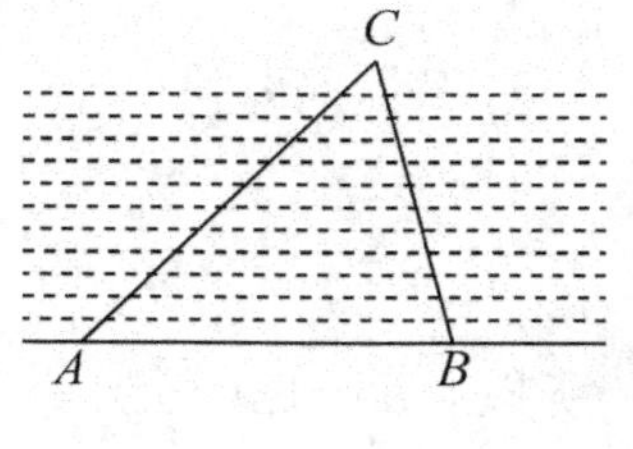

图 1-6

分析 所求的边 AC 的对角是已知的，又已知三角形的一边 AB. 根据三角形内角和定理可计算出边 AB 的对角，根据正弦定理，可以计算出边 AC.

解 根据三角形的内角和定理可得，

$$\angle ACB=180°-(45°+75°)=60°,$$

由正弦定理可得，

$$AC=\frac{AB\cdot\sin\angle CBA}{\sin\angle ACB}=\frac{120\times\sin 75°}{\sin 60°}=60\sqrt{2}+20\sqrt{6}\,(\text{m}).$$

所以，A，C 两点的距离是$(60\sqrt{2}+20\sqrt{6})$m.

例 6 如图 1-7 所示，A，B 两点在河的同侧，但不可到达，为测得 A，B 两点间的距离，在岸边选择相距$\sqrt{3}$ km 的两点 C，D(A，B，C，D 在同一平面内)，并测得$\angle DCB=45°$，$\angle BDC=75°$，$\angle ADC=30°$，$\angle ACD=120°$，求 A，B 两点间的距离.

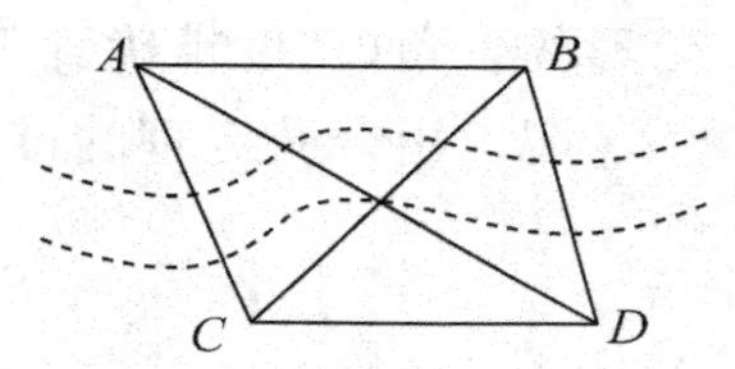

图 1-7

分析 分别在$\triangle BCD$ 和$\triangle ACD$ 中利用正弦定理求出 BD 和 AD 的长度，然后在$\triangle ADB$ 中利用余弦定理求出 AB.

解 在$\triangle BCD$ 中，因为$\angle DCB=45°$，$\angle BDC=75°$，所以，$\angle DBC=60°$，又 $CD=\sqrt{3}$，由正弦定理得 $BD=\dfrac{\sqrt{3}\sin 45°}{\sin 60°}=\sqrt{2}$，在$\triangle ACD$ 中，同理可求得 $AD=3$. 在$\triangle ADB$ 中，由余弦定理可得，

$$\begin{aligned}AB^2&=AD^2+BD^2-2AD\cdot BD\cos\angle ADB\\&=3^2+(\sqrt{2})^2-2\times3\times\sqrt{2}\cos(75°-30°)=5,\end{aligned}$$

所以，$AB=\sqrt{5}$(km).

即 A，B 两点间的距离为$\sqrt{5}$ km.

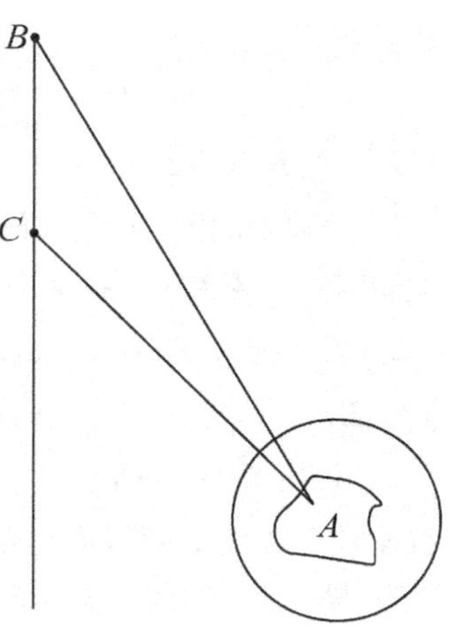

图 1-8

例 7 如图 1-8 所示，海中小岛 A 周围 38 海里[①]内有暗礁，一船正向南航行，在 B 处测得小岛 A 在船的南偏东 30°，航行 30 海里后，在 C 处测得小岛 A 在船的南偏东 45°，如果此船不改变航向，继续向南航行，有无触礁的危险？（精确到 0.01 海里）

分析 船继续向南航行，有无触礁的危险，取决于 A 到 BC 的距离与 38 海里的大小，所以我们只要先求出 AC 或 AB 的大小，再计算出 A 到 BC 的距离，将它与 38 海里比较大小即可.

解 在 $\triangle ABC$ 中，$BC=30$，$\angle ABC=30°$，$\angle ACB=135°$，所以，$\angle BAC=15°$，

由正弦定理可得，$\dfrac{BC}{\sin\angle BAC}=\dfrac{AC}{\sin\angle ABC}$，即

$$\frac{30}{\sin 15°}=\frac{AC}{\sin 30°},$$

所以，$AC=\dfrac{15}{\sin 15°}=\dfrac{15}{\sin(45°-30°)}=\dfrac{15}{\sin 45°\cos 30°-\cos 45°\sin 30°}$

$$=15(\sqrt{6}+\sqrt{2}).$$

A 到 BC 的距离为 $d=AC\sin 45°=15(\sqrt{3}+1)\approx 40.98$(海里).

又因为 $40.98>38$，

所以，船继续向南航行，没有触礁危险.

思考题 1－4

1. 在解三角形的过程中，求某一个角时，既可以用余弦定理，也可以用正弦定理，两种方法有什么利弊？

2. 解三角形的问题可以分成几种类型，分别应该怎样求解？

课堂练习 1－4

1. 在$\triangle ABC$中，已知 $A=60°$，$B=45°$，$c=10$ cm，求解三角形(角度精确到 1°，边长精确到 1 cm).

2. 在$\triangle ABC$中，已知 $a=20$ cm，$b=11$ cm，$B=30°$，求解三角形(角度精确到 1°，

---

① 海里：计算海洋上距离的长度单位，符号 n mile. 1 海里等于 1 852 米.

边长精确到 1 cm).

3. 在$\triangle ABC$中，已知$a=7$ cm，$b=10$ cm，$c=6$ cm，求解三角形(角度精确到1°).

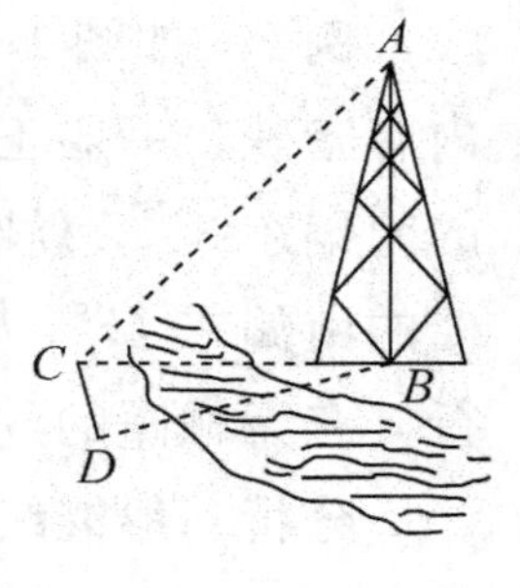

图 1-9

4. 如图 1-9 所示，测量河对岸的塔高AB时，可以选与塔底B在同一水平面内的两个观测点C，D，已知测得$\angle BCD=75^\circ$，$\angle BDC=90^\circ$，$CD=30$ m，在点C处测得塔顶A的仰角为45°，求塔高AB.

5. 如图 1-10 所示，一架飞机在海拔 8 000 m 的高度飞行，在空中测出前下方海岛两侧海岸的(点P，Q分别代表两侧海岸)俯角分别是28°和40°，计算这个海岛的宽度PQ.

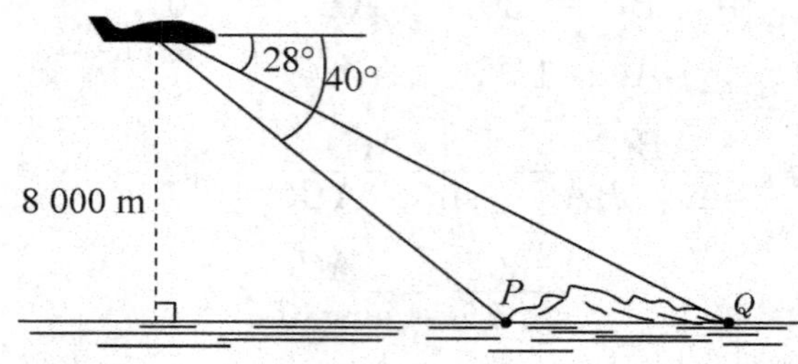

图 1-10

本章小结

知识框架

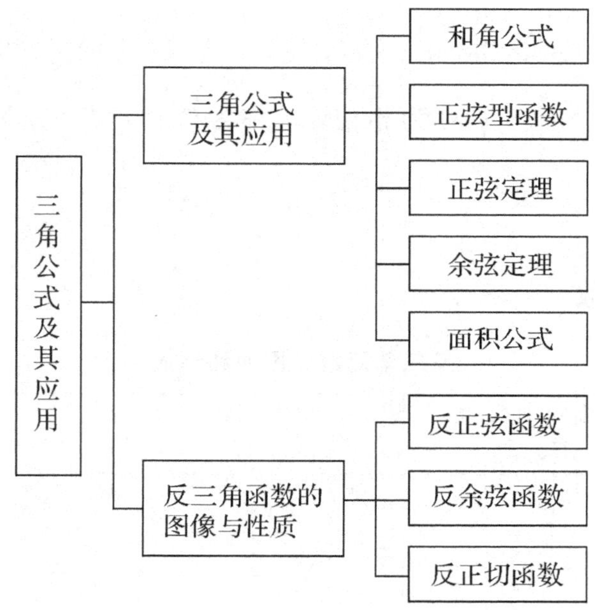

知识点梳理

1.1 和角公式

1. 和角公式.

$$\sin(\alpha+\beta)=\sin\alpha\cos\beta+\cos\alpha\sin\beta,$$
$$\cos(\alpha+\beta)=\cos\alpha\cos\beta-\sin\alpha\sin\beta,$$
$$\tan(\alpha+\beta)=\frac{\tan\alpha+\tan\beta}{1-\tan\alpha\tan\beta}.$$

2. 差角公式.

$$\sin(\alpha-\beta)=\sin\alpha\cos\beta-\cos\alpha\sin\beta,$$
$$\cos(\alpha-\beta)=\cos\alpha\cos\beta+\sin\alpha\sin\beta,$$
$$\tan(\alpha-\beta)=\frac{\tan\alpha-\tan\beta}{1+\tan\alpha\tan\beta}.$$

3. 倍角公式.

$$\sin 2\alpha=2\sin\alpha\cos\alpha,$$

$$\cos 2\alpha=\cos^2\alpha-\sin^2\alpha=1-2\sin^2\alpha=2\cos^2\alpha-1,$$

$$\tan 2\alpha=\frac{2\tan\alpha}{1-\tan^2\alpha}.$$

1.2 正弦型函数

我们把形如 $y=A\sin(\omega x+\varphi)$($A$，$\omega$，$\varphi$ 为常数)的函数称为正弦型函数. 其中，A 称为振幅，$\omega x+\varphi$ 称为相位，φ 称为初相，$f=\frac{1}{T}$称为频率. 这里，T 是周期，$T=\frac{2\pi}{\omega}$.

1.3 反三角函数

反三角函数的图像和性质

名称		反正弦函数 $y=\arcsin x$	反余弦函数 $y=\arccos x$	反正切函数 $y=\arctan x$
图像		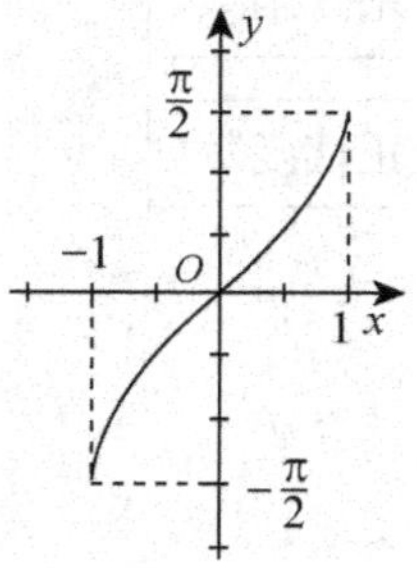	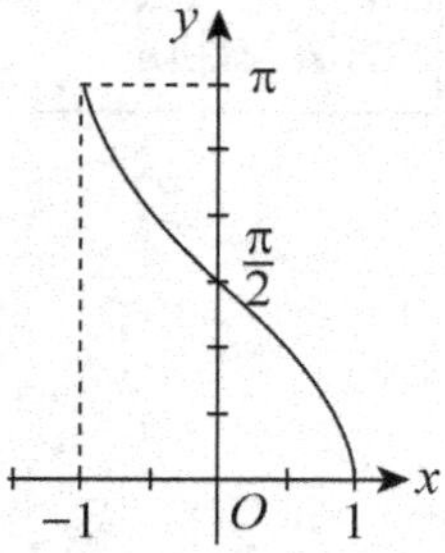	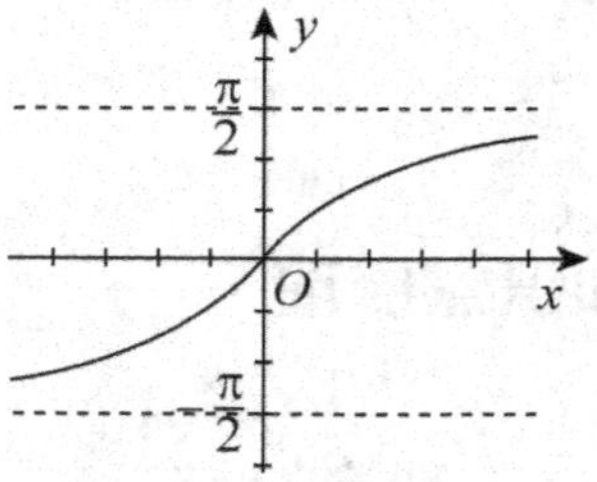
性质	定义域	$[-1, 1]$	$[-1, 1]$	$(-\infty, +\infty)$
	值域	$\left[-\frac{\pi}{2}, \frac{\pi}{2}\right]$	$[0, \pi]$	$\left(-\frac{\pi}{2}, \frac{\pi}{2}\right)$
	单调性	在 $[-1, 1]$ 上单调递增	在 $[-1, 1]$ 上单调递减	在 $(-\infty, +\infty)$ 上单调递增
	奇偶性	奇函数	非奇非偶函数	奇函数

续表

名称	反正弦函数 $y=\arcsin x$	反余弦函数 $y=\arccos x$	反正切函数 $y=\arctan x$
恒等式	$\sin(\arcsin x)=x$, $x\in[-1, 1]$ $\arcsin(\sin x)=x$, $x\in\left[-\frac{\pi}{2}, \frac{\pi}{2}\right]$	$\cos(\arccos x)=x$, $x\in[-1, 1]$ $\arccos(\cos x)=x$, $x\in[0, \pi]$	$\tan(\arctan x)=x$, $x\in\mathbf{R}$ $\arctan(\tan x)=x$, $x\in\left(-\frac{\pi}{2}, \frac{\pi}{2}\right)$

1.4 正弦定理和余弦定理

1. 正弦定理.

$$\frac{a}{\sin A}=\frac{b}{\sin B}=\frac{c}{\sin C}.$$

2. 余弦定理.

$$a^2=b^2+c^2-2bc\cos A,$$
$$b^2=c^2+a^2-2ca\cos B,$$
$$c^2=a^2+b^2-2ab\cos C.$$

3. 余弦定理的推论.

$$\cos A=\frac{b^2+c^2-a^2}{2bc},$$

$$\cos B=\frac{c^2+a^2-b^2}{2ca},$$

$$\cos C=\frac{a^2+b^2-c^2}{2ab}.$$

复习题一(A)

一、选择题(在每小题列出的4个备选项中只有一个是符合题目要求的，请将其代码填写在后面的括号里)

1. 已知$\alpha=\left(\frac{\pi}{2}, \pi\right)$，$\sin\alpha=\frac{3}{5}$，则$\tan\left(\alpha+\frac{\pi}{4}\right)=$(　　).

A. $\frac{1}{7}$　　B. 7　　C. $-\frac{1}{7}$　　D. -7

2. $\sin\frac{25\pi}{12}\cos\frac{11\pi}{6}-\sin\frac{5\pi}{6}\cos\frac{11\pi}{12}$的值是(　　).

A. $-\frac{\sqrt{2}}{2}$　　B. $\frac{\sqrt{2}}{2}$　　C. $-\sin\frac{\pi}{12}$　　D. $\sin\frac{\pi}{12}$

3. $\tan 15°+\tan 30°+\tan 15°\tan 30°=$(　　).

A. $\frac{1}{2}$　　B. $\frac{\sqrt{2}}{2}$　　C. $\sqrt{2}$　　D. 1

4. 已知$0<\alpha<\frac{\pi}{2}<\beta<\pi$，又$\sin\alpha=\frac{3}{5}$，$\cos(\alpha+\beta)=-\frac{4}{5}$，则$\sin\beta=$(　　).

A. 0　　B. 0或$\frac{24}{25}$　　C. $\frac{24}{25}$　　D. $\pm\frac{24}{25}$

5. 已知α为锐角，若$\sin\alpha=\frac{3}{5}$，则$\sin 2\alpha=$(　　).

A. $\frac{12}{25}$　　B. $\frac{24}{25}$　　C. $\frac{9}{25}$　　D. $\frac{4}{5}$

6. 已知$\sin(45°+\alpha)=\frac{\sqrt{5}}{5}$，则$\sin 2\alpha=$(　　).

A. $-\frac{4}{5}$　　B. $-\frac{3}{5}$　　C. $\frac{3}{5}$　　D. $\frac{4}{5}$

7. 当$0<x\leqslant\frac{\pi}{4}$时，函数$f(x)=\frac{\sqrt{2}}{2}\sin x+\frac{\sqrt{2}}{2}\cos x+1$的最大值是(　　).

A. 4　　B. $\frac{1}{2}$　　C. 2　　D. $\frac{1}{4}$

8. 函数$y=3\sin x+\sqrt{3}\cos x\left(-\frac{\pi}{2}\leqslant x\leqslant\frac{\pi}{2}\right)$的值域是(　　).

A. $(-2\sqrt{3}, 2\sqrt{3})$　　B. $[-2\sqrt{3}, 2\sqrt{3}]$

C. $[-3, 2\sqrt{3}]$　　D. $[-2\sqrt{3}, 3]$

9. 已知 $\cos\alpha=-\frac{4}{5}$，α 是第三象限角，则 $\dfrac{1+\tan\frac{\alpha}{2}}{1-\tan\frac{\alpha}{2}}=$(　　).

A. $-\frac{1}{2}$　　B. $\frac{1}{2}$　　C. 2　　D. -2

10. 已知 $\sin\alpha=\frac{4}{5}$，$\alpha\in\left(\frac{\pi}{2}, \pi\right)$，$\tan(\alpha-\beta)=\frac{1}{2}$，则 $\tan(\alpha-2\beta)=$(　　).

A. $-\frac{24}{7}$　　B. $-\frac{7}{24}$　　C. $\frac{24}{7}$　　D. $\frac{7}{24}$

11. 已知 α 是第二象限角，$\sin\alpha=\frac{5}{13}$，则 $\cos\alpha=$(　　).

A. $-\frac{12}{13}$　　B. $-\frac{5}{13}$　　C. $\frac{5}{13}$　　D. $\frac{12}{13}$

12. 已知 α 为第二象限角，$\sin\alpha=\frac{3}{5}$，则 $\sin 2\alpha=$(　　).

A. $-\frac{24}{25}$　　B. $-\frac{12}{25}$　　C. $\frac{12}{25}$　　D. $\frac{24}{25}$

13. 若 $\sin\frac{\alpha}{2}=\frac{\sqrt{3}}{3}$，则 $\cos\alpha=$(　　).

A. $-\frac{2}{3}$　　B. $-\frac{1}{3}$　　C. $\frac{1}{3}$　　D. $\frac{2}{3}$

14. 已知 $\sin\alpha-\cos\alpha=\sqrt{2}$，$\alpha\in(0, \pi)$，则 $\tan\alpha=$(　　).

A. -1　　B. $-\frac{\sqrt{2}}{2}$　　C. $\frac{\sqrt{2}}{2}$　　D. 1

15. 若 $\theta\in\left[\frac{\pi}{4}, \frac{\pi}{2}\right]$，$\sin 2\theta=\frac{3\sqrt{7}}{8}$，则 $\tan\alpha=$(　　).

A. $\frac{3}{5}$　　B. $\frac{4}{5}$　　C. $\frac{\sqrt{7}}{4}$　　D. $\frac{3}{4}$

16. 已知 α 为第二象限角，$\sin\alpha+\cos\alpha=\frac{\sqrt{3}}{3}$，则 $\cos 2\alpha=$(　　).

A. $-\frac{\sqrt{5}}{3}$　　B. $-\frac{\sqrt{5}}{9}$　　C. $\frac{\sqrt{5}}{9}$　　D. $\frac{\sqrt{5}}{3}$

17. 已知 $\cos\left(\alpha-\frac{\pi}{6}\right)+\sin\alpha=\frac{4}{5}\sqrt{3}$，则 $\sin\left(\alpha+\frac{7\pi}{6}\right)$的值是(　　).

A. $\frac{-2\sqrt{3}}{5}$　　B. $\frac{2\sqrt{3}}{5}$　　C. $-\frac{4}{5}$　　D. $\frac{4}{5}$

18. 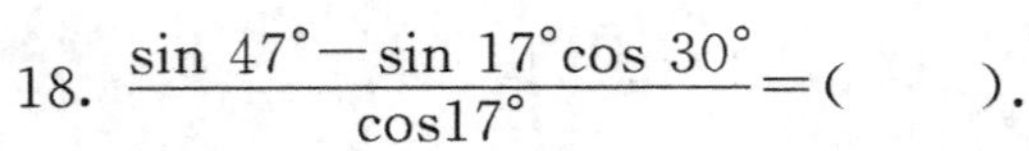$\dfrac{\sin 47°-\sin 17°\cos 30°}{\cos 17°}=(\quad)$.

A. $-\dfrac{\sqrt{3}}{2}$　　B. $-\dfrac{1}{2}$　　C. $\dfrac{1}{2}$　　D. $\dfrac{\sqrt{3}}{2}$

19. 函数 $f(x)=\sin\left(x-\dfrac{\pi}{4}\right)$的图像的一条对称轴是(　　).

A. $x=\dfrac{\pi}{4}$　　B. $x=\dfrac{\pi}{2}$　　C. $x=-\dfrac{\pi}{4}$　　D. $x=-\dfrac{\pi}{2}$

20. 已知 $\omega>0$，$0<\varphi<\pi$，直线 $x=\dfrac{\pi}{4}$和 $x=\dfrac{5\pi}{4}$是函数 $f(x)=\sin(\omega x+\varphi)$图像的两条相邻的对称轴，则 $\varphi=(\quad)$.

A. $\dfrac{\pi}{4}$　　B. $\dfrac{\pi}{3}$　　C. $\dfrac{\pi}{2}$　　D. $\dfrac{3\pi}{4}$

21. 要得到函数 $y=\cos(2x+1)$的图像，只要将函数 $y=\cos 2x$ 的图像(　　).

A. 向左平移 1 个单位长度　　B. 向右平移 1 个单位长度

C. 向左平移$\dfrac{1}{2}$个单位长度　　D. 向右平移$\dfrac{1}{2}$个单位长度

22. 把函数 $y=\sin(\omega x+\varphi)\left(\omega>0, |\varphi|<\dfrac{\pi}{2}\right)$的图像向左平移$\dfrac{\pi}{3}$个单位长度，所得曲线的一部分如图 1-11 所示，则 ω，φ 的值分别为(　　).

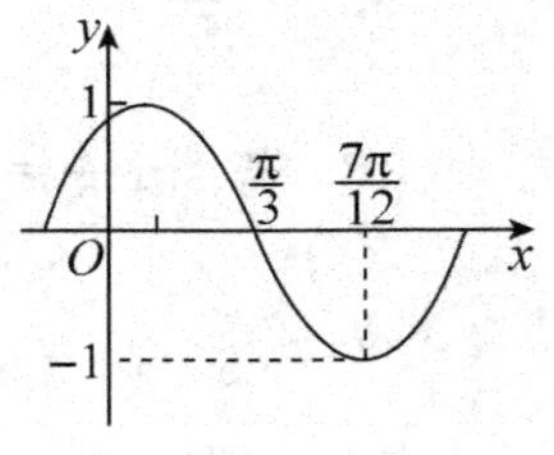

图 1-11

A. 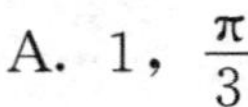$1，\dfrac{\pi}{3}$　　B. $1，-\dfrac{\pi}{3}$

C. $2，\dfrac{\pi}{3}$　　D. 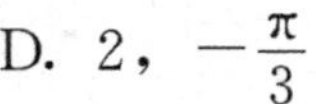$2，-\dfrac{\pi}{3}$

23. 设 $\omega>0$，函数 $f(x)=\sin(\omega x+\varphi)(-\pi<\varphi<\pi)$的图像向左平移$\dfrac{\pi}{3}$个单位长度后，得到图 1-12 的图像，则 ω，φ 的值分别为(　　).

A. $\omega=1$，$\varphi=\dfrac{2\pi}{3}$

B. $\omega=2$，$\varphi=\dfrac{2\pi}{3}$

C. $\omega=1$，$\varphi=-\dfrac{\pi}{3}$

D. $\omega=2$，$\varphi=-\dfrac{\pi}{3}$

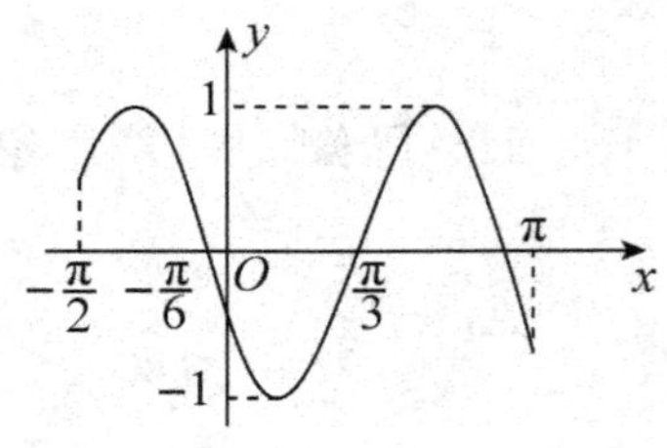

图 1-12

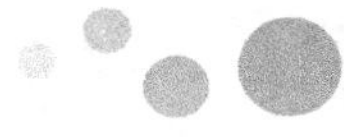

24. 函数 $y=\sin\left(2x+\frac{\pi}{6}\right)+\cos\left(2x+\frac{\pi}{3}\right)$的最小正周期和最大值分别为(　　).

A. π，1　　B. π，$\sqrt{2}$　　C. 2π，1　　D. 2π，$\sqrt{2}$

25. 函数 $y=\cos 2x$ 在下列哪个区间上是减函数(　　).

A. $\left[-\frac{\pi}{4}, \frac{\pi}{4}\right]$　　B. $\left[\frac{\pi}{4}, \frac{3\pi}{4}\right]$　　C. $\left[0, \frac{\pi}{2}\right]$　　D. $\left[\frac{\pi}{2}, \pi\right]$

26. 函数 $y=2\sin\left(2x+\frac{\pi}{6}\right)$的最小正周期是(　　).

A. 4π　　B. 2π　　C. π　　D. $\frac{\pi}{2}$

二、填空题(请在每小题的空格中填上正确答案)

1. 设 $\sin 2\alpha=-\sin\alpha$，$\alpha\in\left(\frac{\pi}{2}, \pi\right)$，则 $\tan 2\alpha$ 的值是________.

2. 若 $\cos x\cos y+\sin x\sin y=\frac{1}{3}$，则 $\cos(2x-2y)=$________.

3. 若集合 $M=\left\{\theta\middle|\sin\theta\geqslant\frac{1}{2}, 0\leqslant\theta\leqslant\pi\right\}$，$N=\left\{\theta\middle|\cos\theta\leqslant\frac{1}{2}, 0\leqslant\theta\leqslant\pi\right\}$，则 $M\cap N=$________.

4. 若将函数 $f(x)=\sin\left(2x+\frac{\pi}{4}\right)$的图像向右平移 φ 个单位长度，所得图像关于 y 轴对称，则 φ 的最小正值是________.

5. 函数 $y=\cos(2x+\varphi)(-\pi\leqslant\varphi<\pi)$的图像向右平移$\frac{\pi}{2}$个单位长度后，与函数$y=\sin\left(2x+\frac{\pi}{3}\right)$的图像重合，则 $|\varphi|=$________.

6. 函数 $y=\cos\left(2x-\frac{\pi}{3}\right)$的单调递减区间是________.

7. 若函数 $f(x)=\sin(2x+\varphi)(-\pi<\varphi<0)$是偶函数，则 $\varphi=$________.

8. 若函数 $f(x)=a\sin\left(x+\frac{\pi}{4}\right)+3\sin\left(x-\frac{\pi}{4}\right)$是偶函数，则 $a=$________.

三、解答题

1. 已知 $\tan\frac{\alpha}{2}=2$，求：

(1) $\tan\left(\alpha+\frac{\pi}{4}\right)$；　　(2) $\frac{6\sin\alpha+\cos\alpha}{3\sin\alpha-2\cos\alpha}$.

2. 已知 $\cos\alpha=\frac{1}{7}\cos(\alpha-\beta)=\frac{\sqrt{10}}{10}$，且 $0<\beta<\alpha<\frac{\pi}{2}$，求：

(1) $\tan 2\alpha$；

(2) β.

3. 已知 $\sin\left(\alpha-\frac{\pi}{4}\right)=\frac{3}{5}$，$\frac{\pi}{4}<\alpha<\frac{3}{4}\pi$，求：

(1) $\cos\left(\alpha-\frac{\pi}{4}\right)$；

(2) $\sin\alpha$.

4. 已知函数 $f(x)=\sqrt{2}\cos\left(x-\frac{\pi}{12}\right)$，$x\in\mathbf{R}$.

(1)求 $f\left(\frac{\pi}{3}\right)$；

(2) 若 $\cos\theta=\frac{3}{5}$，$\theta\in\left(\frac{3\pi}{2},\ 2\pi\right)$，求 $f\left(\theta-\frac{\pi}{6}\right)$.

5. 已知函数 $f(x)=\sin x+\sin\left(x+\frac{\pi}{2}\right)$，$x\in\mathbf{R}$，求：

(1) $f(x)$的最小正周期；

(2) $f(x)$的最大值和最小值；

(3)若 $f(\alpha)=\frac{3}{4}$，求 $\sin 2\alpha$ 的值.

6. 已知 $\sin\alpha-\cos\alpha=\frac{1}{2}$，则 $\sin\alpha\cos\alpha$ 的值是多少？

7. 若 $\sin\alpha=\frac{3}{5}$，$\cos\beta=\frac{12}{13}$，且 α 是第二象限角，β 是第四象限角，求 $\sin(\alpha+\beta)$，$\cos(\alpha+\beta)$，$\tan(\alpha+\beta)$.

8. 若 $\sin(3\pi-\alpha)=\frac{1}{2}$，求 $\sin\alpha$，$\cos\alpha$，$\tan\alpha$.

9. 已知 $\tan\alpha=1$，则 $\sin\alpha\cos\alpha$ 的值是多少？

10. 已知函数 $y=2\sin\left(2x+\frac{\pi}{6}\right)-1$.

(1)用五点法画出函数在一个周期内的简图；

(2)求函数的最小正周期；

(3)求函数的最大值和最小值；

(4)在确定的一个周期内，说明函数的单调性.

复习题一(B)

一、选择题(在每小题列出的4个备选项中只有一个是符合题目要求的，请将其代码填写在后面的括号里)

1. 在$\triangle ABC$中，若$a=1$，$C=60°$，$c=\sqrt{3}$，则A为(　　).

A. $30°$　　B. $60°$　　C. $30°$或$150°$　　D. $60°$或$120°$

2. 在$\triangle ABC$中，若$\sqrt{3}a=2b\sin A$，则B为(　　).

A. $\frac{\pi}{3}$　　B. $\frac{\pi}{6}$　　C. $\frac{\pi}{3}$或$\frac{2}{3}\pi$　　D. $\frac{\pi}{6}$或$\frac{5}{6}\pi$

3. 在$\triangle ABC$中，$\sin^2 A=\sin^2 B+\sin B\sin C+\sin^2 C$，则$A$为(　　).

A. $30°$　　B. $60°$　　C. $120°$　　D. $150°$

4. 在$\triangle ABC$中，若$a\cos B=b\cos A$，则$\triangle ABC$的形状一定是(　　).

A. 锐角三角形　　B. 钝角三角形　　C. 直角三角形　　D. 等腰三角形

5. 在$\triangle ABC$中，已知$a=7$，$b=10$，$c=6$，则$\triangle ABC$的形状是(　　).

A. 钝角三角形　　B. 锐角三角形　　C. 直角三角形　　D. 等边三角形

6. 在锐角$\triangle ABC$中，角A，B所对的边分别为a，b. 若$2a\sin B=\sqrt{3}b$，则A为(　　).

A. $\frac{\pi}{3}$　　B. $\frac{\pi}{4}$　　C. $\frac{\pi}{6}$　　D. $\frac{\pi}{12}$

7. 在$\triangle ABC$中，角A，B，C所对的边分别是a，b，c. 若$B=2A$，$a=1$，$b=\sqrt{3}$，则c为(　　).

A. $2\sqrt{3}$　　B. 2　　C. $\sqrt{2}$　　D. 1

8. 在$\triangle ABC$中，角A，B，C所对的边分别为a，b，c. 若$b\cos C+c\cos B=a\sin A$，则$\triangle ABC$的形状为(　　).

A. 直角三角形　　B. 锐角三角形　　C. 钝角三角形　　D. 不确定

二、填空题(请在每小题的空格中填上正确答案)

1. 在$\triangle ABC$中，已知$A=60°$，$a=\sqrt{3}$，则$\frac{a+b-c}{\sin A+\sin B-\sin C}=$________.

2. 在$\triangle ABC$中，角A，B，C所对的边分别为a，b，c. 已知$b\cos C+$

$c\cos B=2b$，则$\frac{a}{b}=$__________.

3. 在$\triangle ABC$中，角A，B，C所对的边分别为a，b，c. 若$a=\sqrt{2}$，$b=2$，$\sin B+\cos B=\sqrt{2}$，则角A的大小为__________.

4. 已知a，b，c分别是$\triangle ABC$的三个角A，B，C所对的边，若$a=1$，$b=\sqrt{3}$，$A+C=2B$，则$\sin C=$__________.

5. 在$\triangle ABC$中，已知$a=7$，$b=8$，$\cos C=\frac{13}{14}$，则最大角的余弦值为__________.

6. 在$\triangle ABC$中，$(a^2+c^2-b^2)\tan B=\sqrt{3}ac$，则角$B$为__________.

7. 已知$\triangle ABC$的三边长成公比为$\sqrt{2}$的等比数列，则其最大角的余弦值为__________.

8. 在$\triangle ABC$中，角A，B，C所对的边分别是a，b，c. 已知$b-c=\frac{1}{4}a$，$2\sin B=3\sin C$，则$\cos A$的值为__________.

三、解答题

1. 在$\triangle ABC$中，已知$A=30°$，$B=90°$，$a=42$，解三角形.

2. 在$\triangle ABC$中，已知$a=20$，$b=20$，$A=45°$，解三角形.

3. 在$\triangle ABC$中，已知$a=16$ cm，$b=16$ cm，$c=16\sqrt{3}$ cm，解三角形.

4. 已知$\triangle ABC$中，$\sin A : \sin B : \sin C=1:2:3$，求$a:b:c$.

5. 在$\triangle ABC$中，已知$a=2\sqrt{3}$，$c=4\sqrt{3}$，$B=60°$，求b及A.

6. 在$\triangle ABC$中，若$a^2=b^2+c^2+bc$，求角A.

7. 设$\triangle ABC$的角A，B，C所对的边分别为a，b，c，$(a+b+c)(a-b+c)=ac$.

(1)求B；

(2)若$\sin A\sin C=\frac{\sqrt{3}-1}{4}$，求$C$.

8. 在$\triangle ABC$中，角A，B，C所对的边分别为a，b，c，且角A，B，C成等差数列.

(1)求$\cos B$的值；

(2)若角A，B，C成等比数列，求$\sin A\sin C$的值.

9. 设$\triangle ABC$的内角A，B，C所对的边分别为a，b，c，且$b=3$，$c=1$，$A=2B$.

(1)求 a 的值；

(2)求 $\sin\left(A+\frac{\pi}{4}\right)$的值.

10. 在$\triangle ABC$ 中，角 A，B，C 所对的边分别为 a，b，c. 已知$\frac{\cos A-2\cos C}{\cos B}=\frac{2c-a}{b}$.

(1)求$\frac{\sin C}{\sin A}$的值；

(2)若 $\cos B=\frac{1}{4}$，$\triangle ABC$ 的周长为 5，求 b 的长.

专题阅读

第十三封情书

笛卡儿，16世纪出生于法国，他对于后人的贡献相当大，他是第一个创造发明坐标的人．可惜他一生穷困潦倒，一直到52岁，仍然默默无闻．

欧洲大陆爆发黑死病时，他流浪到瑞典，认识了瑞典的公主克里斯汀，后来成了她的数学老师．日日相处使他们彼此产生了爱慕之心，国王知道后勃然大怒，下令将笛卡儿处死，后因女儿求情将其流放回法国，克里斯汀也被父亲软禁起来．

笛卡儿回法国后不久便染上重病，他日日给公主写信，但都被国王拦截，克里斯汀一直没收到笛卡儿的信．笛卡儿在给克里斯汀寄出第十三封信后就气绝身亡了．这第十三封信的内容只有短短的一个公式：$r=a(1-\sin\theta)$．国王看不懂，觉得他们俩之间并不是总是说情话的，大发慈悲就把这封信交给了一直闷闷不乐的克里斯汀．公主看到后，立即明白了恋人的意图，她马上着手把方程的图形画出来，看到图形，她开心极了，她知道恋人仍然爱着她．原来方程的图形是一颗心的形状．这也就是著名的“心形线”．

国王死后，克里斯汀登基，立即派人在欧洲四处寻找心上人，无奈笛卡儿已经离开人世了．据说这封享誉世界的另类情书还保存在欧洲笛卡儿的纪念馆里．图1-13为心形线．

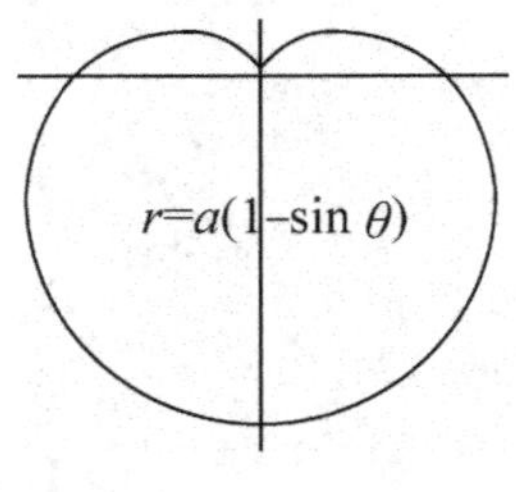

图 1-13

第2章 数 列

本章概述

1682 年 8 月，天空中出现了一颗用肉眼可见的彗星，它的后面拖着一条清晰可见的、弯弯的尾巴．这颗彗星就是以英国天文学家哈雷的名字来命名的哈雷彗星．在过去的 300 多年里，人们观测到哈雷彗星的时间依次排列起来，可得到一列数：

1 682，1 758，1 834，1 910，1 986．

这种按照一定次序排成的一列数称为数列．根据上述数列，我们可以判断出哈雷彗星下一次出现的年份是 2062 年．

在日常生产和生活中，人们还经常遇到像存款利息、购房贷款等实际计算问题，都需要用有关数列的知识来解决．数列知识在科学技术和现实生活中有着广泛的应用．本章将研究数列的构成规律及数列求和等知识的应用．

本章我们将学习数列的概念和简单的表示方法，等差数列和等比数列及其相关的运算．

本章学习要求

△ 1．理解数列的概念，了解数列的通项公式及前 n 项和的关系．

△ 2．理解等差数列的概念，掌握等差数列的通项公式与前 n 项和公式，并能运用这些知识解决有关问题．

△ 3．理解等比数列的概念，掌握等比数列的通项公式与前 n 项和公式，并能运用这些知识解决有关问题．

2.1 数列的基本概念

本节从日常生活的实例出发，引入数列的概念及其通项公式，并且介绍了根据数列的前几项，通过观察和归纳，写出这个数列的通项公式的方法.

2.1.1 数列的定义

在日常生活中，我们经常接触到一些按照一定顺序排列的数. 比如，2015 年 3 月 3 日—8 日天气的最高气温排成一列：

$$6\ ℃，6\ ℃，8\ ℃，11\ ℃，14\ ℃，11\ ℃. \qquad (1)$$

某中学七年级各班人数按照班级顺序排成一列：

$$45，38，50，44，42，45，40，43. \qquad (2)$$

自然数从小到大排成一列：

$$0，1，2，3，4，5，6，7，\cdots \qquad (3)$$

在数学里，有些数也可以按一定顺序排成一列. 比如，大于 1 且小于 20 的偶数按从小到大的顺序排成一列数：

$$2，4，6，8，10，12，14，16，18. \qquad (4)$$

又如，庄子在他的《天下篇》中说："一尺之棰，日取其半，万世不竭."这里，棰的长度随天数 n(自然数)变化可排成一列数：

$$\frac{1}{2}，\frac{1}{4}，\frac{1}{8}，\cdots，\frac{1}{2^n}，\cdots \qquad (5)$$

像上面的例子一样，按照一定的次序排成的一列数叫作**数列**，数列中的每一个数叫作数列的项.

数列中的每一项都和它的序号有关，排在第一个位置上的项叫作这个数列的**第 1 项**，也叫**首项**. 从首项之后，各项依次叫作这个数列的第 2 项、第 3 项……第 n 项. 表示各项在数列中次序的数字 1，2，3，…，n 分别叫作对应项的**项数**，也叫**项序号**.

数列的一般形式可以写成：

$$a_1，a_2，a_3，a_4，\cdots，a_n，\cdots$$

简记作$\{a_n\}$，其中，a_n 是上述数列的第 n 项，也称为数列$\{a_n\}$的通项.

小贴士：数列中的数是按一定次序排列的. 例如，数列1，2，3，4与数列4，3，2，1是两个不同的数列.

根据数列2，4，6，8，10，12，…回答下列问题.

(1)4，6是不是这个数列的项？

(2)8是这个数列的第________项；

(3)这个数列的第5项是________.

如果一个数列$\{a_n\}$只有有限多项，那么就称其为**有穷数列**，否则称其为**无穷数列**. 本节开始的例子中，(1)(2)(4)是有穷数列，(3)(5)是无穷数列.

如果一个数列$\{a_n\}$满足：$a_1<a_2<a_3<a_4<\cdots<a_n<\cdots$那么称数列$\{a_n\}$为**递增数列**.

如果一个数列$\{a_n\}$ 满足：$a_1>a_2>a_3>a_4>\cdots>a_n>\cdots$那么称数列$\{a_n\}$为**递减数列**.

如果一个数列$\{a_n\}$的各项都相等，则称其为**常数列**.

例1 判断下列数列中哪些是递增数列，哪些是递减数列，哪些是常数列.

(1)2，2，2，2，2，…

(2)3，2，1，0，−1，…

(3)1，3，5，7，9，…

(4)$\frac{1}{2}$，$\frac{1}{3}$，$\frac{1}{4}$，$\frac{1}{5}$，…

解 (1)是常数列；(2)(4)是递减数列；(3)是递增数列.

2.1.2 数列的通项公式

请同学们观察数列3，9，27，81，243，…的项a_1，a_2，a_3，a_4，…，a_n，…与项序号1，2，3，4，…的对应关系. 你能把下面对应位置上“?”地方的数值写出来吗？

序号	1	2	3	4	5	…	n	…
	↓	↓	↓	↓	↓		↓	
项	3	9	27	81	?	…	?	…

不难看出，该数列$\{a_n\}$的第n项a_n与项序号n之间的关系为

$$a_n=3^n(n=1,2,3,\cdots).$$

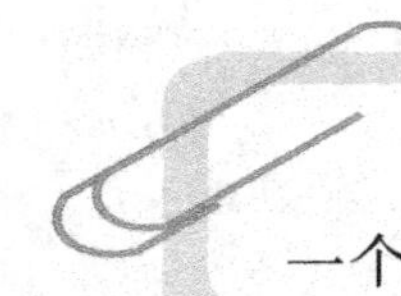

一般地，如果数列$\{a_n\}$的第n项a_n与项序号n之间的关系可以用一个公式来表示，这个公式就称为这个数列的**通项公式**.

例 2 写出下列数列的通项公式.

(1)1，4，9，16，…

(2)$-\frac{1}{1\times 2}$，$\frac{1}{2\times 3}$，$-\frac{1}{3\times 4}$，$\frac{1}{4\times 5}$，…

(3)$\frac{3}{2}$，$\frac{8}{3}$，$\frac{15}{4}$，$\frac{24}{5}$，$\frac{35}{6}$，…

解 (1)由于$1=1^2$，$4=2^2$，$9=3^2$，$16=4^2$，…，$a_n=n^2$，…于是它的通项公式为

$$a_n=n^2.$$

(2)由于数列每一项的绝对值，其分子都是1，分母都是项数乘项数加1，且奇数项数值为负，偶数项数值为正，所以通项公式为

$$a_n=(-1)^n\times\frac{1}{n(n+1)}.$$

(3)该数列可以改写为以下形式

$$\frac{2^2-1}{2},\ \frac{3^2-1}{3},\ \frac{4^2-1}{4},\ \frac{5^2-1}{5},\ \cdots$$

因此，它的通项公式为

$$a_n=\frac{(n+1)^2-1}{n+1}.$$

例 3 已知数列$\{a_n\}$的通项公式，分别写出它们的第3项和第8项.

(1)$a_n=\frac{1}{n(n+1)}$；

(2)$a_n=(-1)^{n+1}$.

解 (1)数列的第3项是$a_3=\frac{1}{3\times(3+1)}=\frac{1}{3\times 4}=\frac{1}{12}$，

第8项是$a_8=\frac{1}{8\times(8+1)}=\frac{1}{8\times 9}=\frac{1}{72}$.

(2)数列的第 3 项是 $a_3=(-1)^{3+1}=1$，

第 8 项是 $a_8=(-1)^{8+1}=-1$.

例 4 已知数列$\{a_n\}$的通项公式为 $a_n=\frac{1}{3n-1}$，判断$\frac{1}{263}$是不是这个数列中的项，如果是，请指出是第几项.

解 设$\frac{1}{263}$是数列的第 n 项，将$\frac{1}{263}$代入数列的通项公式得

$$\frac{1}{263}=\frac{1}{3n-1},$$

解方程得

$$n=88.$$

所以，$\frac{1}{263}$是数列的第 88 项.

思考题 2－1

1. 数列的"项"和这一项的"项数"有什么区别？
2. 是不是所有的数列都有通项公式？

课堂练习 2－1

1. 分别举一个递增数列、递减数列和常数列.
2. 根据数列的前 4 项写出数列的通项公式.

(1)1，3，5，7，… (2)1，$\frac{1}{2}$，$\frac{1}{3}$，$\frac{1}{4}$，…

3. 根据下面数列$\{a_n\}$的通项公式，写出它的前 5 项，并写出各数列的第 10 项.

(1)$a_n=\frac{2n-1}{2n}$； (2)$a_n=2n-10$.

2.2 等差数列

上节介绍了数列的概念，我们可以看到，部分数列是有一定变化规律的. 本节我们介绍等差数列的概念以及等差数列的通项公式与前 n 项和公式.

2.2.1 等差数列的定义

观察下列几个实例，找出它们所对应数列的共同点.

实例 1 姚明刚进 NBA 时一周训练罚球的个数为

第一天：6 000；第二天：6 500；第三天：7 000；第四天：7 500；第五天：8 000；第六天：8 500；第七天：9 000.

一周训练罚球的个数排成的数列为

6 000，6 500，7 000，7 500，8 000，8 500，9 000. (1)

实例 2 某品牌运动鞋(女)的尺码对应脚长，如表 2-1 所示.

表 2-1

女码	美国码	4.5	5	5.5	6	6.5	7	7.5	8	8.5
	欧洲码	35	35.5	36	37	37.5	38	38.5	39	40
	中国码/mm	215	220	225	230	235	240	245	250	255

中国码排成的数列为

215，220，225，230，235，240，245，250，255. (2)

实例 3 如图 2-1 所示的玩具七彩塔(梵塔)，由下至上，从第二个环开始，每个环与上一个环直径长的差都为 1 cm，于是，这些环直径得到的数列为

10，11，12，13，14. (3)

图 2-1

通过观察容易看出，这三个数列都有以下特点：

从第二项起，每一项减去它的前一项，所得的差都等于同一个常数.

例如，在数列(1)中，常数为500；在数列(2)中，常数为5；在数列(3)中，常数为1.

一般地，如果数列$\{a_n\}$从第2项起，每一项减去它的前一项的差都等于同一个常数，那么这个数列称为**等差数列**，这个常数称为等差数列的**公差**，通常用字母d表示，即

$$d=a_2-a_1=a_3-a_2=\cdots=a_n-a_{n-1}=\cdots$$

如数列(1)的公差$d=500$，数列(2)的公差$d=5$，数列(3)的公差$d=1$.

小贴士：在等差数列中，若$d>0$，则数列是递增的；若$d<0$，则数列是递减的；若$d=0$，则数列是常数列.

判断下列数列是不是等差数列，如果是，请写出数列的公差.

(1)3，7，11，15，…

(2)2，22，222，2 222，…

(3)-1，1，-1，1，…

(4)5，2，-1，-4，…

2.2.2 等差数列的通项公式

由等差数列的定义可以得知：

$$a_2-a_1=d,$$
$$a_3-a_2=d,$$
$$a_4-a_3=d,$$
$$\cdots$$

把上述$n-1$个式子的两边分别相加，就能得到

$$a_n-a_1=(n-1)d.$$

即

$$a_n=a_1+(n-1)d(n\geqslant 1).$$

我们把这个公式称为**等差数列的通项公式**.

这个通项公式表示了等差数列的首项 a_1、公差 d、项数 n 和通项 a_n 这四个量之间的关系，若已知其中任意三个量，就可以利用解方程的方法求出第四个量.

例 1 求等差数列 25，23，21，19，…的通项公式和第 13 项.

解 由于 $a_1=25$，$d=23-25=-2$，$n=13$，所以

$$a_n=a_1+(n-1)d=25+(n-1)\times(-2),$$

即

$$a_n=27-2n,$$

因此

$$a_{13}=27-2\times 13=1.$$

例 2 已知等差数列 5，9，13，17，…，那么 401 是该数列的一项吗？如果是，是第几项？

解 由于 $a_1=5$，$d=9-5=4$，所以

$$a_n=a_1+(n-1)d=5+(n-1)\times 4.$$

假设 401 是这个数列的一项，则

$$401=5+(n-1)\times 4,$$

解得

$$n=100.$$

例 3 已知等差数列$\{a_n\}$中，$a_3=-4$，$a_5=-10$，求 a_{10}.

解 设该等差数列$\{a_n\}$的公差为 d，由 $a_n=a_1+(n-1)d$ 可得

$$\begin{cases}a_1+2d=-4,\\a_1+4d=-10.\end{cases}$$

解得

$$a_1=2,\ d=-3,$$

则

$$a_{10}=2+(10-1)\times(-3)=-25.$$

在例 1 的数列中，第 2 项 23 与第 1 项 25、第 3 项 21 的关系为

$$23=\frac{25+21}{2}.$$

在例 2 的数列中，第 3 项 13 与第 2 项 9、第 4 项 17 的关系为

$$13=\frac{9+17}{2}.$$

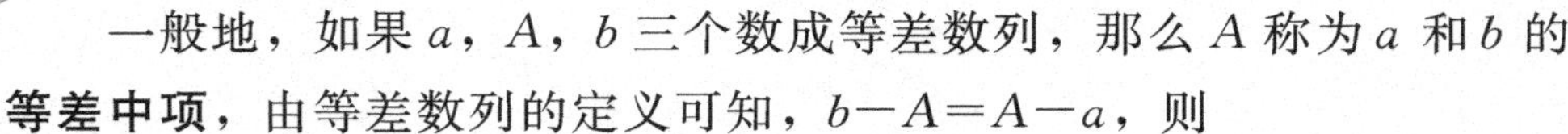

一般地，如果 a，A，b 三个数成等差数列，那么 A 称为 a 和 b 的**等差中项**，由等差数列的定义可知，$b-A=A-a$，则

$$A=\frac{a+b}{2}.$$

例 4 求 $\sqrt{3}+1$ 与 $\sqrt{3}-1$ 的等差中项.

解 由于 $A=\frac{a+b}{2}=\frac{(\sqrt{3}+1)+(\sqrt{3}-1)}{2}=\sqrt{3}$，所以所求的等差中项为 $\sqrt{3}$.

2.2.3 等差数列的前 n 项和公式

如图 2-2 所示堆放钢管，堆放 7 层，自上而下各层的钢管数排成一数列：

$$4,\ 5,\ 6,\ 7,\ 8,\ 9,\ 10.$$

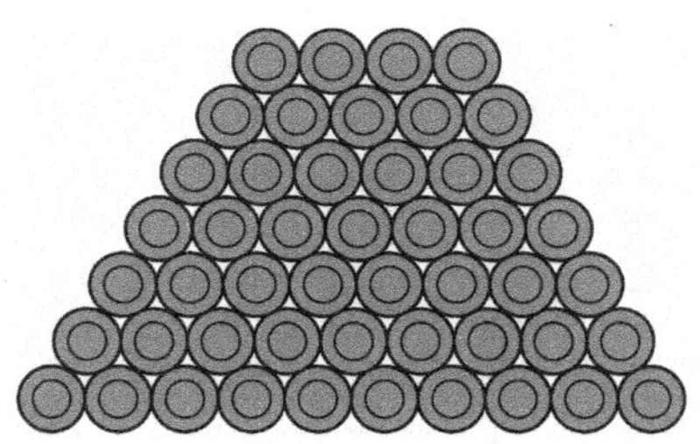

图 2-2

如果要计算这堆钢管的总数，即要算出：$4+5+6+7+8+9+10$ 的值．我们可以依次相加求出结果，但如果层数很多，这种求和的算法就比较麻烦.

为了求出这堆钢管的总数，我们可以设想如图 2-3 那样，在这堆钢管的旁边倒放一堆同样的钢管，这样每层钢管的总数都相同，即

$$4+10=5+9=6+8=7+7=8+6=9+5=10+4=14(\text{根}).$$

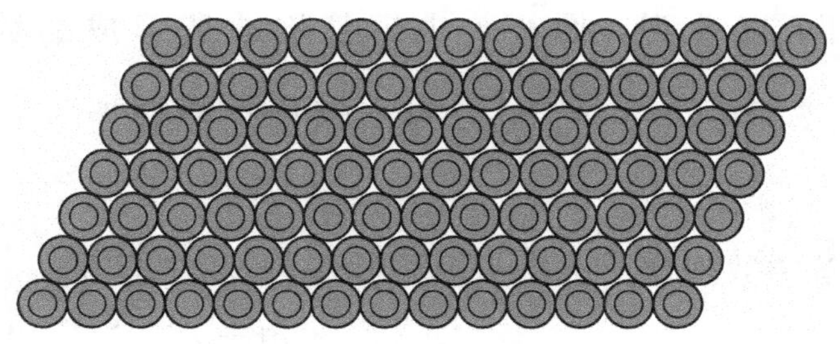

图 2-3

由于共有 7 层，两堆钢管的总数为$(4+10)\times 7$根. 因此，所求的钢管总数为

$$\frac{7\times(4+10)}{2}=49(\text{根}).$$

一般地，把等差数列$\{a_n\}$的前 n 项 a_1，a_2，a_3，…，a_{n-1}，a_n 加在一起，用符号 S_n 表示，即

$$S_n=a_1+a_2+\cdots+a_{n-1}+a_n. \tag{1}$$

根据等差数列的通项公式，(1)式可以写成

$$S_n=a_1+(a_1+d)+(a_1+2d)+\cdots+[a_1+(n-1)d]. \tag{2}$$

将(1)式右端倒过来相加，得

$$S_n=a_n+(a_n-d)+(a_n-2d)+\cdots+[a_n-(n-1)d]. \tag{3}$$

把(2)(3)式相加得

$$\begin{aligned}2S_n&=(a_1+a_n)+(a_1+a_n)+(a_1+a_n)+\cdots+(a_1+a_n)\\&=n(a_1+a_n).\end{aligned} \tag{4}$$

从而得

$$S_n=\frac{n(a_1+a_n)}{2}.$$

将等差数列的通项公式 $a_n=a_1+(n-1)d$ 代入上述公式，即可得到等差数列的另一个求和公式

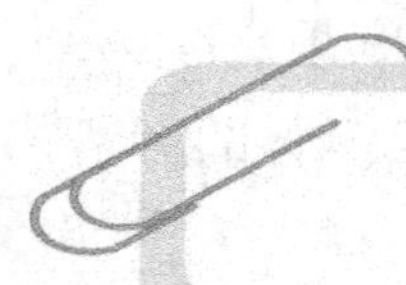

$$S_n=na_1+\frac{n(n-1)d}{2}.$$

由此，我们可以看到，图 2-1 中钢管堆放所形成的数列中，$a_1=4$，$a_7=10$，所以由 $S_n=\frac{n(a_1+a_n)}{2}$可以得出钢管总数量为 $S_7=\frac{7\times(4+10)}{2}=49$(根).

例 5 已知等差数列$\{a_n\}$中，$a_1=-2$，$a_{11}=32$，求 S_{11}.

解 将 $a_1=-2$，$a_{11}=32$ 代入公式 $S_n=\frac{n(a_1+a_n)}{2}$中，得

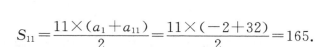

$$S_{11}=\frac{11\times(a_1+a_{11})}{2}=\frac{11\times(-2+32)}{2}=165.$$

例 6 在等差数列 $\{a_n\}$ 中，已知 $a_1=12$，$d=-4$，$S_n=-16$，求项数 n.

解 由于 $a_1=12$，$d=-4$，$S_n=-16$，故由求和公式 $S_n=na_1+\frac{n(n-1)d}{2}$ 可得

$$-16=12n+\frac{n(n-1)\times(-4)}{2},$$

即

$$n^2-7n-8=0.$$

解得

$$n=8 \text{ 或 } n=-1.$$

显然，$n=-1$ 不合题意，舍去．因此，项数 $n=8$.

思考题 2-2

1. 所有两位数的和是多少？

2. 钟楼上的钟，每到整点就敲打，且几点钟就敲打几下，最多敲打 12 下，则这个钟一昼夜共敲打多少下？

课堂练习 2-2

1. 已知等差数列 $\{a_n\}$ 的首项是 5，第 10 项是 59，求公差.

2. 求下列各组数的等差中项.

(1)2 与 13； (2)$\sqrt{2}-1$ 与 $\sqrt{2}+1$.

3. 在等差数列 $\{a_n\}$ 中，

(1)$a_1=-2$，$d=3$，$a_n=31$，求 n；

(2)$a_1=1$，$a_{10}=10$，求 S_{10}；

(3)$a_1=3$，$d=-\frac{1}{2}$，求 S_{20}；

(4)$a_1=2$，$a_3=18$，求 d 与 a_n.

2.3 等比数列

上节介绍了等差数列，本节将引入等比数列的概念，并给出等比数列的通项公式及前 n 项和公式.

2.3.1 等比数列的定义

同学们，请仔细观察下面两个数列，看看它们有什么共同的特点.

(1)如图 2-4 所示的某种细胞分裂过程，那么，细胞的个数可以得到数列

$$1, 2, 4, 8, 16, \cdots \quad (1)$$

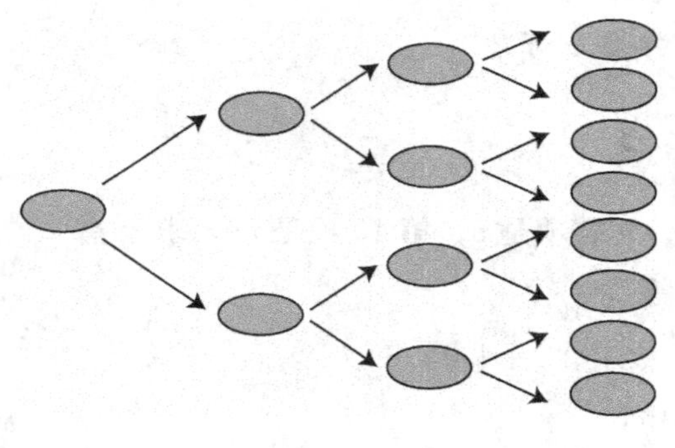

图 2-4

(2)某种药品自从以单价 24 元投放市场以来，经过三次降价，每次降幅为上一次价格的 50%，那么药品单价组成的数列为(单位：元)

$$24, 24\times0.5, 24\times0.5^2, 24\times0.5^3. \quad (2)$$

同学们可能已经看出来了：在数列(1)中，从第 2 项起，每一项与它前一项之比都等于常数 2；在数列(2)中，从第 2 项起，每一项与它前一项之比都等于常数$\frac{1}{2}$.

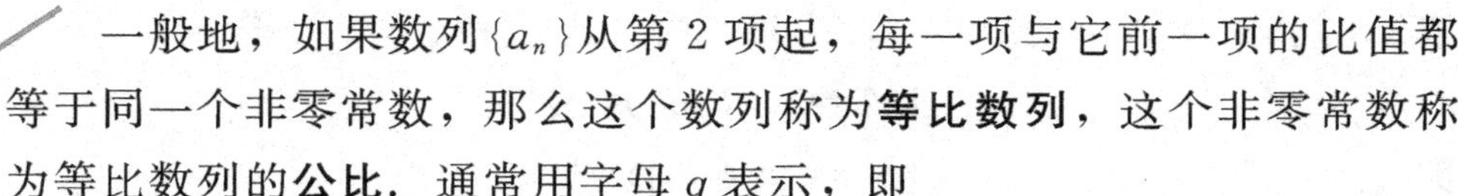

一般地，如果数列$\{a_n\}$从第2项起，每一项与它前一项的比值都等于同一个非零常数，那么这个数列称为**等比数列**，这个非零常数称为等比数列的**公比**．通常用字母q表示，即

$$q=\frac{a_2}{a_1}=\frac{a_3}{a_2}=\cdots=\frac{a_n}{a_{n-1}}=\cdots$$

例如，数列(1)的公比$q=2$，数列(2)的公比$q=\frac{1}{2}$.

小贴士：对首项$a_1>0$的等比数列，当公比$q>1$时，数列是递增数列；当公比$0<q<1$时，数列是递减数列；当公比$q<0$时，数列是摆动数列；当公比$q=1$时，数列是常数列.

2.3.2 等比数列的通项公式

设数列$\{a_n\}$是等比数列，且公比为q，由等比数列的定义有

$$a_2=a_1q,$$
$$a_3=a_2q=a_1q^2,$$
$$a_4=a_3q=a_1q^3,$$
$$\cdots$$

一般地，

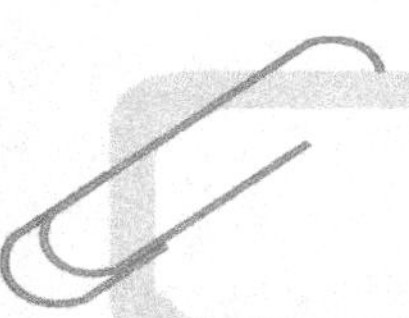

$$a_n=a_{n-1}q=a_1q^{n-1}.$$

这就是**等比数列的通项公式**.

与等差数列类似，上述公式表示等比数列的首项a_1、公比q、项数n和通项a_n这四个量之间的关系，若已知其中任意三个量，就可以利用解方程的方法求出第四个量.

例 1 已知等比数列$\{a_n\}$中，$a_1=2$，$q=-3$，$a_n=162$，求项数n.

解 由于$a_1=2$，$q=-3$，$a_n=162$，由公式$a_n=a_1q^{n-1}$可得

$$162=2\times(-3)^{n-1}.$$

即
$$(-3)^4=(-3)^{n-1}.$$

从而有
$$n-1=4，n=5.$$

例 2 写出等比数列1，3，9，27，…的通项公式.

解 由$a_1=1$，$a_2=3$可知，$q=\dfrac{3}{1}=3$，将其代入$a_n=a_1q^{n-1}$得

$$a_n=a_1q^{n-1}=1\times3^{n-1}=3^{n-1}.$$

即所求通项公式为

$$a_n=3^{n-1}.$$

例 3 已知等比数列$\{a_n\}$中，$a_1=3$，$q=2$，则第几项是48?

解 设数列$\{a_n\}$的第n项是48，由公式$a_n=a_1q^{n-1}$得

$$48=3\times2^{n-1}.$$

化简得
$$16=2^4=2^{n-1}.$$

即
$$n-1=4，n=5.$$

所以，该数列的第5项是48.

在例2中，前三项的关系我们还可以用下式表示.

$$3^2=1\times9.$$

再观察例3中，3，6，12也成等比数列，中间数6与3，12的关系为

$$6^2=3\times12.$$

一般地，如果a，G，b成等比数列，那么G称为a与b的**等比中项**，由等比数列的定义可知，$\dfrac{G}{a}=\dfrac{b}{G}$，即

$$G=\pm\sqrt{ab}（其中\ ab>0）.$$

例 4 求$\sqrt{5}+\sqrt{3}$与$\sqrt{5}-\sqrt{3}$的等比中项.

解 由等比中项公式可知

$$G=\pm\sqrt{(\sqrt{5}+\sqrt{3})\cdot(\sqrt{5}-\sqrt{3})}=\pm\sqrt{2}.$$

2.3.3 等比数列的前 n 项和公式

同学们知道国际象棋是起源于古印度的吗？在国际象棋的棋盘上共有 8 行 8 列，共 64 个格子，如图 2-5 所示.

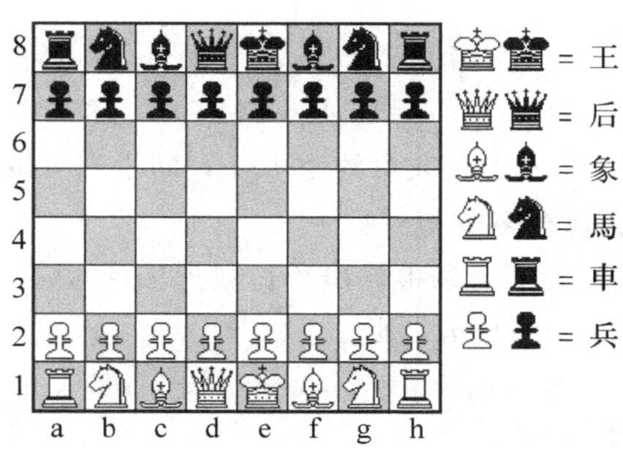

图 2-5

国际象棋的发明者是古印度的一位宰相西萨·班·达伊尔，他的国王舍罕王要重赏他，问他有什么要求. 这位聪明的大宰相的胃口并不是很大，他跪在国王面前说："国王陛下，请在棋盘的第 1 个格子里放上 1 颗麦粒，在棋盘的第 2 个格子里放上 2 颗麦粒，在棋盘的第 3 个格子里放上 4 颗麦粒，在棋盘的第 4 个格子里放上 8 颗麦粒，依此类推，每个格子里放的麦粒数都是前一个格子里放的麦粒数的 2 倍，直到第 64 个格子，请赏给您的仆人吧！"

国王听了很不以为然，说："爱卿，你的要求并不多啊！我一定满足你的要求！"

没过一会儿，他的粮官就来报告了："国王，不行呀！我们整个国家粮库的粮食才能摆到 30 格，如果满足他这个要求，全国百姓不吃不喝也得种两千多年啊！"

同学们，你能用你所学的数学知识解释一下原因吗？

我们来计算一下达伊尔所要求的麦粒总数是

$$1+2+2^2+2^3+2^4+\cdots+2^{63}.$$

这显然是一个首项为 1，公比为 2 的等比数列前 64 项的求和问题. 设该和为 S_{64}，即

$$S_{64}=1+2+2^2+3^3+4^4+\cdots+2^{63}. \qquad (1)$$

把(1)式两边同乘2得

$$2S_{64}=2+2^2+3^3+4^4+\cdots+2^{64}. \tag{2}$$

(2)－(1)得

$$(2-1)S_{64}=2^{64}-1.$$

从而得

$$S_{64}=\frac{2^{64}-1}{2-1}=2^{64}-1$$
$$=18\ 446\ 744\ 073\ 709\ 551\ 615.$$

通常情况下，每千粒小麦的质量约为40 g，同学们可以想象18 446 744 073 709 551 615粒小麦会折合多少千克！

由上面的计算过程我们可以推导出等比数列$\{a_n\}$的前n项和公式.

设$S_n=a_1+a_2+a_3+\cdots+a_n$，则

$$S_n=a_1+a_1q+a_1q^2+\cdots+a_1q^{n-1}, \tag{3}$$

将(3)式两边同乘q得

$$qS_n=a_1q+a_1q^2+\cdots+a_1q^{n-1}+a_1q^n, \tag{4}$$

(3)－(4)得

$$(1-q)S_n=a_1(1-q^n).$$

即

$$S_n=\frac{a_1(1-q^n)}{1-q}(q\neq1).$$

当等比数列$\{a_n\}$的公比$q=1$，首项为a_1时，该数列的前n项和为

$$S_n=na_1.$$

例5 求等比数列$1,\ \frac{1}{3},\ \frac{1}{9},\ \frac{1}{27},\ \cdots$的前6项和.

解 已知$a_1=1$，$q=\frac{1}{3}$，$n=6$，由公式$S_n=\frac{a_1(1-q^n)}{1-q}$可知

$$S_6=\frac{a_1(1-q^6)}{1-q}=\frac{1\times\left[1-\left(\frac{1}{3}\right)^6\right]}{1-\frac{1}{3}}$$

$$=\frac{1-\left(\frac{1}{3}\right)^6}{\frac{2}{3}}=\frac{364}{243}.$$

例 6 已知等比数列$\{a_n\}$中，$a_1=8$，$q=\frac{1}{2}$，$S_n=\frac{31}{2}$，求项数 n.

解 将$a_1=8$，$q=\frac{1}{2}$，$S_n=\frac{31}{2}$代入公式$S_n=\frac{a_1(1-q^n)}{1-q}$得

$$\frac{31}{2}=\frac{8\times\left[1-\left(\frac{1}{2}\right)^n\right]}{1-\frac{1}{2}}$$

$$=16\left[1-\left(\frac{1}{2}\right)^n\right]$$

$$=16-2^{4-n}.$$

化简得

$$2^{4-n}=2^{-1}.$$

从而得

$$n=5.$$

思考题 2－3

1. 在等比数列中，哪些项不能成为等比中项？
2. 如果一个数列既是等差数列，又是等比数列，那么这种数列存在吗？

课堂练习 2－3

1. 等比数列$\frac{1}{2}$，$\frac{1}{4}$，$\frac{1}{8}$，…的第几项是$\frac{1}{128}$？
2. 在等比数列$\{a_n\}$中，

(1)已知$a_3=4$，$a_6=32$，求a_1和q；

(2)已知$a_2=2$，$q=-3$，求S_{10}；

(3)已知$a_1=-2$，$S_2=3$，求q.

3. 在 9 与 243 中间插入两个数，使这 4 个数成等比数列，求这两个数.
4. 某种药品三次降价，由原来的单价 12.5 元降到 2.7 元，求平均每次降价的百分率.
5. 求等比数列 1，3，9，…从第 6 项到第 12 项的和.

本章小结

知识框架

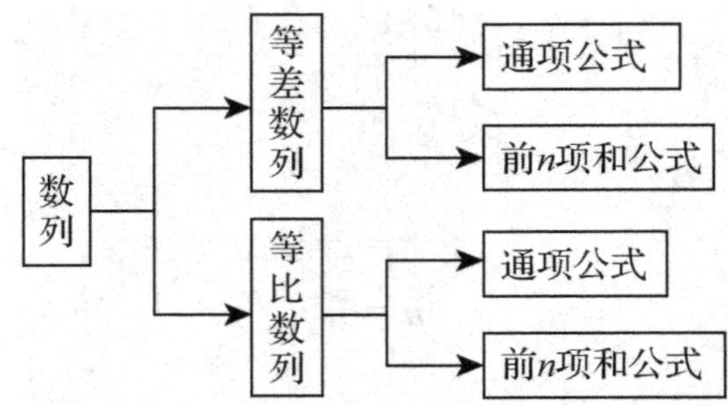

知识点梳理

2.1 数列的基本概念

按照一定次序排成的一列数叫作数列.

一般地，若数列$\{a_n\}$的一般项a_n与项序号n之间能用一个公式表示，则称该公式为数列$\{a_n\}$的通项公式.

2.2 等差数列

1. 等差数列的定义.

一般地，如果数列$\{a_n\}$从第2项起，每一项减去它的前一项的差都等于同一个常数，那么这个数列称为等差数列，这个常数称为等差数列的公差.

2. 等差数列的通项公式.

$$a_n=a_1+(n-1)d(n\geqslant 1).$$

3. 等差中项.

一般地，如果a，A，b三个数成等差数列，那么A称为a和b的等差中项．由等差数列的定义可知，$b-A=A-a$，则

$$A=\frac{a+b}{2}.$$

4. 等差数列的前 n 项和.

$$S_n=\frac{n(a_1+a_n)}{2}\text{或 }S_n=na_1+\frac{n(n-1)d}{2}.$$

2.3 等比数列

1. 等比数列的定义.

一般地，如果数列$\{a_n\}$从第 2 项起，每一项与它前一项的比值都等于同一个非零常数，那么这个数列称为等比数列，这个非零常数称为等比数列的公比.

2. 等比数列的通项公式.

$$a_n=a_{n-1}q=a_1q^{n-1}.$$

3. 等比中项.

一般地，如果 a，G，b 成等比数列，那么 G 称为 a 与 b 的等比中项. 由等比数列的定义可知，$\frac{G}{a}=\frac{b}{G}$，即

$$G=\pm\sqrt{ab}\text{(其中 }ab>0\text{)}.$$

4. 等比数列的前 n 项和.

$$S_n=\frac{a_1(1-q^n)}{1-q}(q\neq 1).$$

复习题二(A)

一、选择题(在每小题列出的4个备选项中只有一个是符合题目要求的，请将其代码填写在后面的括号里)

1. 等差数列$\{a_n\}$的首项$a_1=2$，公差$d=-2$，当$a_n=-56$时，项数$n=$(　　).

A. 18　　B. 30　　C. 20　　D. 29

2. 在等差数列$\{a_n\}$中，$a_7=10$，$a_8=18$，则$a_9=$(　　).

A. 26　　B. 28　　C. 98　　D. 180

3. 在等差数列$\{a_n\}$中，$a_1=5$，$a_{10}=15$，则$S_{10}=$(　　).

A. 88　　B. 100　　C. 75　　D. 220

4. 等比数列的通项公式为$a_n=\left(\frac{2}{3}\right)^{n+1}$，则它的首项$a_1$是(　　).

A. 1　　B. $\frac{2}{9}$　　C. $\frac{4}{9}$　　D. $\frac{3}{2}$

5. 数列$\{a_n\}$的通项公式为$a_n=n(3n-1)$，则它的第(　　)项是140.

A. 10　　B. 7　　C. 11　　D. 6

6. 在等差数列$\{a_n\}$中，$a_1=2$，$a_2+a_3=13$，则$a_4+a_5+a_6=$(　　).

A. 40　　B. 42　　C. 43　　D. 45

7. 在数列1，$\sqrt{2}$，2，…中，$8\sqrt{2}$是第(　　)项.

A. 6　　B. 7　　C. 8　　D. 9

8. 已知等差数列$\{a_n\}$的公差$d\neq 0$，若a_5，a_9，a_{15}成等比数列，则公比为(　　).

A. $\frac{3}{4}$　　B. $\frac{2}{3}$　　C. $\frac{3}{2}$　　D. $\frac{4}{3}$

9. 一个屋顶的某一斜面成等腰梯形，最上面一层的铺瓦片为21块，往下每一层多铺一块，斜面上铺了19层，共铺瓦片(　　)块.

A. 500　　B. 510　　C. 570　　D. 600

10. 计算机的成本不断降低，若每隔三年计算机的价格就在当年基础上降低$\frac{1}{3}$，现在价格为8 100元的计算机，9年后的价格可降为(　　)元.

A. 2 400　　B. 900　　C. 300　　D. 3 600

二、填空题(请在每小题的空格中填上正确答案)

1. 若数列$\{a_n\}$的通项公式是$a_n=\frac{n(n+3)}{n+1}$，则它的第5项是________.

2. 在等差数列$\{a_n\}$中，$a_1=-10$，$d=2$，则$S_8=$________.

3. 在等比数列$\{a_n\}$中，$a_1+a_2=30$，$a_3+a_4=120$，则$a_5+a_6=$________.

4. 在等差数列6，2，-2，…中，$a_{10}=$________.

5. 在等差数列$\{a_n\}$中，$a_1=20$，$a_n=54$，$S_n=999$，则$n=$________.

6. 在等比数列$\{a_n\}$中，$a_3a_5=9$，则$a_2a_6=$________.

7. 在数列4，0，-4，-8，…中，$a_{12}=$________.

8. 在等差数列$\{a_n\}$中，已知$d=\frac{1}{4}$，$a_9=10$，则$a_1=$________.

9. 已知数列$\{a_n\}$的通项公式为$a_n=n^2-n+5$，则$a_3=$________.

10. 已知数列$\{a_n\}$的通项公式为$a_n=(-1)^n\cdot n$，则它的前5项和是________.

三、判断题(判断下列语句. 正确的请在每小题后面的括号里填写“√”，错误的填写“×”)

1. 数列1，2，3，4，…是常数列. (　　)

2. 数列1，2，3，4与数列4，3，2，1是相同的. (　　)

3. 在等比数列中，任意一项都不能等于零. (　　)

4. 常数列是公比为1的等比数列. (　　)

5. 数列a，$2a$，$3a$，$4a$，…是等差数列. (　　)

四、解答题

1. 写出下列数列的通项公式，使它的前4项分别是下列各数.

(1)2，5，8，11；　　(2)$\frac{1}{2\times1}$，$\frac{1}{2\times2}$，$\frac{1}{2\times3}$，$\frac{1}{2\times4}$.

2. 根据下列各题中的条件，求相应等差数列$\{a_n\}$的有关未知数.

(1)$a_1=3$，$a_n=23$，$S_n=65$，求d及n；

(2)$a_1=\frac{5}{6}$，$d=-\frac{1}{6}$，$S_n=2$，求n及a_n.

3. 根据下列各题中的条件，求相应等比数列$\{a_n\}$的有关未知数.

(1)$a_1=-2$，$a_n=54$，求q及S_6；

(2)$a_1=2$，$S_3=26$，求q及a_n.

4. 某等差数列$\{a_n\}$的通项公式是$a_n=4n-1$，求它的前n项和公式.

5. 已知四个数，前三个数成等比数列，和为19，后三个数成等差数列，和为12，求这四个数.

6. 已知三个数成等差数列，它们的和为 15，它们的积为 80，求这三个数.

7. 在等差数列$\{a_n\}$中，已知 $a_1=\frac{1}{3}$，$a_2+a_5=4$，$a_n=33$，试求 n 的值.

8. 已知三个正数成等差比例，它们的和等于 6，若在第三个数上加 1，就成等比数列，求这三个数.

复习题二(B)

一、选择题(在每小题列出的4个备选项中只有一个是符合题目要求的，请将其代码填写在后面的括号里)

1. $\{a_n\}$是首项$a_1=1$，公差为$d=3$的等差数列，若$a_n=2\ 005$，则项数$n=$(　　).

A. 667　　B. 668　　C. 669　　D. 670

2. 数列1，-3，5，-7，9，的一个通项公式为(　　).

A. $a_n=2n-1$　　B. $a_n=(-1)^n(2n-1)$

C. $a_n=(-1)^n(1-2n)$　　D. $a_n=(-1)^n(2n+1)$

3. 数列1，0，2，0，3，…的通项公式为(　　).

A. $a_n=\dfrac{n-(-1)^n n}{2}$　　B. $a_n=\dfrac{(n+1)[1-(-1)^n]}{4}$

C. $a_n=\begin{cases}n，n为奇数\\0，n为偶数\end{cases}$　　D. $a_n=\dfrac{(n-1)[1-(-1)^n]}{4}$

4. 已知等差数列$\{a_n\}$的前n项和为S_n，若$a_4=18-a_5$，则$S_8=$(　　).

A. 18　　B. 36　　C. 54　　D. 72

5. 若数列$\{a_n\}$是等差数列，则(　　).

A. $a_1+a_8<a_4+a_5$　　B. $a_1+a_8=a_4+a_5$

C. $a_1+a_8>a_4+a_5$　　D. $a_1a_8=a_4a_5$

6. 等差数列$\{a_n\}$的前n项和为S_n，若$S_2=2$，$S_4=10$，则$S_6=$(　　).

A. 12　　B. 18　　C. 24　　D. 42

7. 等差数列$\{a_n\}$的前n项和为S_n，若$a_2=1$，$a_3=3$，则$S_4=$(　　).

A. 12　　B. 10　　C. 8　　D. 6

8. 已知$\{a_n\}$为等差数列，若$a_1+a_3+a_5=105$，$a_2+a_4+a_6=99$，则$a_{20}=$(　　).

A. -1　　B. 1　　C. 3　　D. 7

9. 已知$\{a_n\}$为等差数列，若$a_7-2a_4=-1$，$a_3=0$，则公差$d=$(　　).

A. -2　　B. $-\dfrac{1}{2}$　　C. $\dfrac{1}{2}$　　D. 2

10. 已知$\{a_n\}$是等比数列，$a_1=1$，$a_4=\frac{1}{8}$，则$a_n=$(　　).

A. $\left(\frac{1}{2}\right)^{n-1}$　　B. $\left(\frac{1}{2}\right)^{n}$　　C. 2^{n-1}　　D. 2^n

11. 等差数列$\{a_n\}$的前n项和为S_n，且$S_3=6$，$a_1=4$，则公差$d=$(　　).

A. 1　　B. $\frac{5}{3}$　　C. -2　　D. 3

12. 若等差数列$\{a_n\}$的前5项和$S_5=25$，且$a_2=3$，则$a_7=$(　　).

A. 12　　B. 13　　C. 14　　D. 15

13. 已知$\{a_n\}$是等差数列，$a_1+a_2=4$，$a_7+a_8=28$，则该数列的前10项和$S_{10}=$(　　).

A. 64　　B. 100　　C. 110　　D. 120

14. 已知等比数列$\{a_n\}$的公比为正数，且$a_4a_{10}=2a_6^2$，$a_3=1$，则$a_2=$(　　).

A. $\frac{1}{2}$　　B. $\frac{\sqrt{2}}{2}$　　C. $\sqrt{2}$　　D. 2

15. 在等差数列$\{a_n\}$中，已知$a_4+a_8=16$，则该数列的前11项和$S_{11}=$(　　).

A. 58　　B. 88　　C. 143　　D. 176

16. 在等差数列$\{a_n\}$中，$a_2=1$，$a_4=5$，则该数列的前5项和$S_5=$(　　).

A. 7　　B. 15　　C. 20　　D. 25

17. 已知等差数列$\{a_n\}$，$a_n=2n-19$，则该数列的前n项和S_n(　　).

A. 有最小值且是整数　　B. 有最小值且是分数

C. 有最大值且是整数　　D. 有最大值且是分数

18. 设等差数列$\{a_n\}$的前n项和为S_n，若$a_1=-11$，$a_4+a_6=-6$，则当S_n取最小值时，$n=$(　　).

A. 6　　B. 7　　C. 8　　D. 9

19. 在等差数列$\{a_n\}$中，$a_2=-6$，$a_8=6$，若数列$\{a_n\}$的前n项和为S_n，则(　　).

A. $S_4<S_5$　　B. $S_4=S_5$　　C. $S_6<S_5$　　D. $S_6=S_5$

20. 设S_n是等差数列$\{a_n\}$的前n项和，若$\frac{S_3}{S_6}=\frac{1}{3}$，则$\frac{S_6}{S_{12}}=$(　　).

A. $\frac{3}{10}$　　B. $\frac{1}{3}$　　C. $\frac{1}{8}$　　D. $\frac{1}{9}$

21. 等差数列$\{a_n\}$的前m项和$S_m=30$，又$S_{2m}=100$，则$S_{3m}=$(　　).

A. 130　　B. 170　　C. 210　　D. 260

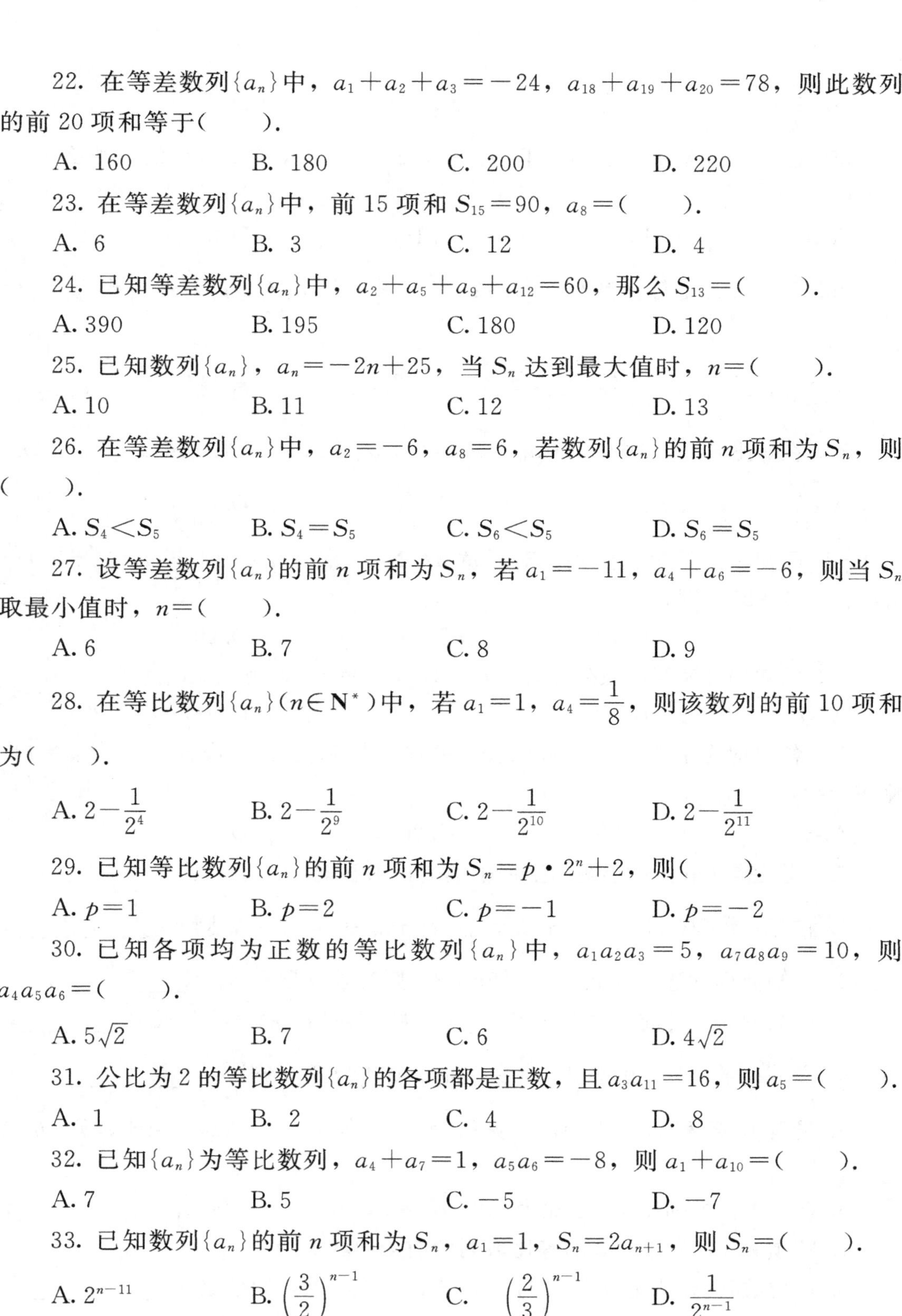

22. 在等差数列$\{a_n\}$中，$a_1+a_2+a_3=-24$，$a_{18}+a_{19}+a_{20}=78$，则此数列的前 20 项和等于(　　).

A. 160　　B. 180　　C. 200　　D. 220

23. 在等差数列$\{a_n\}$中，前 15 项和 $S_{15}=90$，$a_8=$(　　).

A. 6　　B. 3　　C. 12　　D. 4

24. 已知等差数列$\{a_n\}$中，$a_2+a_5+a_9+a_{12}=60$，那么 $S_{13}=$(　　).

A. 390　　B. 195　　C. 180　　D. 120

25. 已知数列$\{a_n\}$，$a_n=-2n+25$，当 S_n 达到最大值时，$n=$(　　).

A. 10　　B. 11　　C. 12　　D. 13

26. 在等差数列$\{a_n\}$中，$a_2=-6$，$a_8=6$，若数列$\{a_n\}$的前 n 项和为 S_n，则(　　).

A. $S_4<S_5$　　B. $S_4=S_5$　　C. $S_6<S_5$　　D. $S_6=S_5$

27. 设等差数列$\{a_n\}$的前 n 项和为 S_n，若 $a_1=-11$，$a_4+a_6=-6$，则当 S_n 取最小值时，$n=$(　　).

A. 6　　B. 7　　C. 8　　D. 9

28. 在等比数列$\{a_n\}$($n\in\mathbf{N}^*$)中，若 $a_1=1$，$a_4=\dfrac{1}{8}$，则该数列的前 10 项和为(　　).

A. $2-\dfrac{1}{2^4}$　　B. $2-\dfrac{1}{2^9}$　　C. $2-\dfrac{1}{2^{10}}$　　D. $2-\dfrac{1}{2^{11}}$

29. 已知等比数列$\{a_n\}$的前 n 项和为 $S_n=p\cdot 2^n+2$，则(　　).

A. $p=1$　　B. $p=2$　　C. $p=-1$　　D. $p=-2$

30. 已知各项均为正数的等比数列$\{a_n\}$中，$a_1a_2a_3=5$，$a_7a_8a_9=10$，则 $a_4a_5a_6=$(　　).

A. $5\sqrt{2}$　　B. 7　　C. 6　　D. $4\sqrt{2}$

31. 公比为 2 的等比数列$\{a_n\}$的各项都是正数，且 $a_3a_{11}=16$，则 $a_5=$(　　).

A. 1　　B. 2　　C. 4　　D. 8

32. 已知$\{a_n\}$为等比数列，$a_4+a_7=1$，$a_5a_6=-8$，则 $a_1+a_{10}=$(　　).

A. 7　　B. 5　　C. -5　　D. -7

33. 已知数列$\{a_n\}$的前 n 项和为 S_n，$a_1=1$，$S_n=2a_{n+1}$，则 $S_n=$(　　).

A. 2^{n-11}　　B. $\left(\dfrac{3}{2}\right)^{n-1}$　　C. $\left(\dfrac{2}{3}\right)^{n-1}$　　D. $\dfrac{1}{2^{n-1}}$

34. 已知等比数列$\{a_n\}$的公比为正数，且 $a_3a_9=2a_5^2$，$a_2=1$，则 $a_1=$(　　).

A. $\frac{1}{2}$　　B. $\frac{\sqrt{2}}{2}$　　C. $\sqrt{2}$　　D. 2

35. 已知$\{a_n\}$是等比数列，且$a_n>0$，$a_2a_4+2a_3a_5+a_4a_6=25$，那么$a_3+a_5=$(　　).

A. 5　　B. 10　　C. 15　　D. 20

36. 已知$\{a_n\}$是等比数列，$a_2=2$，$a_5=\frac{1}{4}$，则$a_1a_2+a_2a_3+\cdots+a_na_{n+1}=$(　　).

A. $16(1-4^n)$　　B. $16(1-2^{-n})$　　C. $\frac{32}{3}(1-4^{-n})$　　D. $\frac{32}{3}(1-2^{-n})$

37. 在等比数列$\{a_n\}$中，$a_9+a_{10}=a(a\neq0)$，$a_{19}+a_{20}=b$，则$a_{99}+a_{100}=$(　　).

A. $\frac{b^9}{a^8}$　　B. $\left(\frac{b}{a}\right)^9$　　C. $\frac{b^{10}}{a^9}$　　D. $\left(\frac{b}{a}\right)^{10}$

38. 已知$\{a_n\}$是等比数列，对任意$n\in\mathbf{N}^*$，都有$a_n>0$，若$a_3(a_3+a_5)+a_4(a_4+a_6)=25$，则$a_3+a_6=$(　　).

A. 5　　B. 10　　C. 15　　D. 20

39. 已知$\{a_n\}$为等比数列，$a_4+a_7=2$，$a_5a_6=-8$，则$a_1+a_{10}=$(　　).

A. 7　　B. 5　　C. -5　　D. -7

40. 各项均为正数的等比数列$\{a_n\}$的前n项和为S_n，若$S_n=2$，$S_{3n}=14$，则$S_{4n}=$(　　).

A. 80　　B. 30　　C. 26　　D. 16

二、填空题(请在每小题的空格中填上正确答案)

1. 在等差数列$\{a_n\}$中，已知$a_1=\frac{1}{3}$，$a_2+a_5=4$，$a_n=3$，则$n=$__________.

2. 已知数列的通项公式$a_n=-5n+2$，则其前n项和$S_n=$__________.

3. 设数列$\{a_n\}$的前n项和为$S_n=2n^2$，则数列$\{a_n\}$的通项公式为__________.

4. 设等比数列$\{a_n\}$的公比$q=\frac{1}{2}$，前n项和为S_n，则$\frac{S_4}{a_4}=$__________.

5. 设等比数列$\{a_n\}$的前n项和为S_n，若$a_1=1$，$S_6=4S_3$，则$a_4=$__________.

6. 已知等比数列$\{a_n\}$的公比为正数，$a_2=2$，$a_2a_4=16$，则$S_n=$__________.

7. 首项为1，公比为2的等比数列的前4项和$S_n=$__________.

8. 等比数列$\{a_n\}$的前n项和为S_n，若$S_3+3S_2=0$，则公比$q=$__________.

9. 若等比数列$\{a_n\}$满足$a_2a_4=\frac{1}{2}$，则$a_1a_3^2a_5=$__________.

10. 设等差数列$\{a_n\}$的前n项和为S_n，若$a_1=\frac{1}{2}$，$S_4=20$，则$S_6=$________.

三、解答题

1. 根据各个数列的首项和递推公式，写出它的前五项，并归纳出通项公式.

(1)$a_1=0$，$a_{n+1}=a_n+(2n-1)(n\in\mathbf{N})$；

(2)$a_1=1$，$a_{n+1}=\frac{2a_n}{a_n+2}(n\in\mathbf{N})$；

(3)$a_1=3$，$a_{n+1}=3a_n-2(n\in\mathbf{N})$；

(4)$a_1=2$，$a_{n+1}=2a_n(n\in\mathbf{N})$.

2. 设等差数列$\{a_n\}$的前n项和为S_n，已知$a_{10}=30$，$a_{20}=50$.

(1)求通项a_n；

(2)若$S_n=232$，求n.

3. 设等差数列$\{a_n\}$的前n项和为S_n，已知$a_3=21$，$S_{12}>0$，$S_{13}<0$，求公差d的取值范围.

4. 在等差数列$\{a_n\}$中，$3a_4=7a_7$，$a_1>0$，S_n是数列$\{a_n\}$的前n项和. 若S_n取得最大值，求项数n.

5. 设数列$\{a_n\}$满足$a_1+3a_2+3^2a_3+\cdots+3^{n-1}a_n=\frac{n}{3}$，$a\in\mathbf{N}^*$.

(1)求数列$\{a_n\}$的通项公式；

(2)设$b_n=\frac{n}{a_n}$，求数列$\{b_n\}$的前n项和S_n.

6. 已知等差数列$\{a_n\}$满足$a_3=7$，$a_5+a_7=26$，$\{a_n\}$的前n项和为S_n.

(1)求a_4及S_n；

(2)令$b_n=\frac{1}{a_n^2-1}(n\in\mathbf{N}^*)$，求数列$\{b_n\}$的前$n$项和$T_n$.

7. 设$\{a_n\}$是等差数列，$\{b_n\}$是各项都为正数的等比数列，且$a_1=b_1=1$，$a_3+b_5=21$，$a_5+b_3=13$.

(1)求$\{a_n\}$，$\{b_n\}$的通项公式；

(2)求数列$\left\{\frac{a_n}{b_n}\right\}$的前$n$项和$S_n$.

8. 已知$\{a_n\}$是递增的等差数列，a_2，a_4是方程$x^2-5x+6=0$的根.

(1)求$\{a_n\}$的通项公式；

(2)求数列$\left\{\frac{a_n}{2^n}\right\}$的前$n$项和.

专题阅读

等差数列小故事

图 2-6　高斯

高斯是德国数学家、天文学家和物理学家，被誉为历史上伟大的数学家之一(图 2-6)．他和阿基米德、牛顿并列，同享盛名．

1777 年 4 月 30 日，高斯生于不伦瑞克的一个工匠家庭，1855 年 2 月 23 日卒于格丁根．他幼时家境贫困，但聪敏异常，受一贵族资助才进学校接受教育．1795—1798 年在格丁根大学学习，1798 年转入黑尔姆施泰特大学，翌年因证明代数基本定理获博士学位．从 1807 年起担任格丁根大学教授兼格丁根天文台台长直至逝世．

7 岁那年，父亲送他进了耶卡捷林宁国民小学，读书不久，高斯就在数学上显露出了他异于常人的天赋，最能证明这一点的是高斯 10 岁那年，教师彪特耐尔布置了一道很繁杂的计算题，要求学生把 1 到 100 的所有整数加起来，教师刚叙述完题目，高斯立刻把写着答案的小石板交了上去．彪特耐尔起初并不在意这一举动，心想这个小家伙又在捣乱，但当他发现全班唯一正确的答案属于高斯时，才大吃一惊．而更使人吃惊的是高斯的算法，他发现：第一个数加最后一个数是 101，第二个数加倒数第二个数的和也是 101……共有 50 对这样的数，用 101 乘 50 得到 5 050．这种算法是教师未曾教过的计算等级数的方法，高斯的才华使彪特耐尔十分激动，下课后他特地向校长汇报，并声称自己已经没有什么可教高斯的了．

第3章 统计与概率

本章概述

我们知道，手机号码一般是从10个阿拉伯数字中选出若干个，按照一定的顺序排列而成的．随着人们生活水平的提高，越来越多的人使用手机，那么，11位的手机号码是否够用呢？这就需要“数出”在满足某些条件下，所有可能的号码数，这就是“计数”问题．在生活中，还存在着大量的计数问题．当然，我们可以通过列举法，一个一个地数来确定这个数，但当这个数很大时，用列举法就难以实现了．

在本章我们将要介绍如何能不通过一个一个地数来确定这个数，即分类计数原理与分步计数原理，并以此为基础得到计数的两个公式——排列数公式与组合数公式．在本章我们还将学习二项式定理，简单的统计和概率知识．

本章学习要求

△ 1．掌握加法原理和乘法原理，运用这两个原理分析和解决一些简单问题．

△ 2．理解排列、组合的意义，掌握排列数、组合数的计算公式和组合数的性质，并运用它们解决一些简单的问题．

△ 3．掌握二项式定理和二项式系数的性质．

△ 4．了解总体、个体、样本、样本容量等概念的意义，了解用样本的频率分布估计总体分布的思想，了解总体特征值的估计，了解用平均数、方差估计总体的稳定程度．

△ 5．了解随机现象、随机事件的概念，了解概率的概念、基本性质，了解互斥事件和对立事件的意义，了解互斥事件和对立事件的概率计算公式，理解等可能概率模型，会用等可能事件的概率公式计算一些简单随机事件的概率．

3.1 两个计数原理

在生活中，我们处理同一件事情的方法往往不止一种，而我们也经常会遇到计算做一件事情需要多少种方法的问题，这种问题就是计数问题. 在本节我们将要介绍两种处理计数问题的方法——分类计数原理和分步计数原理.

问题 1 如图 3-1 所示，某人从甲地到乙地，可以乘汽车、轮船或火车，一天中汽车有 3 班，轮船有 2 班，火车有 1 班，那么，一天中乘坐这些交通工具，从甲地到乙地共有多少种不同的选择？

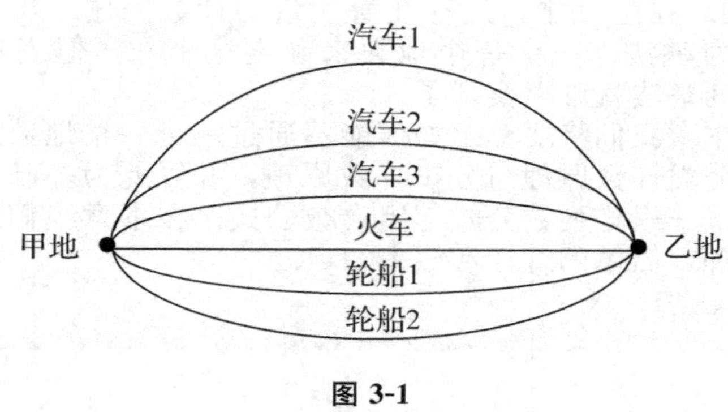

图 3-1

问题 2 到服装店买衣服，上衣有 3 种选择，裤子有 2 种选择，若要购买一套衣服(包括上衣和裤子)，共有多少种选择？

问题 1 与问题 2 有什么不同之处？

对于问题 1，从甲地到乙地，有 3 类不同的交通方式：乘汽车、乘轮船、乘火车. 使用这 3 类交通方式中的任何一类都能从甲地到达乙地. 所以某人从甲地到乙地的不同走法的种数，恰好是各类走法的种数之和，也就是 $3+2+1=6$(种).

由此我们得到**分类计数原理(加法原理)**.

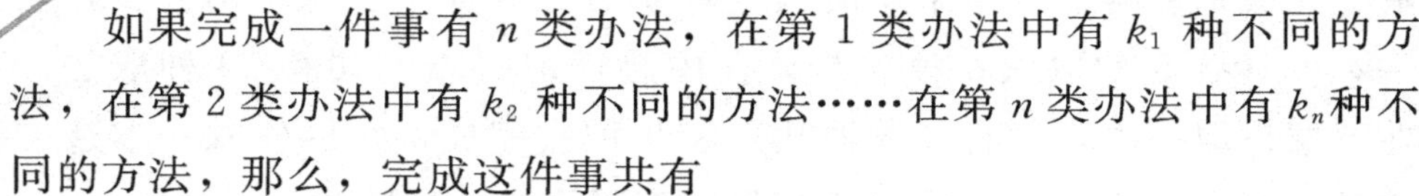

如果完成一件事有 n 类办法，在第 1 类办法中有 k_1 种不同的方法，在第 2 类办法中有 k_2 种不同的方法……在第 n 类办法中有 k_n 种不同的方法，那么，完成这件事共有

$$N=k_1+k_2+\cdots+k_n$$

种不同的方法.

问题 2 与问题 1 不同．在问题 1 中，采用任何一类交通方式都可以直接从甲地到乙地．在问题 2 中，购买一套服装，要上衣和裤子都选择好后，才算完成买“一套服装”的任务．显然，这个过程要分两个步骤来完成.

步骤一，选择上衣，有 3 种选择；

步骤二，选择裤子，有 2 种选择.

所以，在问题 2 中，任意一件上衣都可以搭配任意一条裤子凑成一套，搭配方式共有 $2\times3=6$(种)，这正好是完成两个步骤的方法种数的乘积.

由此我们得到**分步计数原理(乘法原理)**.

如果一件事需要分成 n 个步骤完成，做第 1 步有 k_1 种不同的方法，做第 2 步有 k_2 种不同的方法……做第 n 步有 k_n 种不同的方法，那么，完成这件事共有

$$N=k_1\times k_2\times\cdots\times k_n$$

种不同的方法.

例 1　某家电商场的柜台分上、下两层，上层放有 20 个微波炉，下层放有 10 个电吹风，从中任取一件商品，共有多少种不同的取法？

解　任取一个微波炉或一个电吹风都能完成“任取一件商品”这一件事，显然有两类不同的方式．第一类方式是在 20 个微波炉中任取一个，有 20 种取法；第二类方式是在 10 个电吹风中任取一个，有 10 种取法，根据分类计数原理得到不同取法的种数是

$$N=20+10=30(\text{种}).$$

例 2　某书架有上、中、下 3 层，其中，上层放 8 本文艺类杂志图书，中层放 10 本科学类杂志图书，下层放 7 本摄影类杂志图书，某人从每层各任取一

本杂志阅读，共有多少种不同的取法？

解 完成每层各取一本杂志阅读这件事可分为3个步骤：第一步，在上层任取一本，共有8种取法；第二步，在中层任取一本，共有10种取法；第三步，在下层任取一本，共有7种取法．三步依次完成，每层任取一本杂志的事才算完成．根据分步计数的乘法原理得到不同取法的种数是

$$N=8\times10\times7=560(\text{种}).$$

例3 用数字1，2，3，4，5可以组成多少个3位数？

解 要组成一个3位数可以分成3个步骤完成：第一步，确定百位上的数字，从5个数字中任选一个数字，共有5种选法；第二步，确定十位上的数字，由于没有约定数字不允许重复，所以十位上的数字还有5种选法；第三步，确定个位上的数字，也有5种选法．根据分步计数原理，可以得出组成有重复数字的3位数的个数是

$$N=5\times5\times5=125(\text{个}).$$

思考题3－1

1．分类计数原理与分步计数原理有什么区别？

2．乒乓球运动员一共有12人，其中女运动员有7人，现要组成混合双打队伍参加比赛，有________种不同的选法．

课堂练习3－1

1．甲口袋中装有编号为1，2，3，4，5的彩球，乙口袋中装有编号为6，7，8，9的彩球，求：

(1)从甲或乙口袋中任取一个彩球，共有多少种取法？

(2)从甲和乙口袋中各取一个彩球，共有多少种取法？

2．要从甲、乙、丙3名工人中选出2名分别上白班和夜班，有多少种不同的排班方法？

3.2 排列及排列数

在工作和生活中有很多需要选取并安排人或事物的问题，针对某个具体问题，人们往往需要知道共有多少种选择方法．考察下面两个例子，并按要求填写表格．

安排班次 要从甲、乙、丙 3 名工人(图 3-2)中选取 2 名，分别安排上白班和晚班，找出所有的排班方法，将下面的表补充完整(表 3-1).

你是怎样来思考“安排班次”这个问题的?

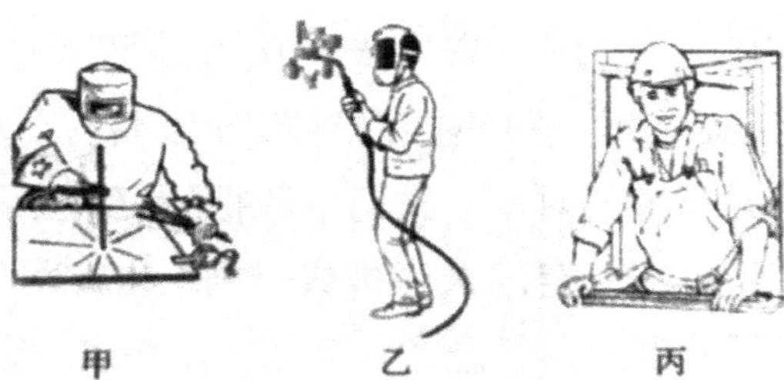

图 3-2

表 3-1

序号	1	
白班	甲	
夜班	乙	

放置小球 有分别编有 1，2，3，4 的 4 个小球和 3 个编有Ⅰ，Ⅱ，Ⅲ的盒子(图 3-3)，要选取其中的 3 个小球分别放入盒子中，每个盒子只能放一个球，如表 3-2 已经给出两种放置方法，请你补充列出其余的放置方法.

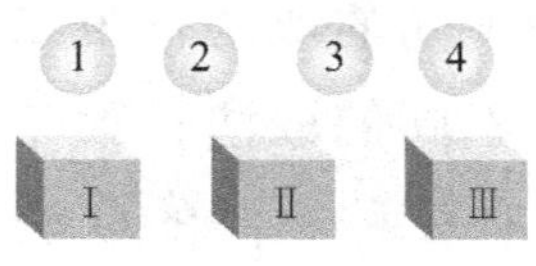

图 3-3

表 3-2

盒号	Ⅰ	Ⅱ	Ⅲ
小球排放方式	1	2	3
	1	2	4

3.2.1 排列与排列数的定义

本节“安排班次”问题，共有“甲乙、甲丙、乙甲、乙丙、丙甲、丙乙”6种不同的选择方法.

这个问题也可以分为两个步骤来完成：第一步，从甲、乙、丙3个工人中选取一人上白班，共有3种选择；第二步，从另外两人中选取一人上晚班，共有2种选择. 由分步计数原理，得不同的排班方法共有3×2=6(种).

这里甲、乙、丙都是研究的对象. 我们一般把研究对象称为**元素**. 对白班和晚班的安排，就是将所有元素按一定的顺序排成一列. 由此可知，“安排班次”这一例子的特点是：从3个不同元素中任意选择2个元素，并按一定的顺序排成一列.

对于“放置小球”问题，共有

123　124　132　134　142　143

213　214　231　234　241　243

312　314　321　324　341　342

412　413　421　423　431　432

24种不同的放置方法.

按照怎样的顺序排列才能保证既不重复又不漏排呢？

“放置小球”问题也可以分为三个步骤来完成：第一步，从4个小球中取出一个放在盒子Ⅰ中，共有4种不同的取法；第二步，从余下的3个小球中取出一个放入盒子Ⅱ中，共有3种不同的取法；第三步，从前两步余下的2个小球中取出一个放入盒子Ⅲ中，共有2种不同的取法. 由分步计数原理，得不同的放置方法共有4×3×2=24(种).

这里，4个小球都是元素，将选出的3个小球分别放入盒子Ⅰ、Ⅱ、Ⅲ中，就是为所选元素排一个顺序. 由此可知，“放置小球”这一例子的特点是：从4个不同元素中任意选择3个元素，并按一定的顺序排成一列.

一般地，从n个不同的元素中任取m个元素(n，$m\in\mathbf{N}^*$，且$m\leqslant n$)，按照一定的顺序排成一列，称为从n个不同的元素中取出m个元素的一个**排列**.

由上述定义可知，任意两个不同的排列可分为以下两种情形.

(1)两个排列中的元素不完全相同. 例如，“放置小球”问题中，123 与 124 是两个不同的排列.

(2)两个排列中的元素相同，但排列顺序不相同. 例如，“放置小球”问题中，123 与 321 是两个不同的排列.

只有元素相同且元素排列的顺序也相同的两个排列才是同一个排列.

小贴士：排列与“顺序”有关.

从 n 个不同的元素中任取 m 个元素(n，$m\in\mathbf{N}^*$，且 $m\leqslant n$)的所有排列的个数，称为从 n 个不同的元素中取出 m 个元素的**排列数**，用符号 A_n^m 表示.

小贴士：A 是排列的英文“Arrangement”的第一个字母.

怎样判断两个排列是同一个排列呢？

“安排班次”问题是求从 3 个不同元素中任意取出 2 个元素的排列数 A_3^2. 根据前面的计算可知 $\mathrm{A}_3^2=3\times2=6$.

“放置小球”问题是求从 4 个不同元素中任意取出 3 个元素的排列数 A_4^3. 根据前面的计算可知 $\mathrm{A}_4^3=4\times3\times2=24$.

3.2.2 排列数公式

下面我们来计算排列数 A_5^2. 我们可以这样考虑：假定有排好顺序的 2 个空位，从 5 个不同元素 a_1，a_2，a_3，a_4，a_5 中任取 2 个填空，一个空位填一个元素，每一种填法对应一个排列.

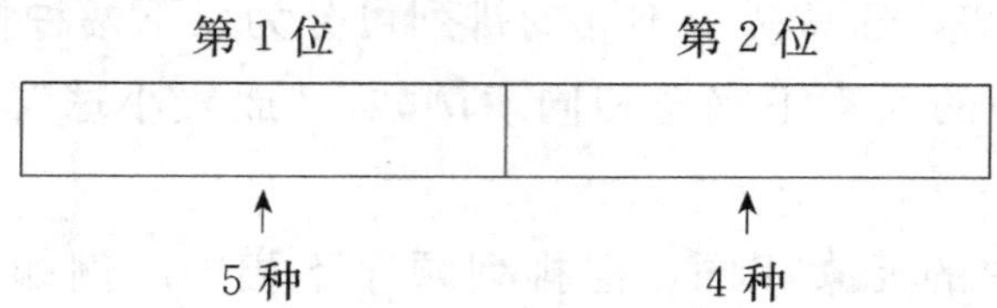

那么有多少种不同的填法呢？事实上，填空可以分为 2 个步骤.

第一步，从 5 个元素中任选 1 个元素填入第 1 位，有 5 种填法；

第二步，从剩下的 4 个元素中任选 1 个元素填入第 2 位，有 4 种填法.

于是，根据分步计数原理得到排列数 $A_5^2=5\times4=20$.

求排列数 A_n^m 同样可以这样考虑：假定有排好顺序的 m 个空位，从 n 个不同的元素中任取 m 个填空，一个空位填一个元素，每一种填法就对应一个排列. 因此，所有不同的填法的种数就是排列数 A_n^m.

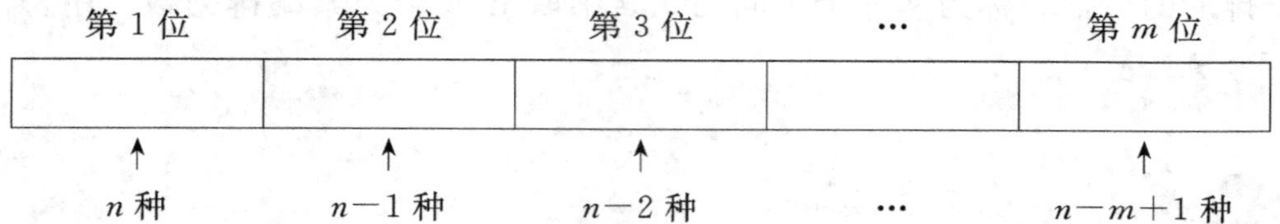

那么有多少种不同的填法呢？事实上，填空可分为 m 个步骤.

第一步，从 n 个元素中任选 1 个元素填入第 1 位，有 n 种填法；

第二步，从第 1 步剩下的 $n-1$ 个元素中任选 1 个元素填入第 2 位，有 $n-1$ 种填法；

第三步，从前两步剩下的 $n-2$ 个元素中任选 1 个元素填入第 3 位，有 $n-2$ 种填法；

依此类推，当前面的 $m-1$ 个空位都填上后，只剩下 $n-m+1$ 个元素，从中任选一个元素填入第 m 位，有 $n-m+1$ 种填法.

根据分步计数原理，全部填满 m 个空位共有

$$n(n-1)(n-2)\cdots(n-m+1)$$

种填法.

由此可得排列数公式为

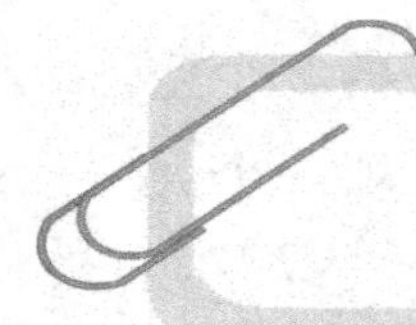

$$A_n^m=n(n-1)(n-2)\cdots(n-m+1)\ (m\in\mathbf{N}^*).$$

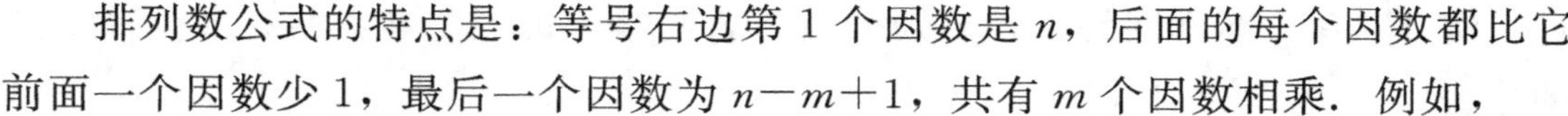

排列数公式的特点是：等号右边第 1 个因数是 n，后面的每个因数都比它前面一个因数少 1，最后一个因数为 $n-m+1$，共有 m 个因数相乘．例如，

$$A_5^3=5\times4\times3=60,$$
$$A_6^2=6\times5=30,$$
$$A_6^6=6\times5\times4\times3\times2\times1=720.$$

从 n 个不同元素中取出全部 n 个元素的排列称为一个**全排列**．这时排列公式中 $m=n$，即有

$$A_n^n=n\times(n-1)\times(n-2)\times\cdots\times3\times2\times1.$$

因此，n 个不同元素的全排列数等于正整数 1，2，3，…，n 的连乘积．正整数 1，2，3，…，n 的连乘积称为 n 的阶乘，记作 $n!$，即

$$A_n^n=n!.$$

因为

$$\begin{aligned}A_n^m&=n(n-1)(n-2)\cdots(n-m+1)\\&=\frac{n(n-1)(n-2)\cdots(n-m+1)(n-m)\cdots2\cdot1}{(n-m)\cdots2\cdot1}.\end{aligned}$$

所以，排列数公式还可写成

$$A_n^m=\frac{n!}{(n-m)!}.$$

为使这个公式在 $m=n$ 时仍成立，我们规定

$$0!=1.$$

例 1 计算下列各题．

(1) A_{10}^4； (2) A_5^5．

解 (1) $A_{10}^4=10\times9\times8\times7=5\ 040$；

(2) $A_5^5=5!=5\times4\times3\times2\times1=120$．

例 2 若 $A_n^2=56n$，求 n．

解 由于 $A_n^2=n(n-1)=56n$，

即 $n^2-57n=0$，

解得 $n=57$ 或 $n=0$（舍去）．

所以 $n=57$．

在例 2 中，$n=0$ 为什么舍去？

例 3 有 5 本不同的书，分别分给 3 名同学，每人 1 本，共有多少种不同的分法？

解 分书方法的种数就是从 5 本书中任取 3 本书的排列数，即

$$A_5^3=5\times4\times3=60(\text{种}).$$

例 4 某信号兵用红、黄、蓝 3 面旗的悬挂来表示信号，每次可以任挂 1 面、2 面或 3 面，并且不同的悬挂顺序表示不同的信号，一共可以表示多少种信号？

解 用 1 面旗表示的信号有 A_3^1 种，用 2 面旗表示的信号有 A_3^2 种，用 3 面旗表示的信号有 A_3^3 种．根据分类计数原理，所求信号种数是

$$A_3^1+A_3^2+A_3^3=3+3\times2+3\times2\times1=15(\text{种}).$$

例 5 用 0～9 这 10 个数字可以组成多少个没有重复的三位数？

解 **解法 1** 符合条件的三位数可以分为 3 类．

第一类，每位数字都不是 0 的三位数，有 A_9^3 个；

第二类，个位上数字是 0 的三位数，有 A_9^2 个；

第三类，十位上数字是 0 的三位数，有 A_9^2 个．

根据分类计数原理，符合条件的三位数的个数是

$$A_9^3+A_9^2+A_9^2=648(\text{个}).$$

解法 2 因为百位上的数字不能是 0，所以可分为两个步骤来完成．

第一步，先排百位上的数字，它只能从除 0 以外的 1～9 这 9 个数字中任选一个，有 A_9^1 种选法．

第二步，再排十位和个位上的数字，它可以从余下的 9 个数字(包括 0)中任选两个，有 A_9^2 种选法．

根据分步计数原理，所求的三位数的个数是

$$A_9^1A_9^2=648(\text{个}).$$

解法 3 从 0～9 这 10 个数字中任选 3 个数字的排列数为 A_{10}^3，其中 0 排在百位上的排列数为 A_9^2，因此所求的三位数的个数是

$$A_{10}^3-A_9^2=648(\text{个}).$$

思考题 3－2

1. 排列数的步骤是什么？

2. 排列数的常用方法有哪些？

课堂练习 3-2

1. 判断下列问题是不是求排列数的问题，如果是，请写出相应的排列数的符号.

(1)把 5 个苹果平均分给 5 个同学，共有多少种分配方法?

(2)从 5 个苹果中取出 2 个给某位同学，共有多少种取法?

(3)10 个人互相写一封信，一共需要写多少封信?

(4)10 个人互通一次电话，一共需要通几次电话?

2. 写出下面各题中相应的排列数的符号.

(1)从 3 个元素 a，b，c 中取出 3 个元素的所有排列;

(2)从 4 个元素 a，b，c，d 中取出 2 个元素的所有排列.

3. 计算.

(1)A_5^4;　　(2)A_9^4;　　(3)A_7^7;　　(4)$A_{10}^5-7A_{10}^3$.

4. 若 $A_n^2=20$，求 n.

5. 用 0，1，2，3，5，7，9 这 7 个数能组成多少个没有重复数字的三位数?

6. (1)7 人站成一排，若甲必须站在正中间，有多少种排法?

(2)7 人站成一排，若甲、乙必须站在两头，有多少种排法?

3.3 组合及组合数

上一节我们学习了排列与排列数的定义，通过学习，我们知道排列数不仅与排列的元素有关，还与排列的顺序有关. 本节我们来学习一个与排列和排列数的定义类似却又不同的定义——**组合与组合数**.

3.3.1 组合与组合数的定义

学校举行拔河比赛，有甲、乙、丙、丁四个小组参加，任何一个小组都要同其他小组比赛一次. 如表 3-3 已给出两次比赛的双方名单，请根据图 3-4 的提示，补充列出其他各次比赛的双方名单.

表 3-3　两次比赛的双方名单

序号	比赛一方	比赛另一方
1	甲	乙
2	甲	丙
…	…	…

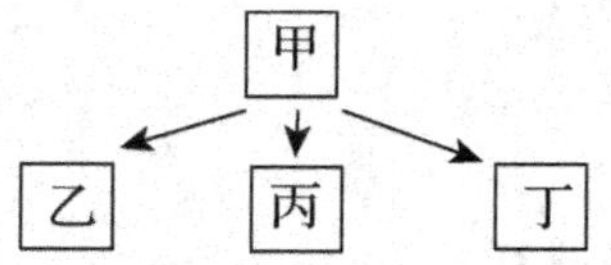

每小组要与其他小组各比赛一次. 例如，甲要分别与乙、丙、丁比赛一次

甲与乙比赛，乙与甲比赛是同一个过程，换句话说，每两组只比赛一次

图 3-4

实际上，列出各次比赛的双方名单就是在四个小组中选出两组，且不考虑两组间的顺序，并将所有选法罗列出来. 基于这种思考，我们来解决下面的问题.

从甲、乙、丙 3 名工人中选取 2 名，共同参加某天的值班，有多少种选择方法？说说你的想法.

上节的问题是选出两名工人值班，其中一名工人值白班、另一名值晚班. 由于甲值白班、乙值晚班与甲值晚班、乙值白班是两种不同的排法，也就是说，需要在 3 个不同的元素中选出 2 个，再按一定的顺序排列. 而上面的问题是选出 2 名工人共同参加某天的值班，共同值班的 2 人是没有班次差别的，即不考虑 2 人的顺序. 也就是说，从 3 个不同的元素中取出 2 个，不考虑顺序并成一组，求一共有多少个不同的组？这就是本节要解决的问题.

一般地，从 n 个不同的元素中取出 m 个元素(m，$n\in\mathbf{N}^*$，且 $m\leqslant n$)并成一组，称为从 n 个不同的元素中取出 m 个元素的一个**组合**. 从 n 个不同的元素中取出 m 个元素的所有组合的个数，称为从 n 个不同的元素中取出 m 个元素的**组合数**，用符号 C_n^m 表示.

排列与组合有什么不同之处?

例 1 判断下列问题是否是组合问题，若是，请写出相应的组合数的符号.

(1)在全班 30 人中选出 6 人参加数学知识竞赛；

(2)甲、乙、丙、丁四个篮球队举行单循环赛.

解 (1)在全班 30 人中选出 6 人参加数学知识竞赛，选择过程与顺序无关，是组合问题，共有 C_{30}^{6} 中选法.

(2)甲、乙、丙、丁四个篮球队举行单循环赛，甲队与乙队比赛，乙队与甲队比赛是同一过程，与顺序无关，是组合问题，也就是说，只需要在 4 队中选取两队即可，所以，组合数为 C_{4}^{2}.

3.3.2 组合数公式

接下来，我们从研究排列数 A_{n}^{m} 与组合数 C_{n}^{m} 的关系出发，找出组合数的计算公式.

从四个不同元素 a，b，c，d 中取出 3 个元素的排列与组合的关系如图 3-5 所示.

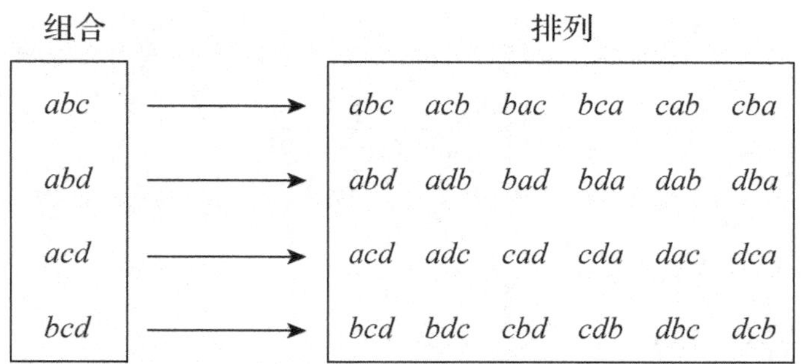

图 3-5

从图 3-5 可以看出，每一个组合都对应 6 种不同的排列. 也就是说，求从 4 个不同元素中取出 3 个元素的排列数 A_{4}^{3}，可以分如下两步得到.

(1)从 4 个不同元素中取出 3 个元素作组合，共有 C_{4}^{3} 种；

(2)对每一个组合中的 3 个不同的元素作全排列，共有 $\mathrm{A}_{3}^{3}=6$(种).

根据分步计数原理可得

$$\mathrm{A}_{4}^{3}=\mathrm{C}_{4}^{3}\mathrm{A}_{3}^{3}.$$

所以，$C_4^3=\dfrac{A_4^3}{A_3^3}$.

一般地，从 n 个不同的元素中取出 m 个元素的排列数 A_n^m，可以分以下两步得到.

(1)先求出从 n 个不同的元素中取出 m 个元素的组合数 C_n^m；

(2)求每一个组合中 m 个元素的全排列数 A_m^m.

根据分步计数原理可得

$$A_n^m=C_n^m A_m^m.$$

所以，**组合数公式**为

$$C_n^m=\frac{A_n^m}{A_m^m}=\frac{n(n-1)(n-2)\cdots(n-m+1)}{m!},\ m\in\mathbf{N}^*.$$

由组合数公式可得，当 $m=n$ 时，$C_n^m=C_n^n=1$.

当 $m=n$ 时，$C_n^m=C_n^n=1$，应该怎样理解？

另外，因为 $A_n^m=\dfrac{n!}{(n-m)!}$，所以组合数公式还可以写成

$$C_n^m=\frac{n!}{m!\ (n-m)!}.$$

例 2 计算 C_6^2，C_{10}^3，C_{10}^7.

解 $C_6^2=\dfrac{6\times5}{2!}=15$；

$C_{10}^3=\dfrac{10\times9\times8}{3!}=120$；

$C_{10}^7=\dfrac{10\times9\times8\times7\times6\times5\times4}{7!}=120$.

例 3 平面内有 8 个点，且任意 3 个点不在同一条直线上，以每 3 个点为顶点画一个三角形，一共可以画多少个？

解 因为任意 3 个点不在同一条直线上，所以任取 3 个点都可以画一个三角形.

因此，问题就转换为从 8 个不同的元素中取出 3 个元素的组合数，即

$$C_8^3=\frac{8\times7\times6}{3\times2\times1}=56.$$

所以，一共可以画 56 个三角形.

例 4　一次聚会，每一个参会者都要和其他人握手一次，共有 28 次握手，有多少人参加此次聚会?

解　设参会人数为 n，根据题意，相互握手的次数为 $C_n^2=\frac{n(n-1)}{2\times1}=28$，解得 $n=8$，所以，共有 8 人参加此次聚会.

例 5　从 5 个男生和 4 个女生中选出 4 名学生参加运动会，要求至少有 1 名女生和两名男生参加，一共有多少种选法?

解　可以分成两种情况.

(1)1 名女生和 3 名男生参加，有 $C_4^1C_5^3=40$;

(2)2 名女生和 2 名男生参加，有 $C_4^2C_5^2=60$.

根据分类计数原理，一共有

$$40+60=100(\text{种}),$$

所以，一共有 100 种选法.

3.3.3　组合数的性质

从上节例 2 不难发现

$$C_{10}^3=C_{10}^7.$$

事实上，对于一般情况也有类似的结论，从 n 个不同的元素中取出 m 个元素的组合数，与从 n 个不同的元素中取出 $(n-m)$ 个元素的组合数是相等的.

由此可得，组合数的一个性质：

$$C_n^m=C_n^{n-m}.$$

例 6　计算.

(1)C_{100}^{98};　　(2)C_{201}^{199}.

解　(1)$C_{100}^{98}=C_{100}^2=\frac{100\times99}{2\times1}=4\ 950$;

(2)$C_{201}^{199}=C_{201}^{2}=\frac{201\times200}{2\times1}=20\ 100.$

例 7 在 200 件产品中，有 198 件合格品，2 件次品. 从这 200 件产品中任意抽取 3 件.

(1)一共有多少种不同的抽法？

(2)抽出的 3 件中恰好有 1 件是次品的抽法有多少种？

解 (1)所求问题就是求从 200 件中取出 3 件的组合数，即

$$C_{200}^{3}=\frac{200\times199\times198}{3\times2\times1}=1\ 313\ 400.$$

所以，一共有 1 313 400 种不同的抽法.

(2)抽出的 3 件中恰好有 1 件是次品的抽法的种数为

$$C_{198}^{2}C_{2}^{1}=\frac{198\times197}{2\times1}\times\frac{2}{1}=39\ 006.$$

即抽出的 3 件中恰好有 1 件是次品的抽法有 39 006 种.

思考题 3－3

1. 从 3，7，9，11 这 4 个数中任取两个数相加，可以得到多少个不相等的和？

2. 怎样证明公式 $C_n^m=C_n^{n-m}$？

课堂练习 3－3

1. 计算.

(1)C_7^2； (2)C_{12}^3； (3)C_{15}^3； (4)C_{20}^{18}； (5)C_{200}^{18}.

2. 10 个人参加同学聚会，每两人握手一次，一共握手多少次？

3. 从 5 个元素中任意取两个元素的所有组合是多少？

4. 圆上有 10 个点，每过两点作一条直线，一共可以作多少条直线？

5. 50 件产品中有 47 件合格品，3 件次品，从中任取 3 件.

(1)3 件都是合格品，有多少种不同的取法？

(2)3 件中恰有 1 件次品，有多少种不同的取法？

(3)3 件中最多有 1 件次品，有多少种不同的取法？

(4)3 件中至少有 1 件次品，有多少种不同的取法？

3.4 二项式定理

我们在初中已经学过$(a+b)^2=a^2+2ab+b^2$，$(a+b)^3=a^3+3a^2b+3ab^2+b^3$，那么$(a+b)^4$，$(a+b)^5$，…，$(a+b)^n$ 的展开式是怎样的呢？展开式的系数有什么样的特点呢？这就是本节所要学习的内容——二项式定理.

3.4.1 二项式定理

我们以$(a+b)^2$ 为例，由多项式乘法法则可以得到其展开式：

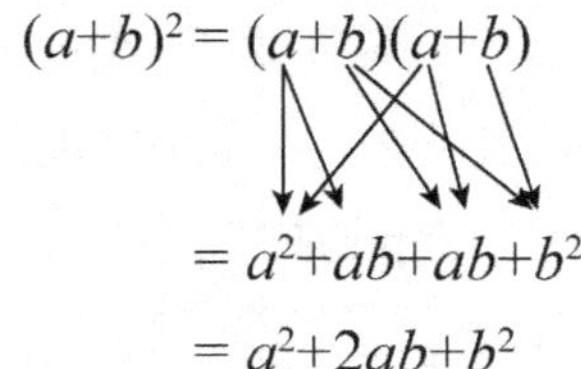

$$(a+b)^2=(a+b)(a+b)$$
$$=a^2+ab+ab+b^2$$
$$=a^2+2ab+b^2$$

现在利用分步计数原理来分析其展开式是怎样形成的.

$(a+b)$与$(a+b)$相乘，是从两个括号中各选一个字母，将二者相乘得到展开式中的一项，因此结果中的各项都是二次式，形式为：a^2，ab，b^2.

然后从是否取 b 的角度出发分析展开式中各项的系数.

a^2 的系数：每个括号中都不取 b 的情况，共 C_2^0 种，所以 a^2 的系数是 C_2^0；

ab 的系数：每个括号中恰有 1 个取 b 的情况，共 C_2^1 种，所以 ab 的系数是 C_2^1；

b^2 的系数：每个括号中都取 b 的情况，共 C_2^2 种，所以 b^2 的系数是 C_2^2.

因此$(a+b)^2$ 展开式可记作：

$$(a+b)^2=C_2^0a^2+C_2^1ab+C_2^2b^2.$$

你能利用分步计数原理分析$(a+b)^3$ 的展开式是怎样的吗？

同理，可以分析$(a+b)^n$ 的展开式.

$(a+b)^n$ 展开式中的各项都是 n 次式，形式为：

a^n，$a^{n-1}b$，$a^{n-2}b^2$，…，$a^{n-r}b^r$，…，a^2b^{n-2}，ab^{n-1}，b^n.

a^n 的系数：每个括号中都不取 b 的情况，共 C_n^0 种，所以 a^n 的系数是 C_n^0；

$a^{n-1}b$ 的系数：各括号中恰有 1 个取 b 的情况，共 C_n^1 种，所以 $a^{n-1}b$ 的系数是 C_n^1；

……

$a^{n-r}b^r$ 的系数：各括号中恰有 r 个取 b 的情况，共 C_n^r 种，所以 $a^{n-r}b^r$ 的系数是 C_n^r；

……

ab^{n-1}的系数：各括号中恰有$(n-1)$个取 b 的情况，共 C_n^{n-1} 种，所以 ab^{n-1} 的系数是 C_n^{n-1}；

b^n 的系数：每个括号中都取 b 的情况，共 C_n^n 种，所以 b^n 的系数是 C_n^n；

因此$(a+b)^n$ 展开式可记作：

$$(a+b)^n=C_n^0a^n+C_n^1a^{n-1}b+\cdots+C_n^ra^{n-r}b^r+\cdots+C_n^{n-1}ab^{n-1}+C_n^nb^n.$$

该公式叫作二项式定理，其右端的多项式叫作$(a+b)^n$ 的二项展开式，共 $n+1$ 项，各项的系数 $C_n^r(r=0,1,2,\cdots,n)$叫作二项式系数．二项式定理的第 $r+1$ 项 $C_n^ra^{n-r}b^r$ 叫作二项展开式的通项，用 T_{r+1}表示，即

$$T_{r+1}=C_n^ra^{n-r}b^r.$$

其中 C_n^r 叫作第 $r+1$ 项的二项式系数．

例 1 求$(1+x)^n$ 的二项展开式．

解 根据二项式定理，令 $a=1$，$b=x$，可以得到

$(1+x)^n=C_n^0+C_n^1x+C_n^2x^2+\cdots+C_n^rx^r+\cdots+C_n^nx^n.$

例 2 求$(2+x)^5$ 的二项展开式．

解 根据二项式定理，令 $a=2$，$b=x$，$n=5$ 可以得到

$$\begin{aligned}(2+x)^5&=C_5^0 2^5+C_5^1 2^4x+C_5^2 2^3x^2+C_5^3 2^2x^3+C_5^4 2x^4+C_5^5x^5\\&=32+80x+80x^2+40x^3+10x^4+x^5.\end{aligned}$$

例 3 求$(2x+y)^6$ 展开式中的第三项，第三项的系数及第三项的二项式系数.

解 由二项展开式的通项得

$T_3=T_{2+1}=C_6^2\ (2x)^4y^2=15\ (2x)^4y^2=240x^4y^2.$

因此，第三项的系数是 240，第三项的二项式系数是 15.

注意区别二项式系数与项的系数的概念：二项式系数是 C_n^r，项的系数是二项式系数与数字系数的积.

3.4.2 二项式系数的性质

当 $n=1, 2, 3, \cdots$ 时，$(a+b)^n$ 展开式中的二项式系数如图 3-6 所示．

$(a+b)^1$ ………………………………1　1

$(a+b)^2$ ……………………………1　2　1

$(a+b)^3$ …………………………1　3　3　1

$(a+b)^4$ ………………………1　4　6　4　1

$(a+b)^5$ ……………………1　5　10　10　5　1

$(a+b)^6$ …………………1　6　15　20　15　6　1

……

图 3-6

这个表叫作二项式系数表，最早出现在我国南宋数学家杨辉 1261 年所著的《详解九章算法》中，被叫作杨辉三角，如图 3-7 所示．在欧洲，这个表被叫作帕斯卡三角，是帕斯卡于 1654 年发现的，比杨辉三角的发现晚了数百年．

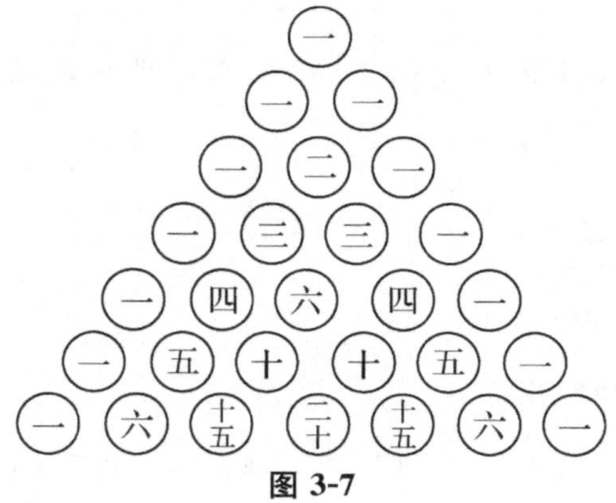

图 3-7

我们不难发现，二项式系数表具有非常明显的对称性．下面根据二项式系数表指出二项式系数的性质．

(1)表中首末两端都是 1，与首末两端“等距离”的两个二项式系数相等．这一性质可直接由公式 $C_n^m=C_n^{n-m}$ 得到．

(2)除 1 以外的每一个数都等于它肩上两个数的和．

(3)二项式系数先增后减，中间项取得最大值，当 n 为偶数时，中间一项 $C_n^{\frac{n}{2}}$ 的二项式系数取得最大值；当 n 为奇数时，中间两项的二项式系数 $C_n^{\frac{n-1}{2}}$，$C_n^{\frac{n+1}{2}}$ 相等，且同时取得最大值．

(4)$(a+b)^n$ 的展开式的各二项式系数的和等于 2^n．

你能尝试证明性质(4)吗？

例 4 求 $(1+x)^8$ 的展开式中二项式系数最大的项.

解 因为二项式的幂指数是偶数 8，展开式共有 9 项，根据二项式系数的性质，中间一项的二项式系数最大，所以要求的系数最大项为

$$T_5=C_8^4x^4=70x^4.$$

例 5 证明：二项展开式中奇数项的二项式系数的和等于偶数项的二项式系数的和.

证明 根据二项式定理，令 $a=1$，$b=-1$，得

$(1-1)^n=C_n^0-C_n^1+C_n^2-C_n^3+\cdots+(-1)^nC_n^n$，

则 $(C_n^0+C_n^2+\cdots)-(C_n^1+C_n^3+\cdots)=0$，

即 $C_n^0+C_n^2+\cdots=C_n^1+C_n^3+\cdots$，

即二项展开式中奇数项的二项式系数和等于偶数项的二项式系数的和.

思考题 3－4

1. 你能写出二项式系数表中 $(a+b)^7$ 的二项式系数吗？
2. $C_n^1+C_n^2+C_n^3+\cdots+C_n^n=$？

课堂练习 3－4

1. 求 $(3+x)^4$ 的二项展开式.
2. 求 $\left(2+\dfrac{1}{x}\right)^4$ 的二项展开式.
3. 求 $(x+4y)^5$ 的展开式中的第 4 项，第 4 项的系数及第 4 项的二项式系数.
4. 求 $(x+3y)^5$ 的展开式中二项式系数最大的项.

3.5 统计初步

统计是一门非常重要的学科，它帮助我们从数据中提取有用的信息. 我们在初中已经学过简单的统计学知识，本节我们将在此基础上继续学习具体的抽样方法、总体分布的估计、总体特征值的估计.

3.5.1 抽样方法

问题 为了帮助居民们树立绿色低碳生活的观念，某市(共 700 万居民)环保部门准备做一个“关于选择何种交通工具出行”的调查，你能设计一个调查方案吗?

显然，若对所有居民进行问卷调查，不仅要耗费大量的人力、物力，而且组织工作繁重、时间长，有没有比较简便的调查方式呢? 我们可以从 700 万居民中抽取部分居民(如 1 000 人)进行问卷调查，从而推断所有居民的出行情况.

像上面这样，从全部调查研究对象中抽取一部分进行调查、获得数据，并以此对全部调查对象做出评估和推断的调查方法叫作抽样调查．其中，调查对象的全体称为总体，总体中的每一个考察对象叫作个体，被抽取的一部分称为样本，样本的个体数目叫作样本容量．下面介绍几种常用的抽样方法.

1. 简单随机抽样

一般地，设一个总体含有 N 个个体，从中逐个不放回地抽取 n 个个体作为样本($n\leqslant N$)，如果每次抽取时总体内的各个个体被抽到的机会都相等，就把这种方法叫作简单随机抽样.

简单随机抽样保证了总体中每个个体被抽到的机会都是相等的，使样本具有更好的代表性．需要注意，简单随机抽样中被抽取的样本的总体个数总是有限的．在具体实例中，为了尽可能地避免人为因素的影响，通常采用抽签法和随机数表法.

(1)抽签法．

抽签法就是把总体中的 N 个个体编号，把号码写在号签上，将号签放在一个容器中，搅拌均匀后，每次从中抽取一个号签，连续抽取 n 次，就得到一个容量为 n 的样本.

例 1 为了了解某班学生每天的睡眠时间，需要从全班 45 名学生中抽取 10 个学生进行调查，你能说明如何抽取吗?

解 可以采用抽签法，步骤如下．

(1)将 45 名学生从 1～45 进行编号；

(2)把 1～45 这 45 个编号写到大小、形状都相同的号签上；

(3)把 45 个号签放在一个容器中，搅拌均匀；

(4)从容器中每次抽取一个号签，连续抽取10次；

(5)所得号码对应的10名同学就是所要调查的对象.

应用抽签法时，若调查对象已有编号，对总体进行编号这一步可以省略，直接采用已有的编号，如学生的学号、电影院观众的座位号等.

抽签法简单易行，适用于总体个数不多的情形. 但是，当总体中的个体数较多时，编号或制作号签的过程就比较麻烦，此时抽签法不再方便.

(2)随机数表法.

随机数表法是按照一定规则利用随机数表进行抽样的方法. 所谓随机数表是由0，1，2，3，…，9这十个数字随机排列成的表格(见附录)，每个数字在表中出现的次数大致相同，它们出现在表中的顺序是随机的，利用随机数表抽取样本符合抽样的随机化原则，保证了各个个体被抽取的概率相等.

用随机数表法抽取样本的步骤如下.

(1)对总体的各个个体进行编号，注意每个号码位数一样. 比如，若总体个数$10<N\leqslant 100$，可编号为00，01，02，…，$N-1$；若总体个数$100<N\leqslant 1\,000$，可编号为000，001，002，…，$N-1$.

(2)在随机数表中随机确定一个数作为开始.

(3)规定上、下、左、右中的一个方向作为读取数字的方向.

(4)读取数字，若得到的号码在编号中，则取出；若不在编号中或前面已经取出，则跳过，如此直至取满为止.

(5)根据选定的号码抽取样本.

例如，例1中的问题采用随机数表法抽取样本步骤如下.

(1)对45名学生编号01，02，03，…，44，45；

(2)在随机数表中任选一个位置，如第三行第五列的数66(为了便于说明，随机数表的第一行至第五行摘录如下)；

03 47 43 73 86	36 96 47 36 61	46 98 63 71 62	33 26 16 80 45	60 11 14 10 95
97 74 24 67 62	42 81 14 57 20	42 53 32 37 32	27 07 36 07 51	24 51 79 89 73
16 76 62 27 66	56 50 26 71 07	32 90 79 78 53	13 55 38 58 59	88 97 54 14 10
12 56 85 99 26	96 96 68 27 31	05 03 72 93 15	57 12 10 14 21	88 26 49 81 76
55 59 56 35 64	38 54 82 46 22	31 62 43 09 90	06 18 44 32 53	23 83 01 30 30

(3)选取读取的方向，如向右读；

(4)依次读取得到：26，07，32，13，38，14，10，12，26，27.

所得号码对应的10位同学就是所要调查的对象．

与抽签法相比，随机数表法很好地解决了当总体中的个体数较多时制签难的问题，但是当总体中的个体数很多，需要的样本容量也较大时，用随机数表法抽取样本仍不方便．

2. 系统抽样

某校为了了解某年级学生每天用于多长时间参加户外活动，打算从本年级1 000名学生中抽取50名进行调查，你能设计一个比较简单的抽样方法吗?

考虑到所要研究的总体个数较多，用简单随机抽样比较麻烦，可以采用如下方法进行：首先将这1 000名学生进行编号000，001，…，999，然后将编号分为50段，每段20名学生，然后在第一段000～019中随机抽取一个数，如011，然后逐次加20，得到011，031，051，…，991，这样按照号码顺序以一定的间隔抽取就得到一个容量为50的样本．

上面这种方法称为系统抽样．系统抽样又叫等距抽样，是将总体平均分为几个部分，然后按照一定的规则，从每个部分中抽取一个个体作为样本的一种抽样方法.

用系统抽样法抽取样本的步骤如下．

(1)编号：将总体的N个个体编号；

(2)分段：将N个个体分为n段，分段间隔为$k=\frac{N}{n}$；

(3)在第一段中采用简单随机抽样确定第一个个体编号l；

(4)抽取样本：$l+k$，$l+2k$，$l+3k$，….

当$\frac{N}{n}$不是整数时，怎么处理?

例2 要从803名学生中选取一个容量为20的样本，试叙述系统抽样的步骤.

解

(1)将总体的803个个体编号；

(2)将总体采用随机数表法随机剔除3名学生，将剩下的800名重新编号000，001，…，799，并分为20段，分段间隔为$\frac{800}{20}=40$；

(3)在第一段 000～039 中采用抽样法确定第一个个体 l；

(4)将编号为 $l+40$，$l+80$，$l+120$，…，$l+760$ 的个体抽出，组成样本.

3. 分层抽样

一个单位有职工 500 人，其中 35 岁以下的有 100 人，35 岁至 49 岁的有 250 人，50 岁以上的有 150 人，为了调查他们的身体状况，要从中抽取 100 名职工作为样本，应该怎样抽取？

由于职工的身体状况与职工的年龄段密切相关，所以直接在 500 人中随机抽取样本得到的结果不具有代表性．在上述问题中，我们必须注意到年龄段的层次性，考虑到各年龄段在样本中所占比例的大小.

35 以下职工占总职工的比例为 $\frac{100}{500}=\frac{1}{5}$，为提高样本的代表性，在所抽取的样本中，35 以下职工所占的比例也应该是 $\frac{1}{5}$，所以应抽取 $100\times\frac{1}{5}=20$ 名；同理，应在 35 岁至 49 岁职工中抽取 $100\times\frac{250}{500}=50$ 名；50 岁以上职工中抽取 $100\times\frac{150}{500}=30$ 名.

像上述例子，当总体由差异明显的几个部分组成时，可以将总体中各个个体按某种特征分成若干个互不重叠的几部分，每一部分叫作层，在各层中按层在总体中所占的比例随机抽取一定的样本，这种抽样的方法叫作分层抽样．分层抽样所获得的样本结构与总体的各层结构是基本一致的.

例 3 某校 500 名学生中，O 型血有 200 人，A 型血有 125 人，B 型血有 125 人，AB 型血有 50 人，为了研究血型与色弱的关系，需从中抽取一个容量为 20 的样本，怎样抽取样本？

解 用分层抽样抽取样本.

$$\text{O 型血应抽 } 20\times\frac{200}{500}=8(\text{人}),$$

$$\text{A 型血应抽 } 20\times\frac{125}{500}=5(\text{人}),$$

$$\text{B 型血应抽 } 20\times\frac{125}{500}=5(\text{人}),$$

$$\text{AB 型血应抽 } 20\times\frac{50}{500}=2(\text{人}).$$

3.5.2　总体分布的估计

抽样是统计的第一步，接下来就要对样本进行适当的整理、分析，将其转化为可以直接利用的形式．分析数据的一种重要工具就是统计图表，它可以帮助我们直观、准确地理解相应的结果.

为了考察数据的分布情况，我们可以将数据按一定规则划分为若干小组，考查落在各个小组内的数据的个数，从各个小组数据在样本容量中所占比例大小的角度，来表示数据分布的规律，这就是频率分布.

1. 频率分布表

在统计学中把表示样本数据频率分布规律的表格叫作频率分布表.

一般地，编制频率分布表的步骤如下．

(1)求全距(又叫极差)．全距是指整个取值区间的长度，说明这组数据的变动范围.

(2)决定组数和组距．组距是指分成的区间的长度，组距$=\frac{全距}{组数}$.

(3)分组，通常对组内的数值所在的区间取左闭右开区间，最后一组取闭区间.

(4)登记频数，计算频率，列出频率分布表.

例 4　为了了解某地区学生的身体发育情况，抽查了地区内 100 名年龄为 17.5～18 岁男生的体重情况，结果如表 3-4 所示(单位：kg).

表 3-4

56.5	69.5	65	61.5	64.5	66.5	64	64.5	76	58.5
72	73.5	56	67	70	57.5	65.5	68	71	75
62	68.5	62.5	66	59.5	63.5	64.5	67.5	73	68
55	72	66.5	74	63	60	55.5	70	64.5	58
64	70.5	57	62.5	65	69	71.5	73	62	58
76	71	66	63.5	56	59.5	63.5	65	70	74.5
68.5	64	55.5	72.5	66.5	68	76	57.5	60	71.5
57	69.5	74	64.5	59	61.5	67	68	63.5	58
59	65.5	62.5	69.5	72	64.5	75.5	68.5	64	62
65.5	58.5	67.5	70.5	65	66	66.5	70	63	59.5

试根据上述数据画出样本的频率分布表．

解

(1)求全距．

最大值是76，最小值是55，全距为76—55＝21.

(2)确定组距与组数．

如果将组距定为2，那么由21÷2＝10.5，组数为11，这个组数是适合的．

(3)分组．

整个区间可以定为[54.5，76.5]，组距为2，所得到的分组是

[54.5，56.5)，[56.5，58.5)，…，[74.5，76.5].

(4)列频率分布表，如表3-5所示．

表3-5

分组	频数	频率
[54.5，56.5)	5	0.05
[56.5，58.5)	8	0.08
[58.5，60.5)	9	0.09
[60.5，62.5)	5	0.05
[62.5，64.5)	13	0.13
[64.5，66.5)	16	0.16
[66.5，68.5)	12	0.12
[68.5，70.5)	11	0.11
[70.5，72.5)	9	0.09
[72.5，74.5)	6	0.06
[74.5，76.5]	6	0.06
合计	100	1

组数没有固定的标准，当样本容量不超过100时，通常分为5～12组；若全距与组距的比不是整数时，可以适当增大全距区间．

2. 频率分布直方图

反映样本频率分布规律的直方图称为频率分布直方图．频率分布直方图中每个小矩形的宽度表示分组的组距，小矩形的高表示$\frac{频率}{组距}$，这样，每个矩形的面积恰好是该组的频率．频率分布直方图以面积的形式反映了数据落在各个小组的频率的大小.

我们可以按如下步骤画出例 1 的频率分布直方图．

(1)作平面直角坐标系，以横轴表示体重，纵轴表示$\frac{频率}{组距}$；

(2)在横轴上标上 54.5，56.5，58.5，…，76.5 表示的点；

(3)在上面标出的各点中，分别以连接相邻两点的线段为底作矩形，高等于该组的$\frac{频率}{组距}$.

于是，得到 100 名男生体重的频率分布直方图如图 3-8 所示．在反映样本的频率分布方面，频率分布直方图比较直观，在得到了样本的频率后，就可以对相应的总体情况做出估计．例如，可以估计体重在[64.5，66.5)kg 的学生最多，约占学生总数的 16%；特别重和特别轻的学生都比较少等．

在频率分布直方图中，各小长方形的面积之和是多少？

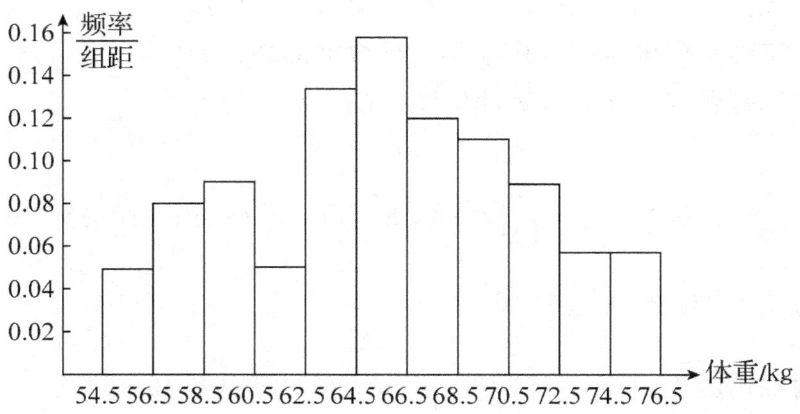

图 3-8

3.5.3 总体特征值的估计

分析样本数据的另一种方法是利用样本的数字特征(如平均数、标准差等)估计总体的数字特征．在统计学中，我们把能反映总体某种特征的量称为总体特征值.

1. 平均数、中位数、众数

平均数、中位数和众数都是描述数据集中趋势的统计量.

(1)如果有 n 个数据 x_1，x_2，…，x_n，那么这 n 个数据的平均数记作

$$\bar{x}=\frac{1}{n}(x_1+x_2+\cdots+x_n)=\frac{1}{n}\sum_{i=1}^{n}x_i.$$

平均数对数据有“取齐”的作用，代表一组数据的平均水平.

(2)一般地，n 个数据按大小顺序排列，处于最中间位置的一个数据(或最中间两个数据的平均数)叫作这组数据的中位数.

(3)一组数据中出现最多的那个数据叫作这组数据的众数.

例 5 甲、乙、丙三个家电厂在广告中都声称他们的某种电子产品在正常情况下使用寿命都是 8 年．经质检部门对三家销售的产品的寿命的跟踪调查，统计结果如下．

甲厂：4，5，5，5，5，7，9，12，13，15；

乙厂：6，6，8，8，8，9，10，12，14，15；

丙厂：4，4，4，6，7，9，13，15，16，16.

①分别计算以上三组数据的平均数、众数、中位数．

②这三家推销广告分别利用了哪一种数据的特征数?

③如果你是顾客，你会选购哪家工厂的产品？为什么?

解

①甲厂的平均数为 $\bar{x}_{甲}=\frac{1}{10}(4+5+5+5+5+7+9+12+13+15)=8$，

众数为 5，中位数为$\frac{5+7}{2}=6$.

乙厂的平均数为 $\bar{x}_{乙}=\frac{1}{10}(6+6+8+8+8+9+10+12+14+15)=9.6$，

众数为 8，中位数为$\frac{8+9}{2}=8.5$.

丙厂的平均数为 $\bar{x}_{丙}=\frac{1}{10}(4+4+4+6+7+9+13+15+16+16)=9.4$，

众数为 4，中位数为$\frac{7+9}{2}=8$.

②甲厂选用平均数 8，乙厂选用众数 8，丙厂选用中位数 8.

③顾客在选购产品时，一般以平均数为依据，选平均数大的厂家的产品，因此应选乙厂的产品.

平均数是统计中最常用的数据代表值，比较可靠和稳定，因为它与每一个数据都有关，反映出来的信息最充分．平均数既可以描述一组数据本身的整体平均情况，也可以用来作为不同组数据比较的一个标准．因此，它在生活中应用最广泛，比如我们经常所说的平均成绩、平均身高、平均体重等.

中位数和众数作为一组数据的代表，可靠性比较差，因为它们只利用了部分数据．但当一组数据的个别数据偏大或偏小时，用中位数和众数来描述该组数据的集中趋势就比较合适.

2. 方差、标准差

考察样本数据离散程度的大小，最常用的统计量是方差，对于 n 个数据 x_1，x_2，…，x_n，

$$s^2=\frac{1}{n}[(x_1-\bar{x})^2+(x_2-\bar{x})^2+\cdots+(x_n-\bar{x})^2]$$

叫作这组数据的方差，方差描述了一组数据围绕平均数波动的大小，反映了一组数据变化的幅度，方差越小，说明数据的波动越小，数据越稳定.

3. 方差的算术平方根

$$s=\sqrt{\frac{1}{n}[(x_1-\bar{x})^2+(x_2-\bar{x})^2+\cdots+(x_n-\bar{x})^2]}$$

叫作这组数据的标准差.

例 6 在一次射击比赛中，甲、乙两名运动员各射击 10 次，命中环数如下.

甲运动员：7，8，6，8，6，5，9，10，7，4；

乙运动员：9，5，7，8，7，6，8，6，7，7.

观察上述样本数据，你能判断哪个运动员的成绩优秀一些，发挥得更稳定些吗？如果你是教练，会选谁去参加比赛？

解 首先比较甲乙两名运动员射击的平均值，

$$\bar{x}_{甲}=\frac{1}{10}(7+8+6+8+6+5+9+10+7+4)=7,$$

$$\bar{x}_{乙}=\frac{1}{10}(9+5+7+8+7+6+8+6+7+7)=7.$$

二者的平均值相等，无法进行比较，可进一步求方差考察二者的稳定程度.

$$s_{甲}^2=\frac{1}{10}[(7-7)^2+(8-7)^2+(6-7)^2+(8-7)^2+(6-7)^2+(5-7)^2+(9-7)^2+(10-7)^2+(7-7)^2+(4-7)^2]=3,$$

$$s_{乙}^2=\frac{1}{10}[(9-7)^2+(5-7)^2+(7-7)^2+(8-7)^2+(7-7)^2+(6-7)^2+(8-7)^2+(6-7)^2+(7-7)^2++(7-7)^2]=1.2.$$

因为 $s_{甲}^2>s_{乙}^2$，所以乙的稳定性更好，应选乙去参加比赛.

人类的长期实践和理论研究都充分证明了用样本的平均数估计总体平均值，用样本方差估计总体方差是可行的，而且样本容量越大，估计就越准确.

思考题 3-5

1. 你能总结简单随机抽样、系统抽样、分层抽样的区别与联系吗？

2. 图 3-8 是以 2 为组距画出的频率分布直方图，你能以 3 为组距画出频率分布直方图吗？两个直方图形状有何不同？

课堂练习 3-5

1. 从全班 60 名学生中随机抽取 8 名学生了解他们的数学成绩，试用随机数表法确定这 8 名学生.

2. 某公路设计院有工程师 15 人、技术员 40 人、技工 95 人，要从这些人中抽取 30 个人参加市里召开的科学技术大会，怎样抽取样本？

3. 下面是某职业学校随机抽取的 40 名学生在一个月内的零花钱数据(单位：元). 请列出这些学生零花钱的频率分布表.

43，31，29，24，27，18，21，14，34，27

22，25，26，17，27，18，18，29，21，18

12，19，31，19，14，28，19，13，13，12

18，19，12，13，16，12，31，10，17，18

4. 某赛季甲、乙两名篮球运动员每场比赛得分情况如下.

甲的得分：12，15，24，25，31，31，36，36，37，39，44，49，50；

乙的得分：8，13，14，16，23，26，28，33，38，39，59，48，57.

计算上述两组数据的平均数和方差，并比较两名运动员的成绩和稳定性.

3.6 随机事件及其概率

从这节开始，我们来学习一个新的数学分支——概率."概率"是研究随机现象规律性的科学，随着现代科学技术的发展，"概率"在自然科学、社会科学和工农业生产中得到了越来越广泛的应用. 在现实世界中，随机现象是广泛存在的，而"概率"正是一门从数量这一层面研究随机现象规律性的数学学科.

3.6.1 随机事件

我们来考察下面一些现象：

(1)太阳从东方升起；

(2)从一个装有10个白球的盒子里，任意摸取一球是黑球；

(3)向空中抛掷一元硬币落到桌面上，正面向上；

(4)购买一张体育彩票中奖；

(5)明天可能会下雨.

上面(1)(2)中所列的现象要么必然发生，要么必然不会发生. 我们把在一定条件下必然会发生或者必然不会发生的现象，称为**确定性现象**；上面(3)(4)(5)中所列的现象可能发生，也可能不发生. 我们把在一定条件下可能发生也可能不发生的现象，称为**随机现象**.

随机现象的特点是在相同条件下多次观察同一现象，每次观察到的结果不一定相同，很难预料哪一种结果会出现.

你能举出日常生活中确定性现象和随机现象的例子吗？

随机现象在现实世界中广泛存在，为了探索随机现象的规律性，需要对随机现象进行观察.

我们把对随机现象的观察或为了某种目的而进行的试验称为**随机试验，简称为试验**，并把随机试验的每一种可能的结果称为**随机事件**. 随机事件常用大写字母 A，B，C，…表示.

例如，随机事件 A=｛从一批产品中，任意抽出一件恰好是次品｝.

与随机事件相对，在一定条件下必然发生的事件称为**必然事件**，用 Ω 表示；在一定条件下，不可能发生的事件称为**不可能事件**，用 φ 表示. 必然事件和不可能事件统称为**确定事件**，确定事件和随机事件统称为**事件**.

例 1 指出下列事件中的必然事件、不可能事件和随机事件.

(1)掷一次骰子，出现 6 点；

(2)守株待兔；

(3)10 件衬衫中混有 4 件次品，从中任意抽取 5 件，那么其中至少有一件是正品；

(4)在一个装着红球和白球的袋中摸球，摸出黑球.

解 (1)(2)是随机事件；(3)是必然事件；(4)是不可能事件.

3.6.2 频率与概率

要想探索随机事件发生的可能性有多大，它的发生呈现出怎样的规律，最好的办法就是做试验. 我们来看下面的例子.

某工厂为了检验一批产品的质量，先后抽取了 5 批产品，数量分别为 50，100，200，500，1 000，具体情况如表 3-6 所示.

表 3-6

抽取件数(n)	50	100	200	500	1 000
合格产品数(m)	46	96	191	476	951
频率$\left(\frac{m}{n}\right)$	0.92	0.96	0.96	0.95	0.95

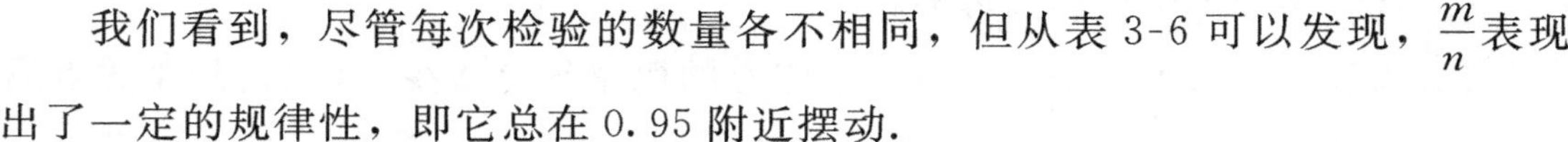

我们看到，尽管每次检验的数量各不相同，但从表 3-6 可以发现，$\frac{m}{n}$表现出了一定的规律性，即它总在 0.95 附近摆动.

一般地，我们有如下规定：

> 在相同条件下做试验，重复 n 次，把随机事件 A 出现的次数 m 叫作**频数**，把比值$\frac{m}{n}$叫作**频率**，其中 m 叫作事件 A 的频数.

随机事件的频率是每轮试验的具体结果，随试验次数的不同而不同. 通过上表我们发现，抽取产品的件数越多，抽到合格品的频率$\frac{m}{n}$就越接近 0.95，也就是说，抽到合格品的频率值稳定在常数 0.95 上.

> 在大量重复进行同一试验时，事件 A 发生的频率总是稳定在某个常数上，我们称这个常数为**事件 A 的概率**，记作 $P(A)$.

根据概率的定义可以得到：$0\leqslant P(A)\leqslant 1$.

例如，向空中抛掷一元硬币落到桌面上，正面向上的概率是 0.5，从一个装有 10 个白球的盒子里，任意摸取一球是白球的概率是 1，在一个装着红球和白球的袋中摸球，摸出黑球的概率是 0.

显然，必然事件 A 的概率 $P(A)=1$；不可能事件 A 的概率是 $P(A)=0$. 随机事件 A 的概率是 $0\leqslant P(A)\leqslant 1$. 也就是说任何事件的概率是区间$[0, 1]$内的一个数. 我们可以通过大量的重复试验，用一个事件发生的频率近似作为它的概率.

例 2 某射击选手在同一条件下进行射击的情况如表 3-7 所示.

表 3-7

射击次数(n)	50	100	200	500	1 000
击中靶心次数(m)	47	92	178	465	910
频率$\left(\frac{m}{n}\right)$					

(1)计算表中击中靶心的各个频率；

(2)该名射击选手射击一次，击中靶心的概率约是多少？(保留到小数点后1位)．

解 (1)结果如下(从左至右)

$$0.94,\ 0.92,\ 0.89,\ 0.93,\ 0.91.$$

(2)概率约为0.9.

3.6.3 等可能事件的概率

同学们，请思考如下问题：

在一些球类比赛中，裁判要用抛硬币的方法来决定哪个队先开球，为什么用这种方法决定谁先开球？这种方法公平吗？

再比如，一个袋中装着分别标有1，2，3，4，5这5个号码的球，这些球除号码外都相同，摇匀后任意摸出一个球．仔细思考下面的问题．

(1)会出现哪些可能的结果呢？

(2)每个结果出现的可能性相同吗？猜一猜它们的概率分别是多少？

设一个试验的所有可能的结果有 n 个，每次试验有且只有其中的一个结果出现．如果每个结果出现的可能性相同，那么我们就称这个试验的结果是**等可能的**，这个试验就是一个**等可能事件**．

你能找出一些等可能事件的例子吗？

一般地，如果一次试验有 n 个等可能的结果，事件 A 包含其中的 m 个结果，那么事件 A 发生的概率为 $P(A)=\frac{m}{n}$.

如果一次试验具有下列两个特点：

(1)试验中所有可能出现的结果只有有限个；

(2)每个结果出现的可能性相等.

那么，我们就把这一试验的概率模型称为**等可能概率模型**.

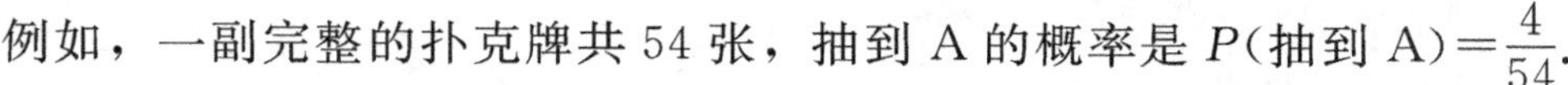

例如，一副完整的扑克牌共 54 张，抽到 A 的概率是 $P(\text{抽到 A})=\frac{4}{54}$.

例 3 如图 3-6 所示，任意投掷一枚均匀的骰子，掷出的点数是奇数的概率是多少？

图 3-6

分析 我们知道，任意投掷一枚均匀骰子，所有可能的点数结果有 6 种，即 1 点，2 点，3 点，4 点，5 点，6 点，因为骰子是均匀的，所以每种结果的出现是等可能的.

解 设"任意投掷一枚均匀的骰子，掷出的点数是奇数"的事件为 A，掷出的骰子点数是奇数的结果有 3 种，即 1 点，3 点，5 点. 因此，$P(A)=\frac{3}{6}=\frac{1}{2}$.

掷出的点数大于 4 的概率是多少？

思考题 3－6

1. 随机事件发生的概率与频率有什么不同，又有什么联系？

2. 对于"石头、剪子、布"这个传统的游戏，在游戏中，若你出剪子，能赢对方的可能性有多大？

课堂练习 3－6

1. 指出下列事件中的必然事件、不可能事件和随机事件.

(1)运动员跑步肌肉拉伤；

(2)明天的太阳从西方升起；

(3)$y=x^2$ 是奇函数；

(4)掷一次骰子，掷得的点数小于 7；

(5)射击队员打靶一次打中 10 环.

2. 在相同的条件下我们对某种子的发芽情况进行试验，结果如表 3-8 所示.

表 3-8

试验种子数(n)	150	250	350	450	550
发芽种子数(m)	86	153	202	268	335
频率$\left(\frac{m}{n}\right)$					

(1)计算表中种子发芽的各个频率；

(2)种子发芽的概率是多少？

3. 一道单项选择题有 A，B，C，D 四个备选答案，若从中随机选一个答案，你答对的概率是多少？答错的概率又是多少？

4. 一副 52 张的扑克牌(无大王和小王)，从中任意取出一张，共有 52 种等可能的结果，求：

(1)抽到黑桃 K 的概率；

(2)抽到 K 的概率.

本章小结

知识框架

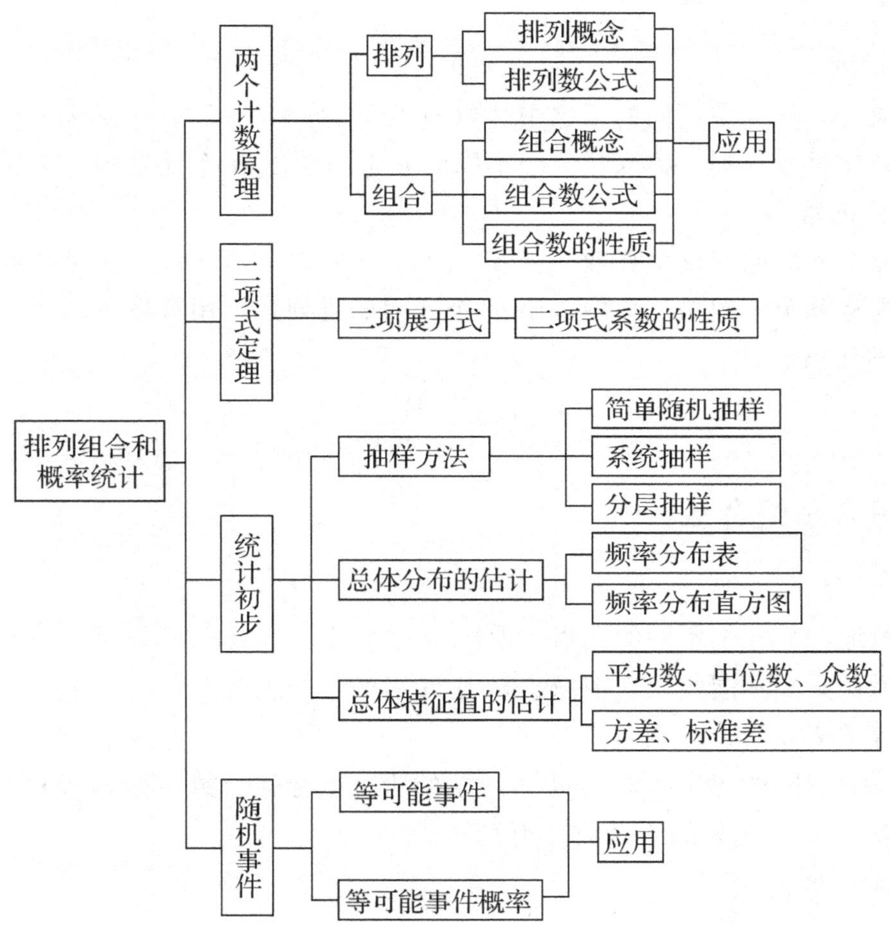

知识点梳理

3.1　两个计数原理

1. 分类计数原理(加法原理).

如果完成一件事有 n 类办法，在第 1 类办法中有 k_1 种不同的方法，在第 2

类办法中有 k_2 种不同的方法……在第 n 类办法中有 k_n 种不同方法，那么，完成这件事共有 $N=k_1+k_2+\cdots+k_n$ 种不同的方法.

2. 分步计数原理(乘法原理).

如果一件事需要分成 n 个步骤完成，做第 1 步有 k_1 种不同的方法，做第 2 步有 k_2 种不同的方法……做第 n 步有 k_n 种不同的方法，那么，完成这件事共有 $N=k_1\times k_2\times\cdots\times k_n$ 种不同的方法.

3.2 排列及排列数

1. 排列.

一般地，从 n 个不同的元素中任取 m 个元素(n，$m\in\mathbf{N}^*$，且 $m\leqslant n$)，按照一定的顺序排成一列，称为从 n 个不同的元素中取出 m 个元素的一个排列.

2. 排列数.

从 n 个不同的元素中任取 m 个元素(n，$m\in\mathbf{N}^*$，且 $m\leqslant n$)的所有排列的个数，称为从 n 个不同的元素中取出 m 个元素的排列数，用符号 A_n^m 表示.

3. 排列数公式.

$$\mathrm{A}_n^m=\frac{n!}{(n-m)!}.$$

3.3 组合及组合数

1. 组合.

一般地，从 n 个不同的元素中取出 m 个元素(m，$n\in\mathbf{N}^*$，且 $m\leqslant n$)并成一组，称为从 n 个不同的元素中取出 m 个元素的一个组合.

2. 组合数.

从 n 个不同的元素中取出 m 个元素的所有组合的个数，称为从 n 个不同的元素中取出 m 个元素的组合数，用符号 C_n^m 表示.

3. 组合数公式.

$$\mathrm{C}_n^m=\frac{\mathrm{A}_n^m}{\mathrm{A}_m^m}=\frac{n(n-1)(n-2)\cdots(n-m+1)}{m!},\ m\in\mathbf{N}^*.$$

4. 组合数的性质.

$$\mathrm{C}_n^m=\mathrm{C}_n^{n-m}.$$

3.4 二项式定理

1. $(a+b)^n$ 展开式可记作：

$$(a+b)^n=C_n^0a^n+C_n^1a^{n-1}b+\cdots+C_n^ra^{n-r}b^r+\cdots+C_n^{n-1}ab^{n-1}+C_n^nb^n.$$

该公式叫作二项式定理，其右端的多项式叫作 $(a+b)^n$ 的二项展开式，共 $n+1$ 项，各项的系数 $C_n^r(r=0, 1, 2, \cdots, n)$ 叫作二项式系数．二项式定理的第 $r+1$ 项 $C_n^ra^{n-r}b^r$ 叫作二项展开式的通项，用 T_{r+1} 表示，即 $T_{r+1}=C_n^ra^{n-r}b^r$. 其中 C_n^r 叫作第 $r+1$ 项的二项式系数．

2. 二项式系数表的性质．

(1)表中首末两端都是 1，与首末两端“等距离”的两个二项式系数相等．这一性质可直接由公式 $C_n^m=C_n^{n-m}$ 得到.

(2)除 1 以外的每一个数都等于它肩上两个数的和.

(3)二项式系数先增后减，中间项取得最大值，当 n 为偶数时，中间一项 $C_n^{\frac{n}{2}}$ 的二项式系数取得最大值；当 n 为奇数时，中间两项的二项式系数 $C_n^{\frac{n-1}{2}}$，$C_n^{\frac{n+1}{2}}$ 相等，且同时取得最大值.

(4)$(a+b)^n$ 的展开式的各二项式系数的和等于 2^n.

3.5 统计初步

1. 一般地，设一个总体含有 N 个个体，从中逐个不放回地抽取 n 个个体作为样本($n\leqslant N$)，如果每次抽取时总体内的各个个体被抽到的机会都相等，就把这种方法叫作简单随机抽样．

2. 抽签法就是把总体中的 N 个个体编号，把号码写在号签上，将号签放在一个容器中，搅拌均匀后，每次从中抽取一个号签，连续抽取 n 次，就得到一个容量为 n 的样本．

3. 随机数表法是按照一定规则利用随机数表进行抽样的方法.

4. 用随机数表法抽取样本的步骤是：

(1)对总体的各个个体进行编号，注意每个号码位数一样，比如，若总体个数 $10<N\leqslant100$，可编号为 00，01，02，…，$N-1$；若总体个数 $100<N\leqslant 1\ 000$，可编号为 000，001，002，…，$N-1$.

(2)在随机数表中随机确定一个数作为开始．

(3)规定上、下、左、右中的一个方向作为读取数字的方向．

(4)读取数字，若得到的号码在编号中，则取出；若不在编号中或前面已经取出，则跳过，如此直至取满为止．

5. 系统抽样又叫等距抽样，是将总体平均分为几个部分，然后按照一定的规则，从每个部分中抽取一个个体作为样本的一种抽样方法．

6. 用系统抽样法抽取样本的步骤是：

(1)编号：将总体的 N 个个体编号；

(2)分段：将 N 个个体分为 n 段，分段间隔为 $k=\frac{N}{n}$；

(3)在第一段中采用简单随机抽样确定第一个个体编号 l；

(4)抽取样本：$l+k$，$l+2k$，$l+3k$，….

7. 当总体由差异明显的几个部分组成时，可以将总体中各个个体按某种特征分成若干个互不重叠的几部分，每一部分叫作层，在各层中按层在总体中所占的比例随机抽取一定的样本，这种抽样的方法叫作分层抽样．分层抽样所获得的样本结构与总体的各层结构是基本一致的．

8. 在统计学中把表示样本数据频率分布规律的表格叫作频率分布表．

9. 一般地，编制频率分布表的步骤如下：

(1)求全距(又叫极差)．全距是指整个取值区间的长度，说明这组数据的变动范围．

(2)决定组数和组距．组距是指分成的区间的长度，组距$=\frac{\text{全距}}{\text{组数}}$.

(3)分组，通常对组内的数值所在的区间取左闭右开区间，最后一组取闭区间．

(4)登记频数，计算频率，列出频率分布表．

10. 反映样本频率分布规律的直方图称为频率分布直方图．频率分布直方图中每个小矩形的宽度表示分组的组距，小矩形的高表示$\frac{\text{频率}}{\text{组距}}$，这样，每个矩形的面积恰好是该组的频率．频率分布直方图以面积的形式反映了数据落在各个小组的频率的大小．

11. 如果有 n 个数据 x_1，x_2，…，x_n，那么这 n 个数据的平均数记作

$$\bar{x}=\frac{1}{n}(x_1+x_2+\cdots+x_n)=\frac{1}{n}\sum_{i=1}^{n}x_i.$$

12. 一般地，n 个数据按大小顺序排列，处于最中间位置的一个数据(或最中间两个数据的平均数)叫作这组数据的中位数．

13. 一组数据中出现最多的那个数据叫作这组数据的众数．

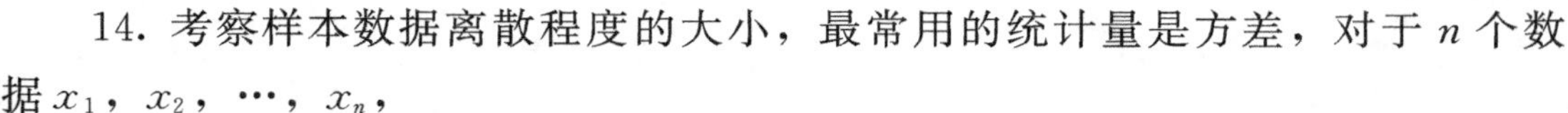

14. 考察样本数据离散程度的大小，最常用的统计量是方差，对于 n 个数据 x_1，x_2，…，x_n，

$$s^2=\frac{1}{n}[(x_1-\bar{x})^2+(x_2-\bar{x})^2+\cdots+(x_n-\bar{x})^2]$$

叫作这组数据的方差，方差描述了一组数据围绕平均数波动的大小，反映了一组数据变化的幅度，方差越小，说明数据的波动越小，数据越稳定.

15. 方差的算术平方根.

$$s=\sqrt{\frac{1}{n}[(x_1-\bar{x})^2+(x_2-\bar{x})^2+\cdots+(x_n-\bar{x})^2]}$$

叫作这组数据的标准差.

3.6 随机事件及其概率

1. 随机事件.

我们把对随机现象的观察或为了某种目的而进行的试验称为随机试验，简称为试验，并把随机试验的每一种可能的结果称为随机事件.

2. 确定事件.

与随机事件相对，在一定条件下必然发生的事件称为必然事件，用 Ω 表示；在一定条件下，不可能发生的事件称为不可能事件，用 φ 表示. 必然事件和不可能事件统称为确定事件，确定事件和随机事件统称为事件.

3. 频率.

在相同条件下做试验，重复 n 次，把随机事件 A 出现的次数 m 叫作频数，把比值$\frac{m}{n}$叫作频率，其中 m 叫作事件 A 的频数.

4. 概率.

在大量重复进行同一试验时，事件 A 发生的频率总是稳定在某个常数上，我们称这个常数为事件 A 的概率，记作 $P(A)$.

5. 等可能事件.

设一个试验的所有可能的结果有 n 个，每次试验有且只有其中的一个结果出现. 如果每个结果出现的可能性相同，那么我们就称这个试验的结果是等可能的. 这个试验就是一个等可能事件.

6. 等可能事件的概率.

一般地，如果一次试验有 n 个等可能的结果，事件 A 包含其中的 m 个结果，那么事件 A 发生的概率为 $P(A)=\frac{m}{n}$.

复习题三(A)

一、选择题(在每小题列出的4个备选项中只有一个是符合题目要求的，请将其代码填写在后面的括号里)

1. 7名学生进行踢毽子比赛，每两人比赛一次，则一共需要比赛(　　)次.

A. 42　　B. 21　　C. 7　　D. 6

2. 从5位候选人中选出2人参加座谈会，有(　　)种不同的选法.

A. 15　　B. 10　　C. 20　　D. 30

3. 某人上山，从前山上山的道路有3条，从后山上山的道路有2条，那么，此人从上山到下山，不同的走法共有(　　)种.

A. 5　　B. 6　　C. 20　　D. 10

4. 一部教育片在4所学校轮换播放，每一学校放映一次，轮映次序一共有(　　)种.

A. 16　　B. 4　　C. 256　　D. 24

5. 下面两个问题：

(1)从4个人中选出3人参加舞蹈比赛；

(2)从4个人中选出3人排队照相.

A. 问题(1)(2)都属于排列问题

B. 问题(1)(2)都属于组合问题

C. 问题(1)属于组合问题，(2)属于排列问题

D. 问题(1)属于排列问题，(2)属于组合问题

6. 有15人参加会议，每人与其他参会人各握手一次，一共握手(　　)次.

A. 105　　B. 210　　C. 15　　D. 30

7. 书店里陈列了5本故事书和7本科技书，一名儿童从中任取一本阅读，那么他阅读科技书的概率是(　　).

A. $\frac{5}{12}$　　B. $\frac{7}{12}$　　C. $\frac{1}{5}$　　D. $\frac{5}{7}$

8. 从 52(除去大王和小王)张扑克牌中任抽取一张得到 A 的概率是(　　).

A. $\frac{2}{52}$　　B. $\frac{1}{52}$　　C. $\frac{4}{52}$　　D. $\frac{3}{52}$

9. 任选一个小于 10 的正整数，它恰好是偶数的概率是(　　).

A. $\frac{5}{9}$　　B. $\frac{3}{9}$　　C. $\frac{4}{9}$　　D. $\frac{1}{9}$

10. 三张卡片上分别标有字母 A，B，C，把它们任意排成一排，得到 ABC 的概率是(　　).

A. $\frac{1}{6}$　　B. $\frac{1}{3}$　　C. $\frac{2}{3}$　　D. $\frac{1}{9}$

二、填空题(请在每小题的空格中填上正确答案)

1. 一件工作可以用两种方法完成，有 3 人会用第一种方法完成，另有 5 人会用第二种方法完成，从中选出 1 人来完成这件工作，不同的选法的种数是________.

2. 若 $A_9^m=9\times8\times7\times6$，则 m 为________.

3. 圆上有 12 个点，过每两点画一条直线，一共可画________条直线；过每三点画一个圆内接三角形，一共可画________个圆内接三角形.

4. 从 6 名学生中选出 4 人参加座谈会，有________种不同的选法.

5. 抛掷 1 枚骰子，出现 2 点的概率是________.

6. 5 名学生互相赠送礼物，则一共需要________件礼物.

7. 壹圆、贰圆、伍圆、拾圆的人民币各一张，一共可以组成________种币值.

8. 凸五边形有________条对角线，凸 m 边形有________对角线.

9. 从 1～10 中任意取两个数，这两个数的和一共有________种不同的结果.

10. 由 1，2，3，4 四个数字组成的无重复数字的四位数一共有________个，若 1 与 2 不相邻则组成的四位数有________个.

三、解答题

1. 加工一种产品共需要 7 道工序，每道工序由一个工种完成.

(1)共有多少种加工顺序?

(2)其中一个工种必须最先开始，有多少种加工顺序?

(3)其中有两个工种必须连续加工，有多少种加工顺序?

2. 已知一批产品，共有 100 件，其中有 3 件为次品，其余为合格品，在检验产品时，从 100 件产品中任意抽取 3 件.

(1)一共有多少种不同的抽法?

(2)若抽出的产品中恰有两件是次品，则一共有多少种不同的抽法?

(3)若抽出的产品中最多有两件是次品，则一共有多少种抽法?

(4)若抽出的产品中没有次品，则一共有多少种抽法?

3. 现有 4 名英语老师和 6 名数学老师，从他们中抽 5 人组成书法比赛小组.求：

(1)其中恰好有一名英语老师的概率；

(2)其中恰好有 4 名英语老师的概率；

(3)抽到 5 名都是数学老师的概率.

复习题三(B)

1. 5 位学生和 2 名老师合影留念.

(1)老师必须坐在中间，则一共有多少种不同的坐法?

(2)老师不能坐在两端，且要坐在一起，则一共有多少种不同的坐法?

(3)老师不能坐在两端，且不能相邻，则一共有多少种不同的坐法?

2. 随意安排甲、乙、丙 3 人在 3 天节日期间值班，每人值班 1 天.

(1)共有多少种不同的排列方法?

(2)若乙在甲之前，则一共有多少种不同的排法?

(3)乙在甲之前的概率是多少?

3. 从 1，2，3，4，5，6 中任取 3 个数组成没有重复数字的三位数，求:

(1)三位数是 5 的倍数的概率;

(2)三位数是偶数的概率;

(3)三位数大于 300 的概率.

4. 将容量为 100 的样本数据分为如下 8 组.

组号	1	2	3	4	5	6	7	8
频数	10	13		14	15	13	12	9

则第 3 组的频率为(　　).

A. 0.14　　B. 0.03　　C. 0.07　　D. 0.21

5. 在方差计算公式 $s^2=\frac{1}{10}[(x_1-20)^2+(x_2-20)^2+\cdots+(x_{10}-20)^2]$ 中，数字 10 和 20 分别表示(　　).

A. 数据的个数和方差　　B. 平均数和数据的个数

C. 数据的个数和平均数　　D. 数据组的方差和平均数

6. 已知数据 x_1，x_2，…，x_n 的平均数为 $\bar{x}$，则数据 $3x_1+7$，$3x_2+7$，…，$3x_n+7$ 的平均数为________.

7. 沈阳市某高中有高一学生 600 人，高二学生 500 人，高三学生 550 人，现对学生关于消防安全知识了解情况进行分层抽样调查，若抽取了一个容量为

n 的样本，其中高三学生有 11 人，则 n 的值等于________.

8. 下面是一个班在一次测验时的成绩，分别计算男生和女生的成绩平均值、中位数以及众数. 试分析一下该班级的学习情况.

男生：55，55，61，65，68，68，71，72，73，74，75，78，80，81，82，87，94；

女生：53，66，70，71，73，73，75，80，80，82，82，83，84，85，87，88，90，93，94，97.

附录　随机数表

03 47 43 73 86　36 96 47 36 61　46 98 63 71 62　33 26 16 80 45　60 11 14 10 95
97 74 24 67 62　42 81 14 57 20　42 53 32 37 32　27 07 36 07 51　24 51 79 89 73
16 76 62 27 66　56 50 26 71 07　32 90 79 78 53　13 55 38 58 59　88 97 54 14 10
12 56 85 99 26　96 96 68 27 31　05 03 72 93 15　57 12 10 14 21　88 26 49 81 76
55 59 56 35 64　38 54 82 46 22　31 62 43 09 90　06 18 44 32 53　23 83 01 30 30

16 22 77 94 39　49 54 43 54 82　17 37 93 23 78　87 35 20 96 43　84 26 34 91 64
84 42 17 53 31　57 24 55 06 88　77 04 74 47 67　21 76 33 50 25　83 92 12 06 76
62 01 63 78 59　16 95 55 67 19　98 10 50 71 75　12 86 73 58 07　44 39 52 38 79
33 21 12 34 29　78 64 56 07 82　52 42 07 44 38　15 51 00 13 42　99 66 02 79 54
57 60 86 32 44　09 47 27 96 54　49 17 46 09 62　90 52 84 77 27　08 02 73 43 28

18 18 07 92 45　44 17 16 58 09　79 83 86 19 62　06 76 50 03 10　55 23 64 05 05
26 62 38 97 75　84 16 07 44 99　83 11 46 32 24　20 14 85 88 45　10 93 72 88 71
23 42 40 64 74　82 97 77 77 81　07 45 32 14 08　32 98 94 07 72　93 85 79 10 75
52 36 28 19 95　50 92 26 11 97　00 56 76 31 38　80 22 02 53 53　86 60 42 04 53
37 85 94 35 12　83 39 50 08 30　42 34 07 96 88　54 42 06 87 98　35 85 29 48 39

70 29 17 12 13　40 33 20 38 26　13 89 51 03 74　17 76 37 13 04　07 74 21 19 30
56 62 18 37 35　96 83 50 87 75　97 12 25 93 47　70 33 24 03 54　97 77 46 44 80
99 49 57 22 77　88 42 95 45 72　16 64 36 16 00　04 43 18 66 79　94 77 24 21 90
16 08 15 04 72　33 27 14 34 09　45 59 34 68 49　12 72 07 34 45　99 27 72 95 14
31 16 93 32 43　50 27 89 87 19　20 15 37 00 49　52 85 66 60 44　38 68 88 11 80

68 34 30 13 70	55 74 30 77 40	44 22 78 84 26	04 33 46 09 52	68 07 97 06 57
74 57 25 65 76	59 29 97 68 60	71 91 38 67 54	13 58 18 24 76	15 54 55 95 52
27 42 37 86 53	48 55 90 65 72	96 57 69 36 10	96 46 92 42 45	97 60 49 04 91
00 39 68 29 61	66 37 32 20 30	77 84 57 03 29	10 45 65 04 26	11 04 96 67 24
29 94 98 94 24	68 49 69 10 82	53 75 91 93 30	34 25 20 57 27	40 48 73 51 92
16 90 82 66 59	83 62 64 11 12	67 19 00 71 74	60 47 21 29 68	02 02 37 03 31
11 27 94 75 06	06 09 19 74 66	02 94 37 34 02	76 70 90 30 86	38 45 94 30 38
35 24 10 16 20	33 32 51 26 38	79 78 45 04 91	16 92 53 56 16	02 75 50 95 98
38 23 16 86 38	42 38 97 01 50	87 75 66 81 41	40 01 74 91 62	48 51 84 08 32
31 96 25 91 47	96 44 33 49 13	34 86 82 53 91	00 52 43 48 85	27 55 26 89 62
66 67 40 67 14	64 05 71 95 86	11 05 65 09 68	76 83 20 37 90	57 16 00 11 66
14 90 84 45 11	75 73 88 05 90	52 27 41 14 86	22 98 12 22 08	07 52 74 95 80
68 05 51 18 00	33 96 02 75 19	07 60 62 93 55	59 33 82 43 90	49 37 38 44 59
20 46 78 73 90	97 51 40 14 02	04 02 33 31 08	39 54 16 49 36	47 95 93 13 30
64 19 58 97 79	15 06 15 93 20	01 90 10 75 06	40 78 78 89 62	02 67 74 17 33
65 26 93 70 60	22 35 85 15 13	92 03 51 59 77	59 56 78 06 83	52 91 05 70 74
07 97 10 88 23	09 98 42 99 64	61 71 62 99 15	06 51 29 16 93	58 05 77 09 51
68 71 86 85 85	54 87 66 47 54	73 32 08 11 12	44 95 92 63 16	29 56 24 29 48
26 99 61 65 53	58 37 78 80 70	42 10 50 67 42	32 17 55 85 74	94 44 67 16 94
14 65 52 68 75	87 59 36 22 41	26 78 63 06 5S	13 08 27 01 50	15 29 39 39 43
17 53 77 58 71	71 41 61 50 72	12 41 94 96 26	44 95 27 36 99	02 96 74 30 83
90 26 59 21 19	23 52 23 33 12	96 93 02 18 39	07 02 18 36 07	25 99 32 70 23
41 23 52 55 99	31 04 49 69 96	10 47 48 45 88	13 41 43 89 20	97 17 14 49 17
60 20 50 81 69	31 99 73 68 68	35 81 33 03 76	24 30 12 48 60	18 99 10 72 34
91 25 38 05 90	94 58 28 41 36	45 37 59 03 09	90 35 57 29 12	82 62 54 65 60
34 50 57 74 37	98 80 33 00 91	09 77 93 19 82	74 94 80 04 04	45 07 31 66 49
85 22 04 39 43	73 81 53 94 79	33 62 46 86 28	08 31 54 46 31	53 94 13 38 47
09 79 13 77 48	73 82 97 22 21	05 03 27 24 83	72 89 44 05 60	35 80 39 94 88
88 75 80 18 14	22 95 75 42 49	39 32 82 22 49	02 48 07 70 37	16 04 61 67 87
90 96 23 70 00	39 00 03 06 90	55 85 78 38 36	94 37 30 69 32	90 89 00 76 33

专题阅读

小故事大智慧

公元1052年4月，侬智高起兵反宋．当朝皇帝宋仁宗决定派遣大将狄青去平定叛乱．当时路途艰险，军心不稳，狄青取胜的把握不大．为了鼓舞士气，狄青便设坛拜神，说："这次出兵讨伐叛军，胜败没有把握，是吉是凶，只好由神明决定了．若是吉的话，那我随便掷100个铜钱，神明保佑，正面定然会全部朝上；只要有一个背面朝上，那我们就难以制敌，只好回朝了．"

左右官员诚惶诚恐，劝道："大将军，运气再好，100个铜钱，总不会个个正面朝上，如果有背面朝上，岂不动摇军心？如果不战而回朝，那更是违抗圣旨．请大将军三思而行！"此时的狄青已是胸有成竹，叫心腹拿来一袋铜钱，在千万人的注视下，举手一挥，把铜钱全部抛向空中，100个铜钱居然鬼使神差般全部朝上．顿时，全军欢呼，声音响彻山野．由于士兵个个认定神灵护佑，战斗中奋勇争先，仅一次战役，就收回了失地，大功告成．

那么，那100个铜钱究竟是怎么回事呢？原来，那正是狄青利用了概率的知识，他使那100个铜钱正反两面都是正面的图案，使得正面朝上的机会为100％，从而鼓舞了士气，大军获胜．

抽屉原理与电脑算命

"电脑算命"看起来挺玄乎，只要你报出自己出生的年、月、日和性别，一按按键，屏幕上就会出现所谓性格、命运的句子，据说这就是你的"命"．

其实这充其量不过是一种电脑游戏而已．我们用数学上的抽屉原理很容易说明它的荒谬．

抽屉原理又称鸽笼原理或狄利克雷原理，它是数学中证明存在性的一种特殊方法．举个最简单的例子，把3个苹果按任意的方式放入两个抽屉中，那么一定有一个抽屉里放有两个或两个以上的苹果．这是因为如果每一个抽屉里最多放有一个苹果，那么两个抽屉里最多只放有两个苹果．运用同样的推理可以得到：

原理1　把多于n个的物体放到n个抽屉里，则至少有一个抽屉里有2个

或 2 个以上的物体.

原理 2 把多于 mn 个的物体放到 n 个抽屉里，则至少有一个抽屉里有 $m+1$ 个或多于 $m+1$ 个的物体.

如果以 70 年计算，按出生的年、月、日、性别的不同组合数应为 $70\times365\times2=51\ 100$，我们把它作为“抽屉”数. 我国现有人口按 13 亿计算，我们把它作为“物体”数. 由于 13 亿 $=25\ 440\times51\ 100+16\ 000$，根据抽屉原理，至少有 25 441个人出生的年、月、日和性别完全相同，尽管他们的出身、经历、天资、机遇各不相同，但他们却具有完全相同的“命”，这真是荒谬绝伦！

在我国古代，早就有人懂得用抽屉原理来揭露生辰八字之谬. 例如，清代陈其元在《庸闲斋笔记》中就写道：“余最不信星命推步之说，以为一时(注：指一个时辰，合两小时)生一人，一日当生十二人，以岁计之，则有四千三百二十人，以一甲子(注：指六十年)计之，止有二十五万九千二百人而已. 今只一大郡以计其户口之数，已不下数十万人(如咸丰十年，杭州府一城八十万人.)，则举天下之大，自王公大人以至小民，何啻亿万万人，则生时同者，必不少矣. 其间王公大人始生之时，必有庶民同时而生者，又何贵贱贫富之不同也！”在这里，一年按 360 日计算，一日又分为十二个时辰，得到的抽屉数为 $60\times360\times12=259\ 200$.

所谓“电脑算命”不过是把人为编好的算命语句像中药柜那样事先分别一一存放在各自的柜子里，谁要算命，即根据出生的年、月、日、性别的不同组合，按不同的编码机械地放到电脑的各个“柜子”里取出所谓命运的句子. 这种迷信的做法，是对科学的亵渎.

第4章 立体几何

本章概述

在平面几何中，我们认识了三角形、正方形、矩形、菱形、梯形、圆、扇形等平面图形，那么对空间中各种各样的几何体，我们如何认识它们的结构特征？对空间中不同形状、大小的几何体，如何理解它们的联系和区别？本章将介绍几种常见的空间几何体的结构特征、三视图与直观图以及如何计算它们的表面积和体积.

本章学习要求

1. 通过学习，能认识多面体(棱柱、棱锥、棱台)和旋转体(圆柱、圆锥、圆台、球)的结构特征及其简单组合体的结构特征，并能运用这些特征描述现实生活中的简单物体的结构.

2. 能画出简单空间几何体的三视图，能识别上述三视图所表示的立体模型.

3. 会用斜二测法画简单几何体的直观图，掌握在平面上表示空间图形的方法.

4. 掌握简单几何体的表面积和体积公式，并应用这些公式解决一些实际问题.

5. 了解平面的基本性质，了解空间两条直线的位置关系，了解空间直线和平面的位置关系，理解直线和平面垂直的概念，点到平面的距离的概念，熟练运用直线和平面平行、垂直的判定定理和性质定理.

6. 了解空间两个平面的位置关系，理解二面角、二面角的平面角的概念，熟练运用两个平面平行、垂直的判定定理和性质定理.

4.1 空间几何体

本节重点介绍常见的几何体：棱柱、棱锥、棱台、圆柱、圆锥、圆台、球的结构特征，根据实物、模型概括出它们的结构特征.

4.1.1 空间几何体

在我们周围存在着各种各样的物体，它们都占据着空间的一部分，如果我们只考虑这些物体的形状和大小，而不考虑其他因素，那么由这些物体抽象出来的空间图形叫作**空间几何体**.

在空间几何体中，由若干个平面多边形所围成的几何体叫作**多面体**. 围成多面体的各个平面多边形叫作**多面体的面**. 相邻两个面的公共边叫作**多面体的棱**. 棱与棱的公共点叫作**多面体的顶点**，如图 4-1 所示.

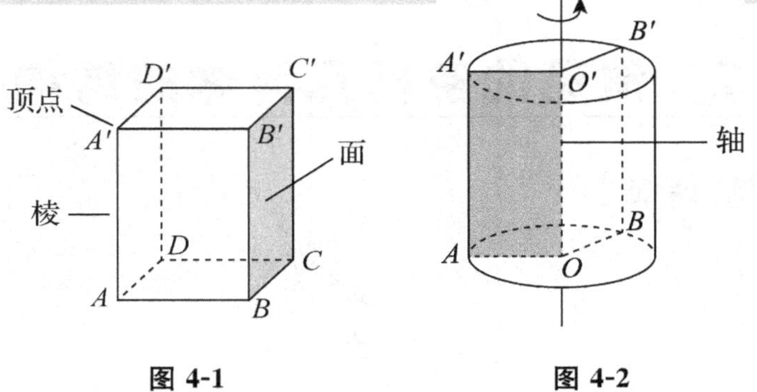

图 4-1　　图 4-2

由一个平面图形绕它所在平面内的一条定直线旋转所形成的封闭几何体叫作**旋转体**，这条定直线叫作旋转体的**轴**，如图 4-2 所示.

例　观察图 4-3 中的物体具有怎样的形状，哪些是多面体，哪些是旋转体？试着将它们分类.

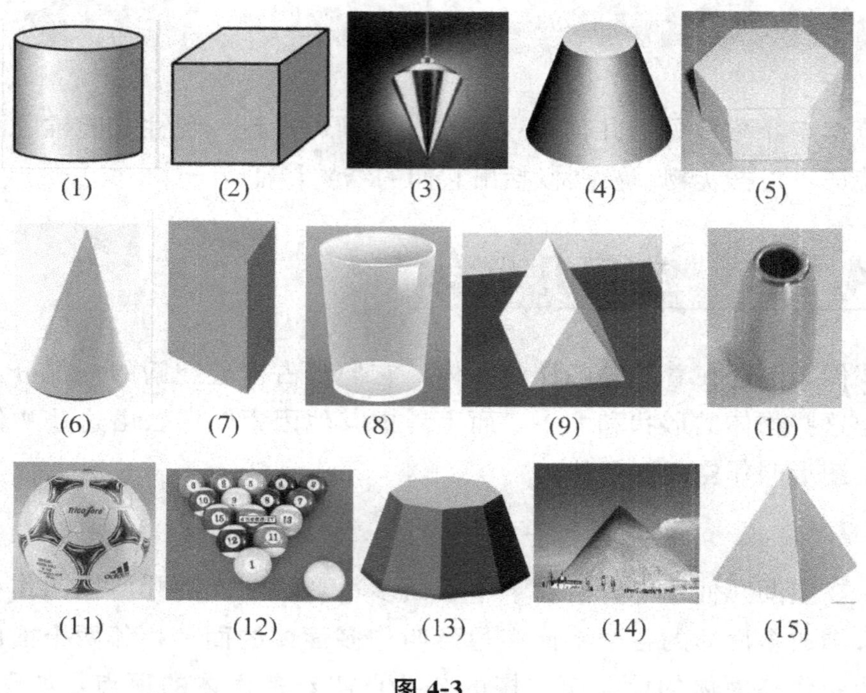

图 4-3

解　图 4-3 中(2)(5)(7)(9)(13)(14)(15)是多面体；
(1)(3)(4)(6)(8)(10)(11)(12)是旋转体.

4.1.2　常见的空间几何体的结构特征

1. 棱柱的结构特征

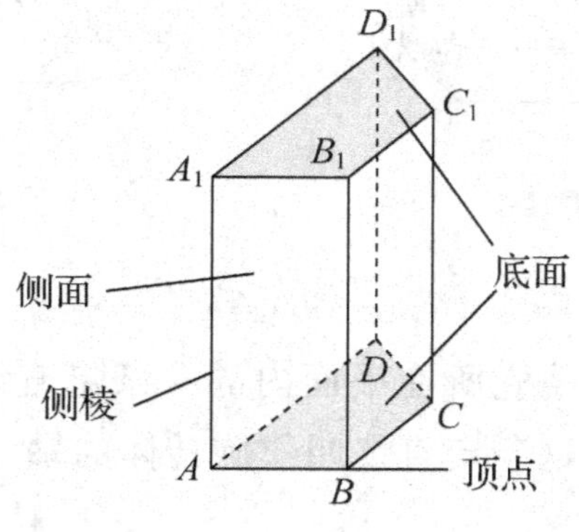

图 4-4

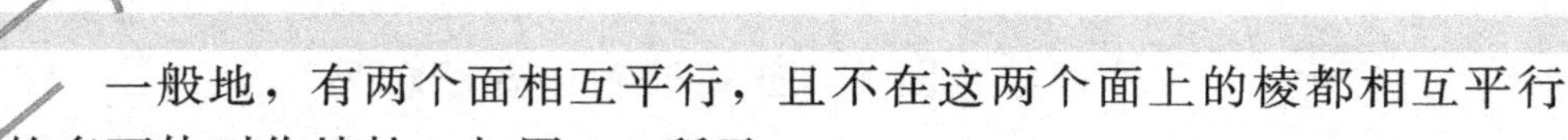

一般地，有两个面相互平行，且不在这两个面上的棱都相互平行的多面体叫作**棱柱**，如图 4-4 所示.

(1)两个互相平行的面叫作**棱柱的底面**，简称**底**；

(2)其余各面叫作**棱柱的侧面**；

(3)相邻侧面的公共边叫作**棱柱的侧棱**；

(4)侧面与底面的公共顶点叫作**棱柱的顶点**；

(5)棱柱的两个底面的距离叫作**棱柱的高**.

你能结合图 4-4 正确理解这些概念吗？

底面是三角形、四边形、五边形……的棱柱分别叫作三棱柱、四棱柱、五棱柱……我们把侧棱垂直于底面的棱柱叫作直棱柱. 底面是正多边形的直棱柱叫作正棱柱.

棱柱的表示方法：常用底面各顶点的字母表示. 如图 4-4 所示的棱柱可以表示为四棱柱 $ABCD\text{-}A_1B_1C_1D_1$.

2. 棱锥的结构特征

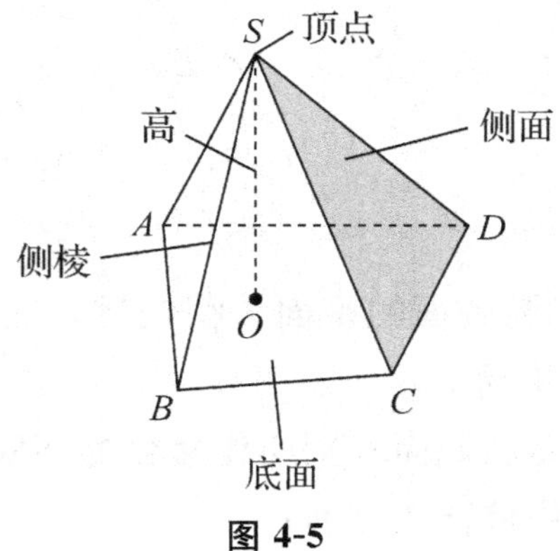

图 4-5

一般地，有一个面是多边形，其余各面都是有一个公共顶点的三角形的多面体称为**棱锥**，如图 4-5 所示.

(1)多边形的面或底叫作**棱锥的底面**；

(2)有公共顶点的各个三角形面叫作**棱锥的侧面**；

(3)各侧面的公共顶点叫作**棱锥的顶点**；

(4)相邻侧面的公共边叫作**棱锥的侧棱**；

(5)顶点到底面的距离叫作**棱锥的高**.

你能结合图 4-5 正确理解这些概念吗？

底面是三角形、四边形、五边形……的棱锥分别叫作**三棱锥**(四面体)、**四棱锥、五棱锥**……

如果一个棱锥的底面是正多边形，且顶点在底面的射影是底面的中心，这样的棱锥叫作**正棱锥**. 正棱锥的各侧棱都相等，各侧面都是全等的等腰三角形. 正棱锥的侧面等腰三角形底边上的高，叫作正棱锥的**斜高**.

棱锥的表示方法：用顶点和底面各顶点的字母表示. 如图 4-5 所示的棱锥可以表示为四棱锥 $S\text{-}ABCD$.

3. 棱台的结构特征

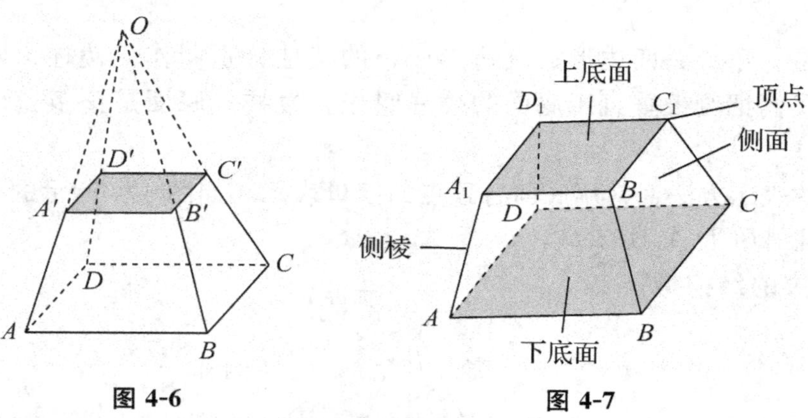

图 4-6　　图 4-7

用一个平行于棱锥底面的平面去截棱锥，底面与截面之间的部分叫作**棱台**，如图 4-6 所示.

(1)原棱锥的底面和截面分别叫作**棱台的下底面和上底面**；

(2)其余各面叫作**棱台的侧面**；

(3)相邻侧面的公共边叫作**棱台的侧棱**；

(4)侧面与底面的公共顶点叫作**棱台的顶点**.

你能结合图 4-7 正确理解这些概念吗？

棱台的表示方法：用上、下底面各顶点字母表示. 如图 4-7 所示的棱台可以表示为棱台 $ABCD\text{-}A_1B_1C_1D_1$.

由三棱锥、四棱锥、五棱锥……截得的棱台，分别叫作**三棱台**、**四棱台**、**五棱台**……由正棱锥截得的棱台叫作**正棱台**.

4. 圆柱的结构特征

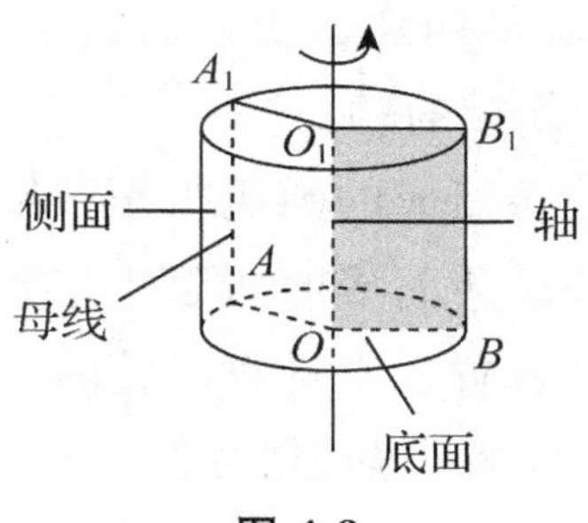

图 4-8

以矩形的一边所在的直线为旋转轴，其余三边旋转一周而成的曲面所围成的旋转体叫作**圆柱**，如图 4-8 所示.

(1)旋转轴 O_1O 叫作**圆柱的轴**；

(2)垂直于轴的边 OB，O_1B_1 旋转而成的圆面叫作**圆柱的底面**；

(3)平行于轴的边 B_1B 旋转而成的曲面叫作**圆柱的侧面**；

(4)无论旋转到什么位置，平行于轴的边 A_1A 都叫作**圆柱的母线**；

(5)两个底面之间的距离叫作**圆柱的高**.

你能结合图 4-8 正确理解这些概念吗？

圆柱可以用表示它的轴的字母表示. 例如，如图 4-8 所示的圆柱可以表示为圆柱 O_1O.

5. 圆锥的结构特征

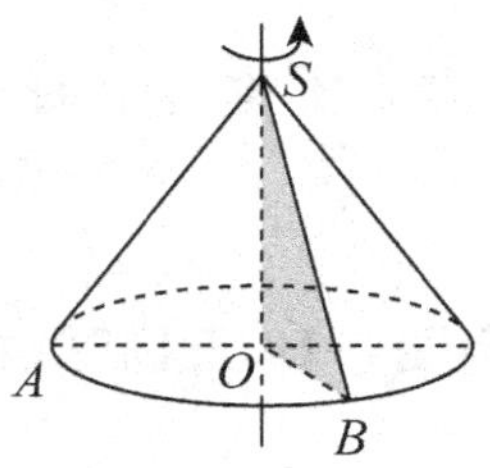

图 4-9

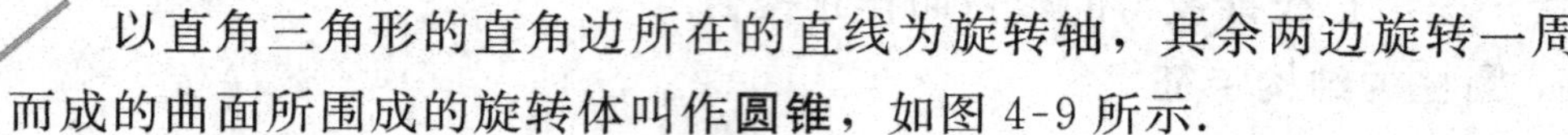

以直角三角形的直角边所在的直线为旋转轴，其余两边旋转一周而成的曲面所围成的旋转体叫作**圆锥**，如图 4-9 所示.

(1)旋转轴 SO 叫作**圆锥的轴**；

(2)垂直于轴的边旋转而成的圆面叫作**圆锥的底面**；

(3)不垂直于轴的边旋转而成的曲面叫作**圆锥的侧面**；

(4)无论旋转到什么位置，不垂直于轴的边都叫作**圆锥的母线**；

(5)直角边 SO 的长度叫作**圆锥的高**.

你能结合图 4-9 正确理解这些概念吗？

圆锥可以用表示它的轴的字母表示，如图 4-9 所示的圆锥可以表示为**圆锥 *SO***.

6. 圆台的结构特征

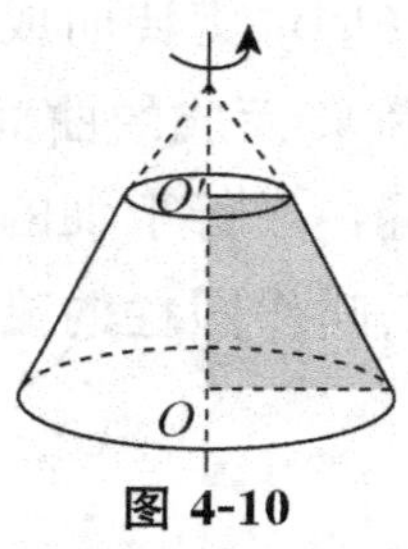

图 4-10

以直角梯形垂直于底边的腰所在的直线为旋转轴，其余各边旋转一周而形成的曲面所围成的旋转体叫作**圆台**.

(1)旋转轴叫作**圆台的轴**；

(2)垂直于轴的边旋转而成的圆面叫作**圆台的底面**；

(3)不垂直于轴的边旋转而成的曲面叫作**圆台的侧面**；

(4)无论旋转到什么位置，不垂直于轴的边都叫作**圆台的母线**.

你能结合图 4-10 正确理解这些概念吗？

圆台可以用表示它的轴的字母表示，如图 4-10 所示的圆台可以表示为**圆台 $O'O$**.

7. 球的结构特征

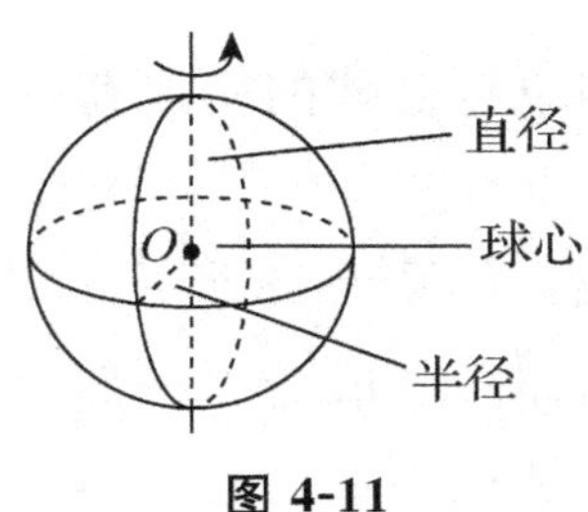

图 4-11

以半圆的直径所在的直线为旋转轴，半圆面旋转一周而形成的几何体叫作**球体**，简称**球**.

(1)半圆的圆心叫作**球心**；

(2)半圆的半径叫作**球的半径**；

(3)半圆的直径叫作**球的直径**.

你能结合图 4-11 正确理解这些概念吗?

球可以用表示它的球心的字母表示，如图 4-11 所示的球可表示为球 O.

以上介绍的多面体(棱柱、棱锥、棱台)和旋转体(圆柱、圆锥、圆台、球)都是简单的几何体.

4.1.3 简单组合体

在现实生活中，除了棱柱、棱锥、棱台、圆柱、圆锥、圆台、球等基本几何体外，还有大量的几何体是由上述基本几何体组合而成的，这些几何体叫作简单组合体，如图 4-12 所示.

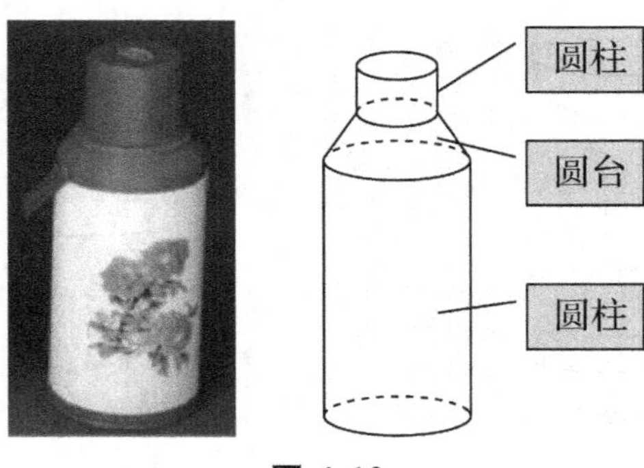

图 4-12

一般地，简单组合体的构成有哪几种基本形式？

由简单的几何体拼接而成，如图 4-13 所示的几何体是由一个圆柱和一个球组成的组合体；由简单的几何体截去或挖去一部分而成，如图 4-14 所示的几何体是由一个三棱柱挖去了一个圆柱而成的几何体.

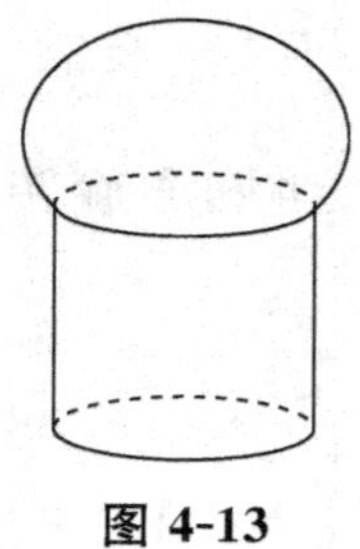

图 4-13

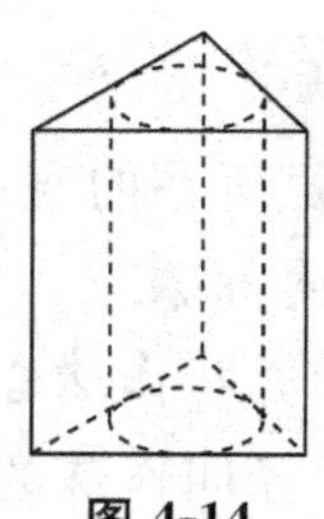

图 4-14

思考题 4－1

1. 举出你在日常生活中见到的具有棱柱、棱锥、棱台形状的物体.
2. 举出你在日常生活中见到的具有圆柱、圆锥、圆台、球形状的物体.
3. 你能举出日常生活中见到的具有简单组合体形状的物体吗？

课堂练习 4－1

1. 根据所学知识，将图 4-3 中的物体分类填入表 4-1.

表 4-1

棱柱	棱锥	棱台	圆柱	圆锥	圆台	球

2. 说明图 4-15 中的两个几何体分别是怎样组成的？

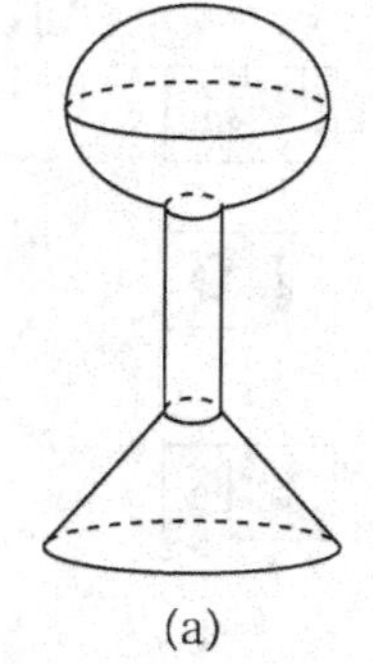

(a)

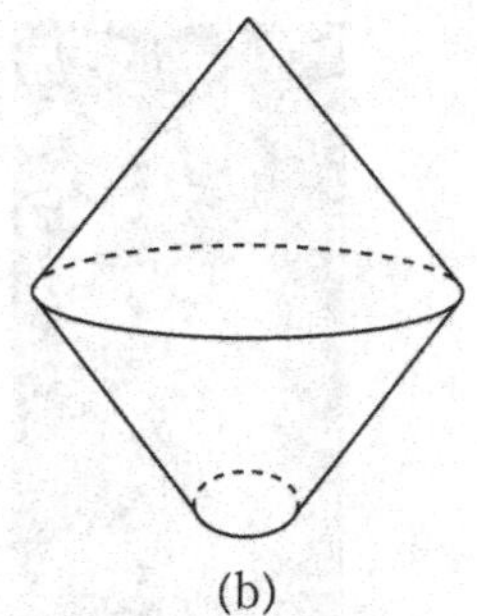

(b)

图 4-15

4.2 三视图与直观图

本节主要内容是三视图与直观图，这部分知识是立体几何的基础之一，它是对上一节空间几何体结构特征的再一次强化，画出空间几何体的三视图并能将三视图还原为直观图，是建立空间概念的基础和训练学生几何直观能力的有效手段．同时，三视图在工程建设、机械制造中有着广泛应用，在人们的日常生活中有着重要意义．

4.2.1 投影

请同学们看下面几个手影表演的图片(图 4-16)，考虑它们是怎样得到的？

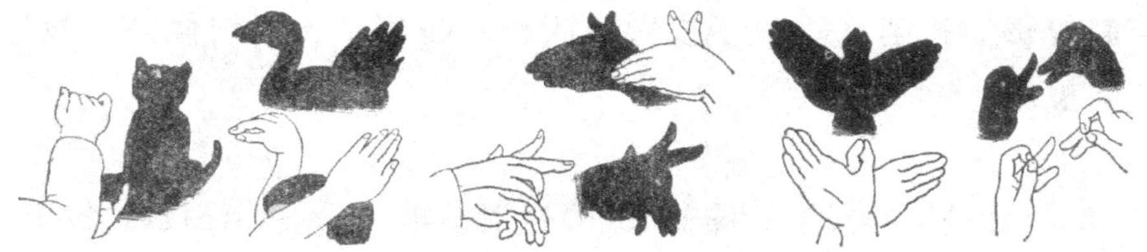

图 4-16

由于光的照射，在不透明物体后面的屏幕上留下这个物体的影子，这种现象叫作**投影**．其中，光线叫作**投影线**，屏幕叫作**投影面**，如图 4-17 所示．

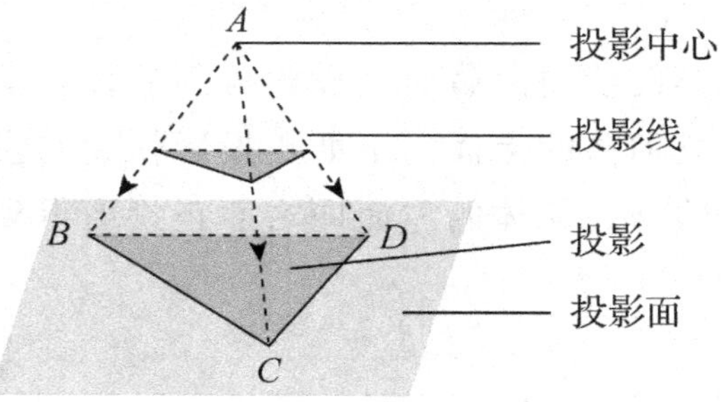

图 4-17

请同学们观察图 4-18 投影的现象，它们的投影过程有何不同？

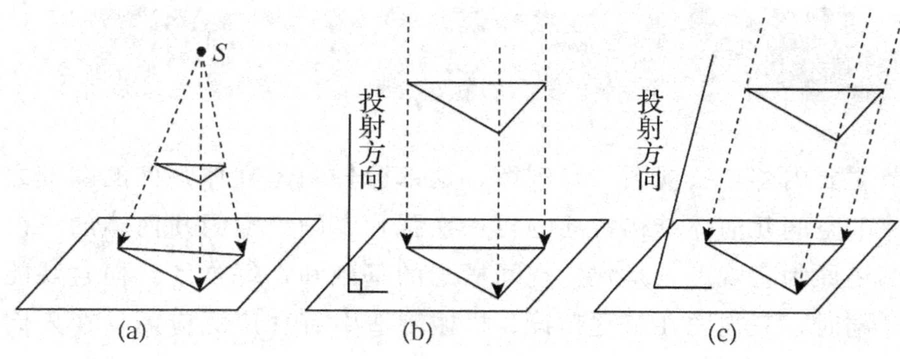

图 4-18

我们把光由一点向外散射形成的投影，叫作**中心投影**．我们把在一束平行光线照射下形成的投影，叫作**平行投影**．平行投影分为**正投影与斜投影**．投射线垂直于投影面叫作**正投影**；投射线倾斜于投影面叫作**斜投影**.

图 4-18(a)就是中心投影，图 4-18(b)是正投影，图 4-18(c)是斜投影.

小贴士：正投影能正确地表达物体的真实形状和大小，作图比较方便，在作图中应用最广泛.

4.2.2　空间几何体的三视图

光线从几何体的前面向后面正投影得到的投影图，叫作**几何体的主视图**；光线从几何体的上面向下面正投影得到的投影图，叫作**几何体的俯视图**；光线从几何体的左面向右面正投影得到的投影图，叫作**几何体的左视图**.

主视图反映几何体的前后形状．俯视图反映几何体的上下形状．左视图反映几何体的左右形状，如图 4-19 所示.

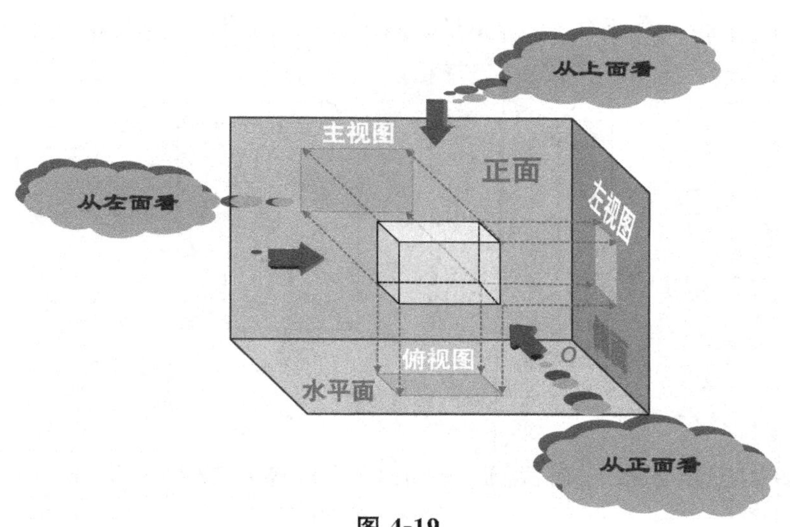

图 4-19

我们把空间几何体的主视图、俯视图、左视图放在一个平面上，并按照一定布局排列，这个图就是该空间几何体的三视图，如图 4-20 所示就是长方体的三视图.

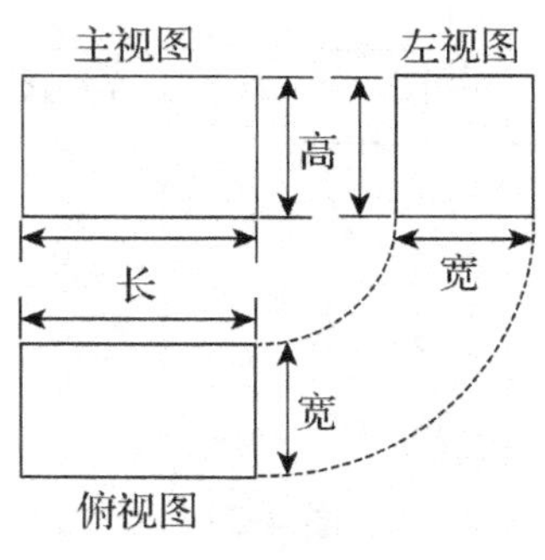

图 4-20

小贴士：作三视图时，要遵循以下两点.

(1)主视图在左上边，它下方是俯视图，左视图坐落在主视图右边.

(2)主视图与俯视图的长相等，简称为长对正；主视图与左视图的高相等，简称为高平齐；俯视图与左视图的宽度相等，简称为宽相等.

例 1 作出正三棱柱在如下两种位置时的三视图，如图 4-21 所示.

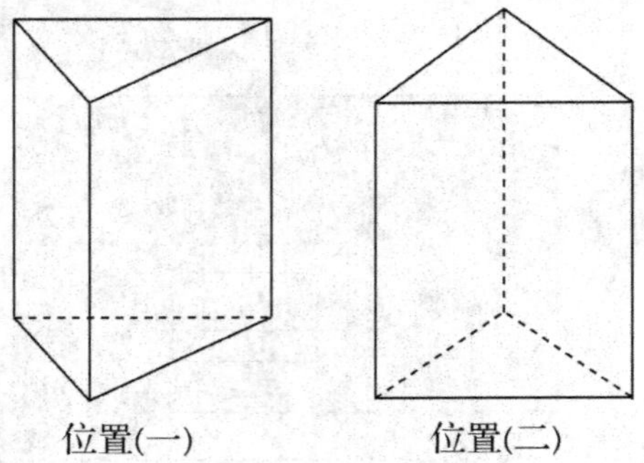

图 4-21

解 (1)图中正三棱柱在位置(一)时的三视图，如图 4-22 所示.

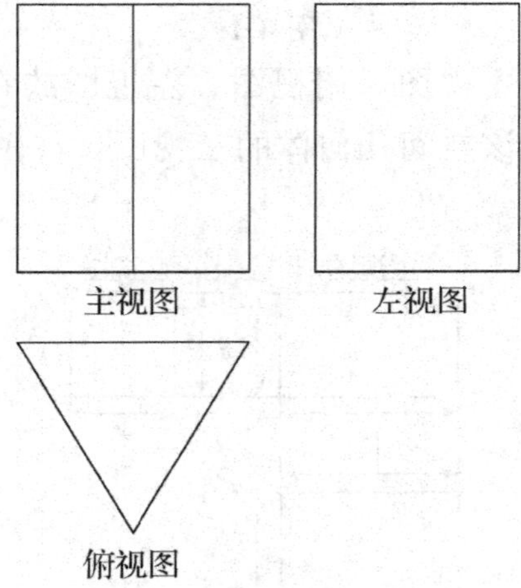

图 4-22

(2)图中正三棱柱在位置(二)时的三视图，如图 4-23 所示.

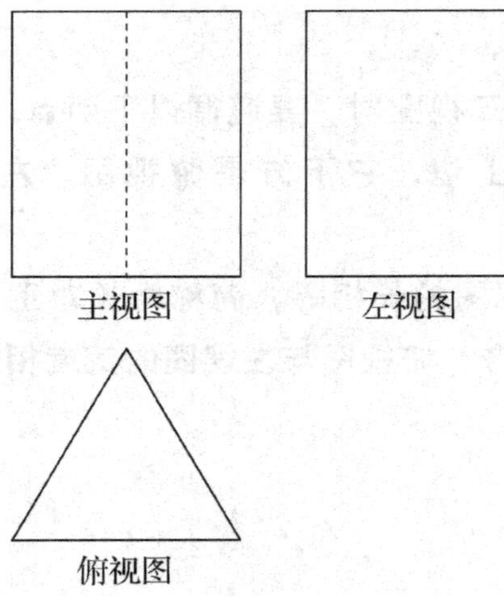

图 4-23

小贴士：在视图中，可见的边界轮廓线用实线，不可见的边界轮廓线用虚线．几个视图要配合着画，一般是先画主视图，再确定左视图和俯视图．

例 2 指出图 4-24 中的三视图表示的几何体．

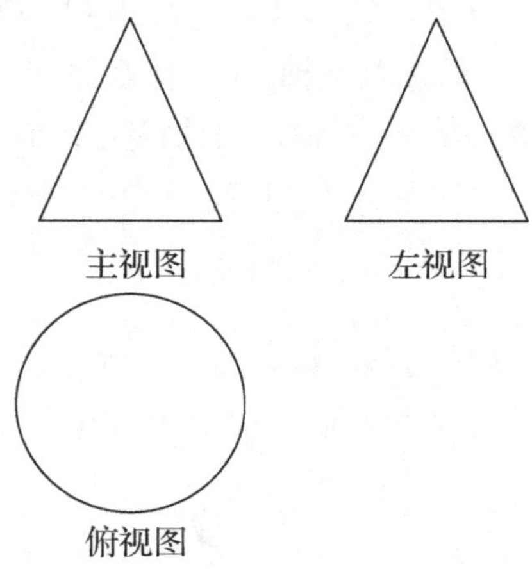

图 4-24

解 答案是圆锥．

4.2.3 空间几何体的直观图

在一个平面内不可能画出空间图形的真实形状，为了便于对空间图形进行研究，我们将做出空间图形的直观图，即用平面图形表示空间图形，它不是空间图形的真实形状，但是有较强的立体感．

如图 4-25(a)所示的正方体的直观图如图 4-25(b)所示，它是怎样画出来的呢？

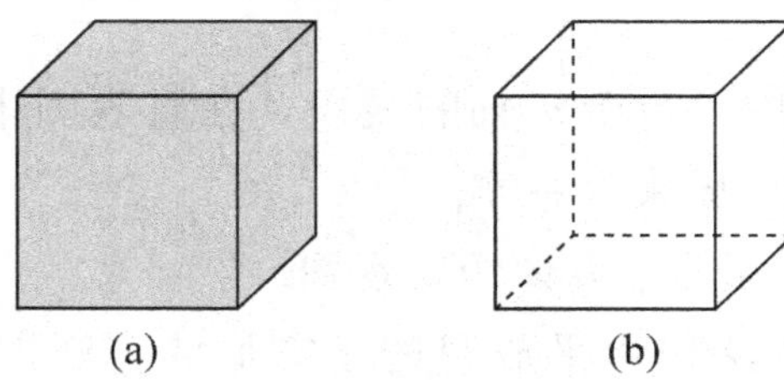

图 4-25

要画空间几何体的直观图，首先要学会画水平放置的平面图形．

在桌面上放置一个三角形，我们从空间某一点看这个三角形，它是什么样子？如何画出它的直观图？

下面我们以三角形为例，说明水平放置的平面图形的直观图画法.

例 3　画水平放置的三角形的直观图.

解　第一步，在$\triangle ABC$中作$CO\perp AB$，垂足为O. 取互相垂直的x轴和y轴，两轴相交于点O. 令AB所在直线为x轴，CO所在直线为y轴. 两轴相交于点O，如图 4-26(a)所示. 画相应的x'轴与y'轴，两轴相交于点O'，使$\angle x'O'y'=45°$.

第二步，在x'轴上取$A'B'=AB$，并使$A'O'=AO$，在y'轴上过O'作$O'C'=\frac{1}{2}OC$.

第三步，连接$A'C'$，$B'C'$，如图 4-26(b)所示，并擦去辅助线x'轴与y'轴，即获得$\triangle A'B'C'$就是$\triangle ABC$水平放置的直观图，如图 4-26(c)所示.

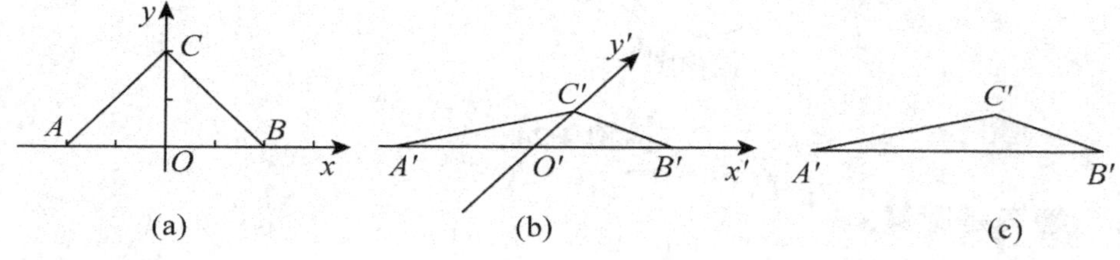

图 4-26

上述画直观图的方法称为斜二测法，具体步骤如下.

第一步，已知图形中取互相垂直的x轴和y轴，两轴相交于点O，画直观图时，把它们画成对应的x'轴和y'轴，两轴交于点O'，且使$\angle x'O'y'=45°$ $(135°)$，它们确定的平面表示水平面.

第二步，已知图形中平行于x轴或y轴的线段，在直观图中分别画成平行于x'轴或y'轴的线段.

第三步，已知图形中平行于x轴的线段，在直观图中保持原长度不变，平行于y轴的线段，长度为原来的一半.

例 4　画棱长为 2 cm 的正方体的直观图.

解　(1)根据斜二测法作水平放置的正方形的直观图$ABCD$，使$\angle BAD=45°$，$AB=2$ cm，$AD=1$ cm，如图 4-27(a)所示.

(2)过点A，B，C，D分别作AB，CD的垂线，并在其上截得$AA'=BB'=CC'=DD'=2$ cm，如图 4-27(b)所示.

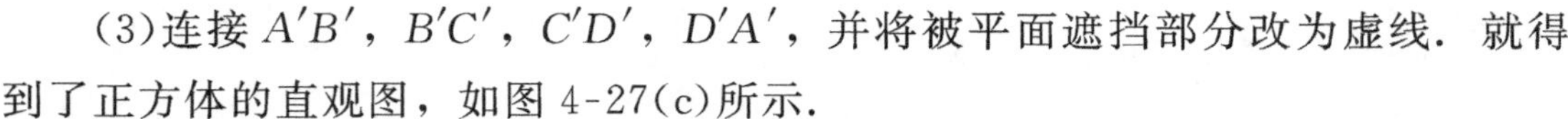

(3)连接 $A'B'$，$B'C'$，$C'D'$，$D'A'$，并将被平面遮挡部分改为虚线. 就得到了正方体的直观图，如图 4-27(c)所示.

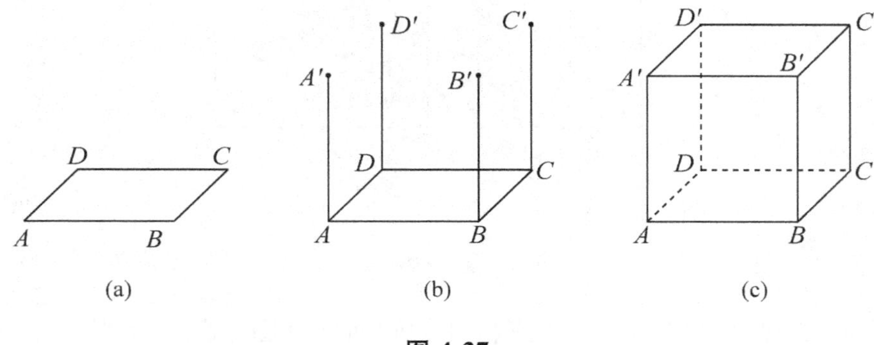

图 4-27

思考题 4－2

1. 三视图是怎样形成的？通过这节课的学习你有什么收获？
2. 空间几何体的三视图和直观图在观察角度上有什么区别？

课堂练习 4－2

1. 画出正三棱锥、圆柱、圆锥、圆台、球的三视图.
2. 用斜二测法画出水平放置的长为 1 cm，宽为 0.5 cm 的长方形的直观图.
3. 画出底面边长为 4 cm，高为 3 cm 的正四棱锥的三视图与直观图.

4.3 简单几何体的表面积和体积

多面体中的棱柱、棱锥、棱台也是多个平面图形围成的几何体，它们的侧面展开图是什么？如何计算它们的表面积和体积？本节我们将介绍几种简单几何体的表面积和体积的求法.

4.3.1 多面体的表面积和体积

1. 正棱柱的表面积和体积

我们以正三棱柱为例，可以发现正三棱柱的侧面展开图，如图 4-28 所示.

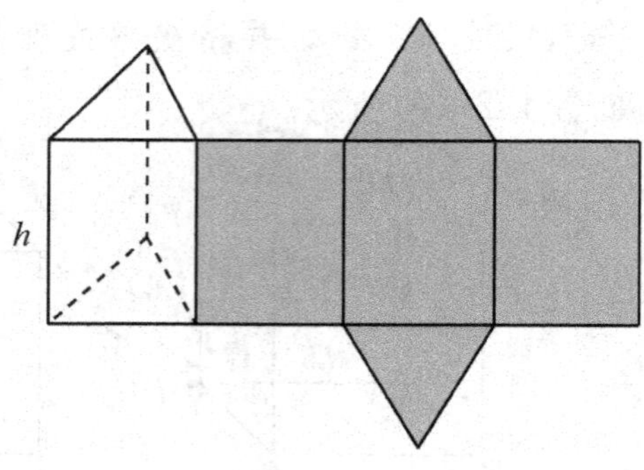

图 4-28

由图 4-28 观察可以得到，正三棱柱的侧面展开图中间是矩形，正三棱柱底面是两个三角形，且矩形的长等于正三棱柱的底面的周长，矩形的宽为正三棱柱的侧棱长，即正三棱柱的高. 其表面积就是它的各个侧面面积和底面面积之和.

一般地，设正棱柱底面多边形的周长为 c，边长为 a，边数为 n，高为 h，底面积 $S_{底}$，则它的侧面积 $S_{侧}$、表面积 $S_{表}$、体积 V 的计算公式如下.

$$S_{侧}=ch=nah;$$

$$S_{表}=S_{侧}+2S_{底};$$

$$V_{正棱柱}=S_{底}\,h.$$

2. 正棱锥的表面积和体积

我们以正五棱锥为例，可以发现正五棱锥的侧面展开图，如图 4-29 所示.

由图 4-29 观察可以得到，正五棱锥的侧面展开图是五个全等的等腰三角形，正五棱锥的底面是正五边形，且五个全等的等腰三角形底边长的和等于正五棱锥底面的周长，等腰三角形的腰长为侧棱长. 其表面积就是它的各个侧面面积和底面面积之和.

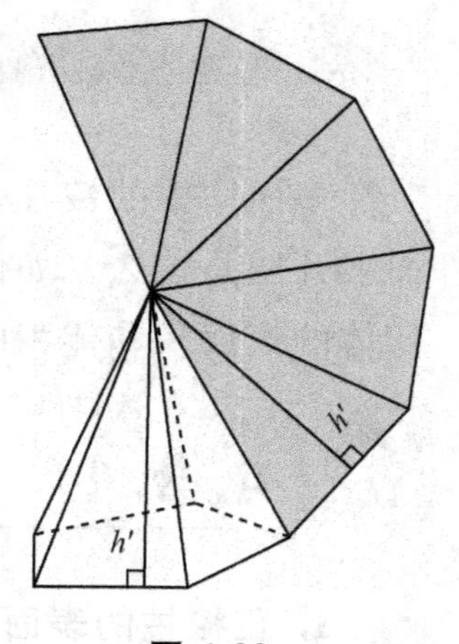

图 4-29

一般地，设正棱锥底面多边形的周长为 c，边长为 a，边数为 n，高为 h，底面积 $S_{底}$，侧面三角形的高为 h'，则它的侧面积 $S_{侧}$、表面积 $S_{表}$、体积 V 的计算公式如下.

$$S_{侧}=\frac{1}{2}ch'=\frac{1}{2}nah';$$

$$S_{表}=S_{侧}+S_{底};$$

$$V_{正棱锥}=\frac{1}{3}S_{底}h.$$

3. 正棱台的表面积和体积

我们以正四棱台为例，可以发现正四棱台的侧面展开图，如图 4-30 所示.

由图 4-30 观察可以得到，正四棱台的侧面展开图是四个等腰梯形，正四棱台的上底面和下底面都是正方形. 其表面积就是它的各个侧面面积和底面面积之和.

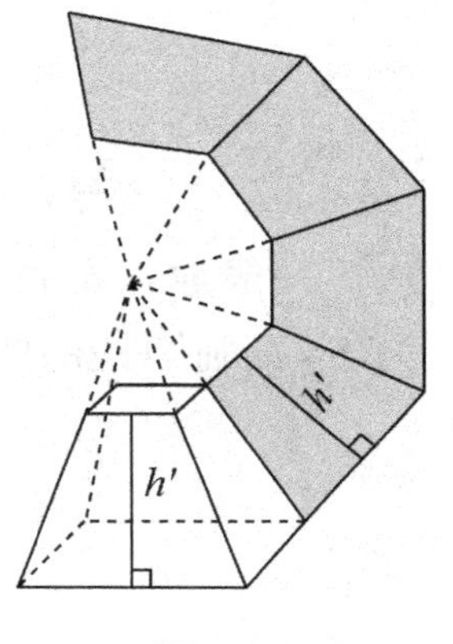

图 4-30

一般地，设正棱台的上底面周长为 c_1，下底面周长为 c_2，上底面的面积为 $S_{上}$，下底面的面积为 $S_{下}$，正棱台的高为 h，侧面梯形的高为 h'，则它的侧面积 $S_{侧}$、表面积 $S_{表}$、体积 V 的计算公式如下.

$$S_{侧}=\frac{1}{2}(c_1+c_2)h';$$

$$S_{表}=\frac{1}{2}(c_1+c_2)h'+S_{上}+S_{下};$$

$$V_{棱台}=\frac{1}{3}(S_{上}+S_{下}+\sqrt{S_{上}\cdot S_{下}})h.$$

4.3.2 旋转体的表面积和体积

1. 圆柱的表面积和体积

沿圆柱的一条母线和侧面与上、下底面的交线将圆柱剪开铺平，可以得到圆柱的侧面展开图是一个矩形，底面是两个全等的圆，这个长方形的长是圆柱底面圆的周长，宽是圆柱的高，如图 4-31 所示.

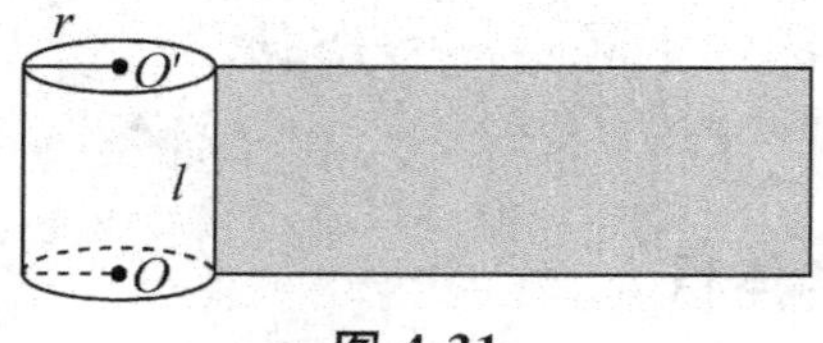

图 4-31

一般地，设底面半径为 r，底面周长为 c，母线长为 l，底面面积为 $S_{底}$，则圆柱的侧面积 $S_{侧}$、表面积 $S_{表}$、体积 V 的计算公式如下.

$$S_{侧}=cl=2\pi rl;$$

$$S_{表}=S_{侧}+2S_{底}=2\pi rl+2\pi r^2;$$

$$S_{圆柱}=S_{底}l=\pi r^2 l.$$

2. 圆锥的表面积和体积

沿圆锥的一条母线和侧面与下底面圆的交线将圆锥体剪开铺平，就得到圆锥的侧面展开图. 侧面展开图是由一个半径为圆锥的母线长，弧长等于圆锥底面圆的周长的扇形，如图 4-32 所示.

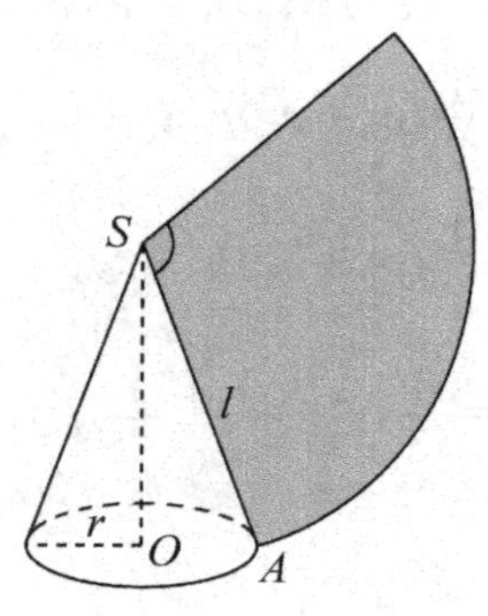

图 4-32

一般地，设圆锥底面半径为 r，底面周长为 c，母线长为 l，底面面积为 $S_{底}$，则圆锥的侧面积 $S_{侧}$、表面积 $S_{表}$、体积 V 的计算公式如下.

$$S_{侧}=\frac{1}{2}cl=\pi rl;$$

$$S_{表}=S_{侧}+S_{底}=\pi rl+\pi r^2;$$

$$V_{圆锥}=\frac{1}{3}S_{底}h=\frac{1}{3}\pi r^2h.$$

3. 圆台的表面积和体积

沿圆台的一条母线和侧面与上、下底面的交线将圆台剪开铺平，可以得到圆台的侧面展开图是一个扇环，如图 4-33 所示.

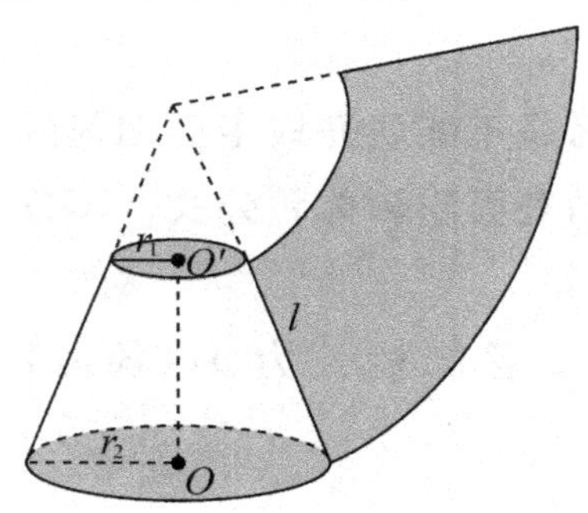

图 4-33

一般地，设圆台的上、下底面半径分别为 r_1，r_2，周长分别为 c_1，c_2，上底面的面积为 $S_{上}$，下底面的面积为 $S_{下}$，圆台的高为 h，侧面母线长为 l，则圆台的侧面积 $S_{侧}$、表面积为 $S_{表}$、体积 V 的计算公式如下.

$$S_{侧}=\frac{1}{2}(c_1+c_2)l=\pi(r_1+r_2)l;$$

$$S_{表}=\pi(r_1+r_2)l+S_{上}+S_{下};$$

$$V_{圆台}=\frac{1}{3}(S_{上}+S_{下}+\sqrt{S_{上}\cdot S_{下}})h.$$

4. 球的表面积和体积

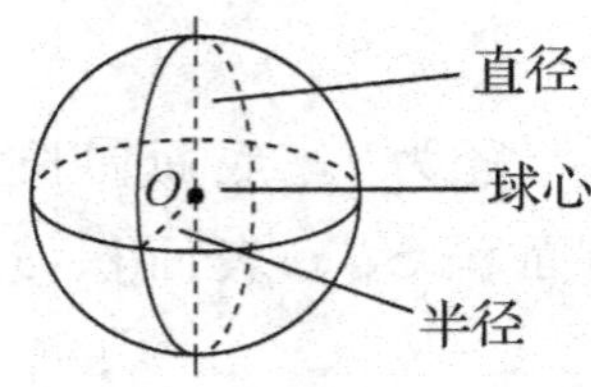

图 4-34

一般地，设球的半径为 R，则球的表面积为 $S_{球}$、球的体积为 $V_{球}$ 的计算公式如下.

$$S_{球}=4\pi R^2;$$

$$V_{球}=\frac{4}{3}\pi R^3.$$

小贴士：球面是不能展开成平面图形的，如图 4-34 所示．在这里我们只需记住球的表面积和体积公式，不作推导．

例 1 如图 4-35 所示，已知棱长为 a，各面均为等边三角形的四面体 S-ABC，求它的表面积.

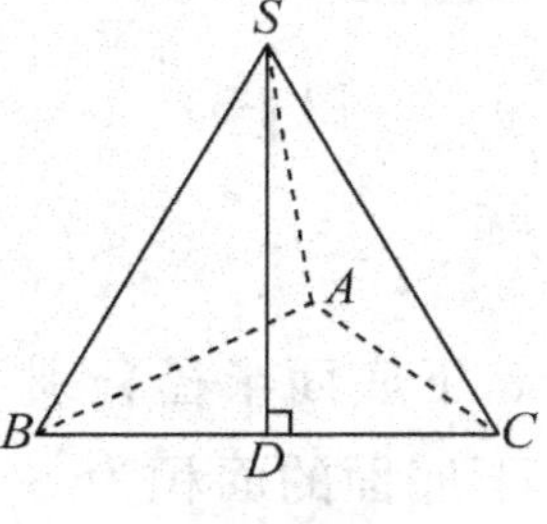

图 4-35

解 根据题意，我们作 $SD\perp BC$，垂足为 D，

$$SD=\sqrt{SB^2-BD^2}=\sqrt{a^2-\left(\frac{a}{2}\right)^2}=\frac{\sqrt{3}}{2}a,$$

$$S_{\triangle SBC}=\frac{1}{2}BC\cdot SD=\frac{1}{2}a\times\frac{\sqrt{3}}{2}a=\frac{\sqrt{3}}{4}a^2.$$

四面体 $S\text{-}ABC$ 的表面积为

$$S=4S_{\triangle SBC}=4\times\frac{\sqrt{3}}{4}a^2=\sqrt{3}a^2.$$

例 2 已知一圆锥的母线长为 5 cm，底面半径为 3 cm，求这个圆锥的体积.

解 设圆锥的高为 h，底面半径为 r，母线长为 l，体积为 V，则 $r^2+h^2=l^2$，即

$$3^2+h^2=5^2,$$

$$h=4(\text{cm}).$$

由圆锥的体积公式

$$V=\frac{1}{3}\pi r^2h,$$

可得 $$V=\frac{1}{3}\pi\cdot3^2\cdot4=12\pi(\text{cm}^3).$$

所以这个圆锥的体积是 $12\pi\ \text{cm}^3$.

思考题 4－3

1. 圆柱、圆锥、圆台三者的表面积公式之间有什么关系？
2. 等底面积、等高的两个柱体或椎体的体积相等吗？

课堂练习 4－3

1. 已知圆柱的底面半径为 3 cm，高为 5 cm，求它的表面积和体积.
2. 一个圆锥的底面积为 $16\pi\ \text{cm}^2$，圆锥的高为 3 cm，求圆锥的侧面展开图的圆心角和侧面积.
3. 圆台的高为 12，母线长为 13，两底面半径之比为 8∶3，求圆台的体积.
4. 一个正三棱锥的底面边长是 6，侧棱长是 $\sqrt{15}$，求这个正三棱锥的体积.
5. 一个正三棱台的上、下底面边长分别为 3 cm 和 6 cm，高是 $\frac{3}{2}$ cm，求这个正三棱台的侧面积.
6. 若一球的球面面积膨胀为原来的 2 倍，则体积变为原来的几倍？
7. 已知正六棱柱的底面边长为 8 cm，高为 15 cm，求这个正六棱柱的体积.

4.4 空间中点、直线、平面之间的位置关系

4.4.1 平面

在初中，我们主要学习了平面图形的性质．平面图形就是由同一平面内的点、线所构成的图形．平面图形以及我们学过的长方体、圆柱、圆锥等都是空间图形，空间图形就是由空间的点、线、面所构成的图形．这节课我们就来认识构成这些空间图形的基本元素及它们之间的关系和简单性质．

生活中常见的如黑板、平整的操场、桌面、平静的湖面等，都给我们以平面的印象，你们能举出更多例子吗？平面的特征是什么呢？这就是我们这节课所要学习的内容．

1. 平面的特征

平面是没有厚薄的，可以无限延伸，这是平面最基本的属性．一个平面把空间分成两个部分，一条直线把平面分成两个部分．

2. 平面的画法及其表示方法

在立体几何中，常用平行四边形表示平面．当平面水平放置时，通常把平行四边形的锐角画成45°，横边画成邻边的两倍．画两个平面相交时，当一个平面的一部分被另一个平面遮住时，应把被遮住的部分画成虚线或不画(图 4-36).

一般用希腊字母 α，β，γ，…来表示平面，且字母通常写在平行四边形的一个锐角内，如平面 α；还可用平行四边形的对角顶点的字母来表示，如平面 $ABCD$，或者用表示平行四边形的两个相对顶点的字母来表示，如平面 AC 等(图 4-37).

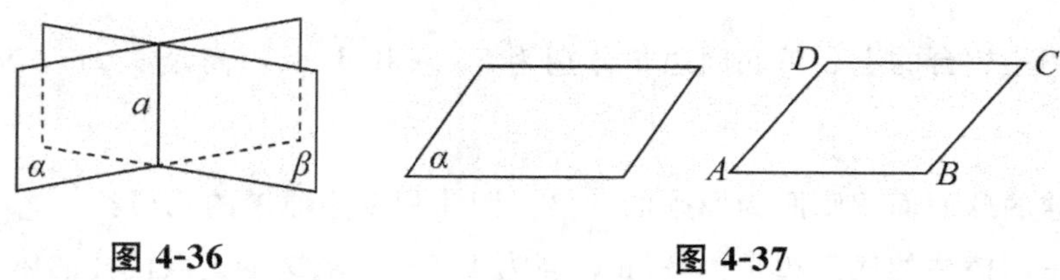

图 4-36　　图 4-37

空间图形的基本元素是点、直线、平面．从运动的观点看，点动成线，线动成面，从而可以把直线、平面看成点的集合，因此它们之间的关系除了用文字和图形表示外，还可借用集合中的符号语言来表示．规定：直线用两个大写

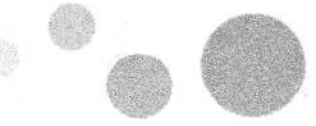

的英文字母或一个小写的英文字母表示，点用一个大写的英文字母表示，而平面则用一个小写的希腊字母表示．

点、线、面的基本位置关系如表 4-2 所示．

表 4-2

图形	符号语言	文字语言(读法)
	$A\in a$ $A\notin a$	点 A 在直线 a 上 点 A 不在直线 a 上
	$A\in\alpha$	点 A 在平面 α 内
	$A\notin\alpha$	点 A 不在平面 α 内
	$a\cap b=A$ $a\cap\alpha=A$	直线 a，b 交于点 A 直线 a 与平面 α 交于点 A
	$\alpha\cap\beta=l$	平面 α，β 相交于直线 l

集合中“$\in$”的符号只能用于点与直线，点与平面的关系，“$\subset$”和“$\cap$”的符号只能用于直线与直线、直线与平面、平面与平面的关系，虽然借用于集合符号，但在读法上仍用几何语言 $a\not\subset\alpha$(平面 α 外的直线 a)表示．$a\not\subset\alpha$(平面 α 外的直线 a)表示 $a\cap\alpha=\varnothing$或 $a\cap\alpha=A$.

3. 平面的基本性质

立体几何中有一些公理，构成一个公理体系. 人们经过长期的观察和实践，把平面的三条基本性质归纳成三条公理.

公理 1 如果一条直线上的两点在一个平面内，那么这条直线在此平面内(图 4-38).

符号语言：$A\in l$，$B\in l$，且 $A\in\alpha$，$B\in\alpha\Rightarrow l\in\alpha$.

公理 2 过不在一条直线上的三点，有且只有一个平面(图 4-39).

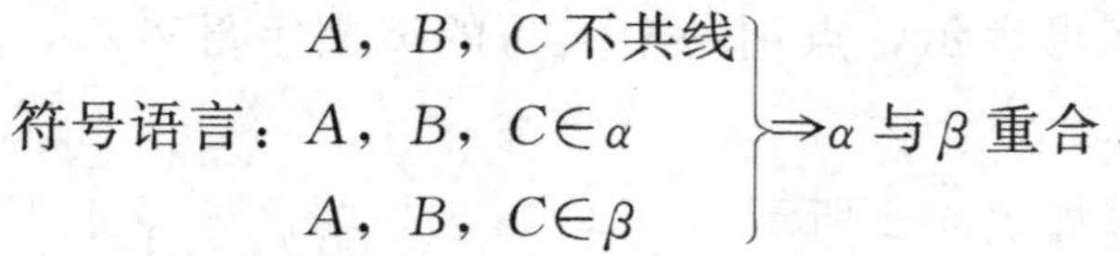

符号语言：$\left.\begin{array}{l}A, B, C\text{ 不共线}\\A, B, C\in\alpha\\A, B, C\in\beta\end{array}\right\}\Rightarrow\alpha$ 与 β 重合．

公理 3　如果两个不重合的平面有一个公共点，那么它们有且只有一条过该点的公共直线（两个平面的交线）（图 4-40）．

符号语言：$P\in\alpha$，且 $P\in\beta\Rightarrow\alpha\cap\beta=l$，$P\in l$.

推论：①经过一条直线和这条直线外一点，有且只有一个平面；

②经过两条相交直线，有且只有一个平面；

③经过两条平行直线，有且只有一个平面．

它们给出了确定一个平面的依据．

定理 1（平行线的传递性，公理 4）平行于同一直线的两条直线互相平行．

符号语言：$a/\!/l$，且 $b/\!/l\Rightarrow a/\!/b$.

定理 2（等角定理）如果一个角的两边和另一个角的两边分别平行并且方向相同，那么这两个角相等.

定理 3　空间中如果一个角的两边分别与另一个角的两边分别平行，那么这两个角相等或互补.

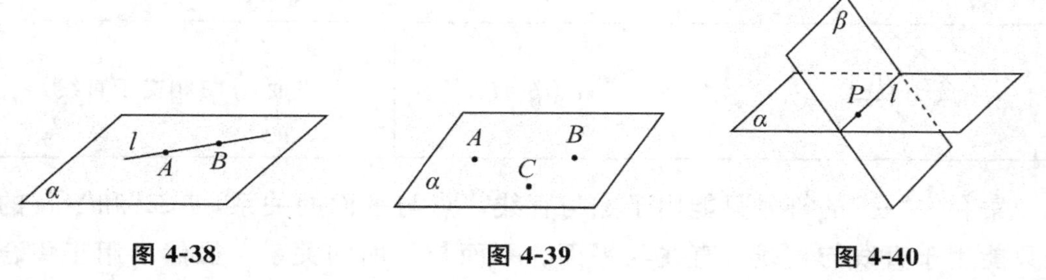

图 4-38　　图 4-39　　图 4-40

4.4.2　空间中直线与直线的位置关系

在浩瀚的夜空，两颗流星飞逝而过（假设它们的轨迹为直线），请同学们讨论这两条直线的位置关系．这两条直线的位置关系有可能平行，也有可能相交，还有一种位置关系既不平行也不相交，就像教室内的日光灯管所在的直线与黑板的左右两侧所在的直线一样．像这样的两条直线的位置关系还可以举出很多，又如学校的旗杆所在的直线与其旁边公路所在的直线，它们既不相交，也不平行，即不能处在同一平面内．这节课我们讨论空间中直线与直线的位置关系．

异面直线及夹角：把不在任何一个平面内的两条直线叫作异面直线(图 4-41). 已知两条异面直线 a，b，经过空间任意一点 O 作直线 $a' /\!/ a$，$b' /\!/ b$，我们把 a' 与 b' 所成的角(或直角)叫异面直线 a，b 所成的夹角 .

两条异面直线所成角 θ 的取值范围是 $0<\theta\leqslant 90°$，当两条异面直线所成的角是直角时，我们就说这两条异面直线互相垂直，记作 $a\perp b$；两条直线互相垂直，有共面垂直与异面垂直两种情形 . 计算中，通常把两条异面直线所成的角转化为两条相交直线所成的角(图 4-42).

直线与直线的位置关系，如图 4-43 所示 .

直线与直线之间的位置关系：
- 共面直线：
  - 相交直线：同一平面内，有且只有一个公共点
  - 平行直线：同一平面内，没有公共点
- 异面直线：不同在任何一个平面内，没有公共点

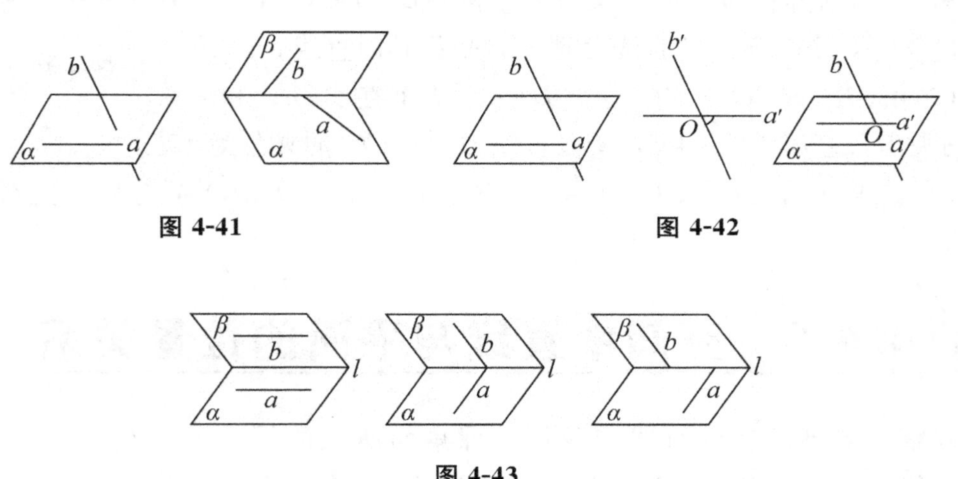

图 4-41

图 4-42

图 4-43

例 1 如图 4-44 所示，空间四边形 $ABCD$ 中，E，F，G，H 分别是 AB，BC，CD，DA 的中点 .

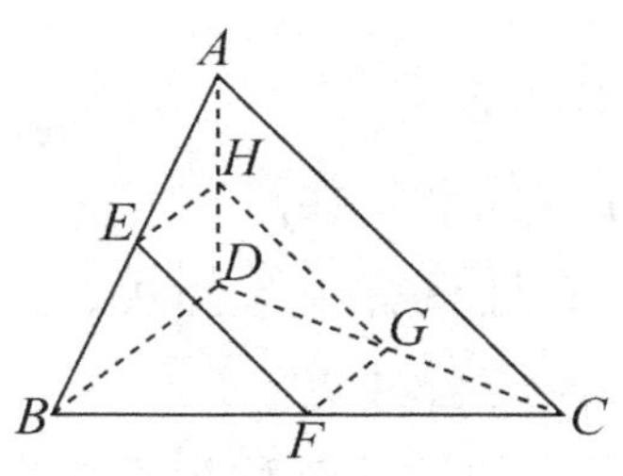

图 4-44

求证：四边形 $EFGH$ 是平行四边形 .

证明 连接 EH，因为 EH 是 $\triangle ABD$ 的中位线，

所以 $EH /\!/ BD$，且 $EH=\frac{1}{2}BD$.

同理，$FG /\!/ BD$，且 $FG=\frac{1}{2}BD$.

所以 $EH /\!/ FG$，且 $EH=FG$.

所以四边形 $EFGH$ 为平行四边形.

例 2 如图 4-45 所示，已知正方体 $ABCD\text{-}A'B'C'D'$.

(1)哪些棱所在的直线与直线 BA' 是异面直线？

(2)直线 BA' 和 CC' 的夹角是多少？

(3)哪些棱所在的直线与直线 AA' 垂直？

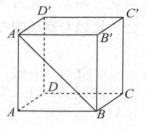

解 (1)由异面直线的定义可知，棱 AD，DC，CC'，DD'，$D'C'$，$B'C'$ 所在的直线分别与 BA' 是异面直线.

图 4-45

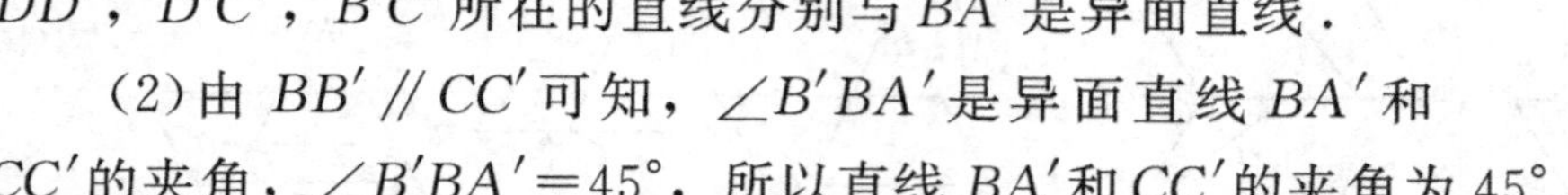

(2)由 $BB' /\!/ CC'$ 可知，$\angle B'BA'$ 是异面直线 BA' 和 CC' 的夹角，$\angle B'BA'=45°$，所以直线 BA' 和 CC' 的夹角为 45°.

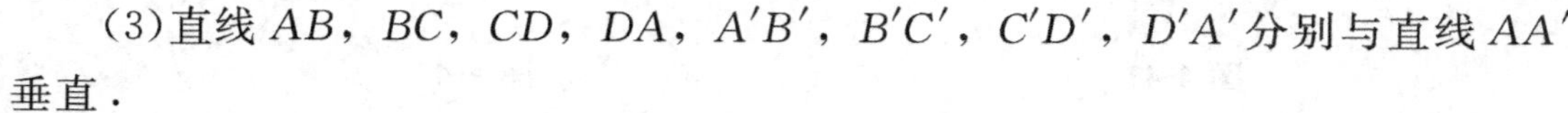

(3)直线 AB，BC，CD，DA，$A'B'$，$B'C'$，$C'D'$，$D'A'$ 分别与直线 AA' 垂直.

4.4.3 空间中直线与平面的位置关系

观察一支笔所在的直线与我们的课桌面所在的平面，可能有几个交点？可能有几种位置关系？观察长方体(图 4-46)，你能发现长方体 $ABCD\text{-}A'B'C'D'$ 中，线段 $A'B$ 所在的直线与长方体 $ABCD\text{-}A'B'C'D'$ 的六个面所在的平面有几种位置关系？

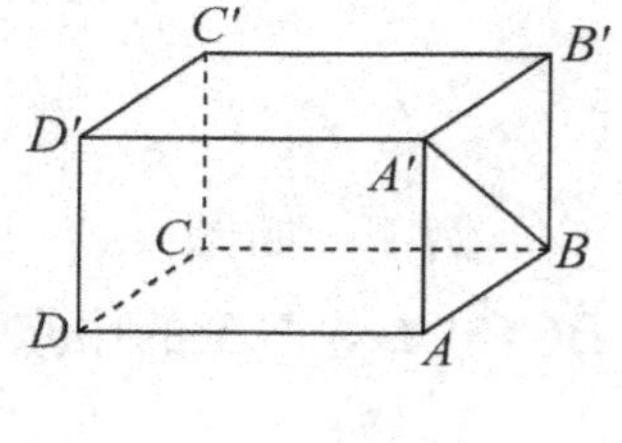

图 4-46

直线与平面有三种位置关系：

(1)直线在平面内——有无数个公共点；

(2)直线与平面相交——有且只有一个公共点；

(3)直线在平面平行——没有公共点.

注：直线与平面相交或平行的情况统称为直线在平面外，可用 $a\not\subset\alpha$ 来表示.

直线与平面所成角 θ 的取值范围是 $0\leqslant\theta\leqslant 90°$.

拿出两本书，看作两个平面，上下、左右移动和翻转，它们之间的位置关系有几种？观察长方体(图 4-47)，围成长方体 $ABCD\text{-}A'B'C'D'$ 的六个面，两

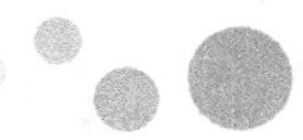

两之间的位置关系有几种？

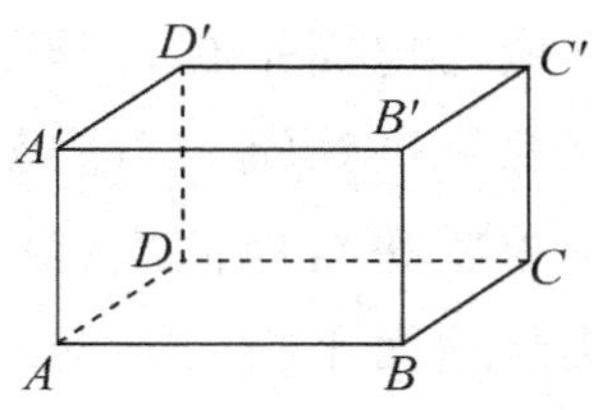

图 4-47

平面与平面有两种位置关系：

(1)两个平面平行——没有公共点；

(2)两个平面相交——有且只有一条公共直线．

空间中直线与平面、平面与平面的位置关系如表 4-3 所示．

表 4-3

直线在平面内	$a\subset\alpha$	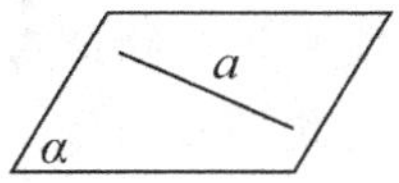
直线与平面相交	$a\cap\alpha=A$	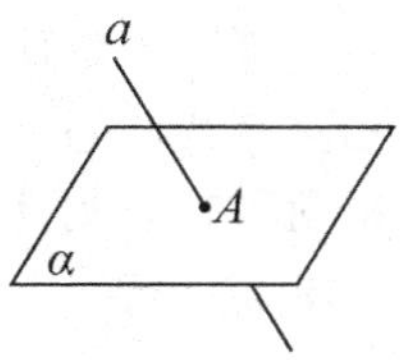
直线与平面平行	$a/\!/\alpha$	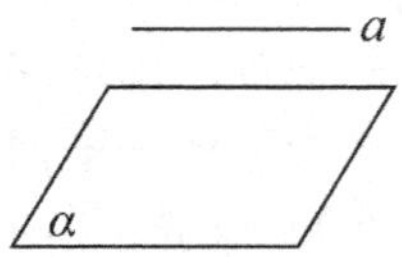
平面与平面平行	$\alpha/\!/\beta$	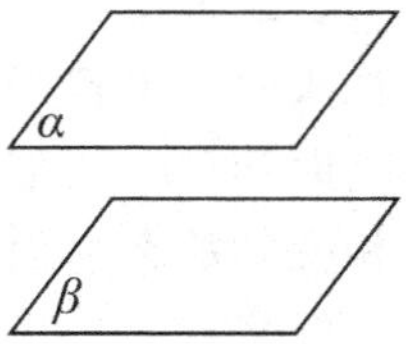
平面与平面相交	$\alpha\cap\beta=l$	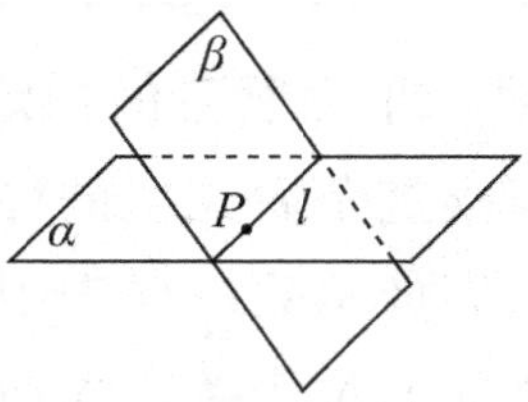

1. 直线、平面平行的判定及其性质

教室内日光灯管所在的直线与地面平行，是不是地面内的所有直线都与日光灯管所在的直线平行？大家都见过蜻蜓和直升机在天空飞翔，蜻蜓的翅膀可以看作两条平行直线，当蜻蜓的翅膀与地面平行时，蜻蜓所在的平面是否与地面平行？直升机的所有螺旋桨与地面平行时，能否判定螺旋桨所在的平面与地面平行？三角板的一条边所在直线与桌面平行，这个三角板所在的平面与桌面平行吗？三角板的两条边所在直线分别与桌面平行，情况又如何呢？

判定及其性质定理如表 4-4 所示．

表 4-4

定理	定理内容	符号表示	解决问题的常用方法
直线与平面平行的判定	平面外的一条直线与平面内的一条直线平行，则该直线与此平面平行	$a\not\subset\alpha$，$b\subset\alpha$，且 $a/\!/b$ $\Rightarrow a/\!/\alpha$	在已知平面内“找出”一条直线与已知直线平行就可以判定直线与平面平行．即将“空间问题”转化为“平面问题”
平面与平面平行的判定	一个平面内的两条相交直线与另一个平面平行，则这两个平面平行	$a\subset\beta$，$b\subset\beta$，$a\cap b=P$，$a/\!/\alpha$，$b/\!/\alpha$ $\Rightarrow\beta/\!/\alpha$	判定的关键：在一个已知平面内“找出”两条相交直线与另一平面平行．即将“面面平行问题”转化为“线面平行问题”
直线与平面平行的性质	一条直线与一个平面平行，则过这条直线的任一平面与此平面的交线与该直线平行	$a/\!/\alpha$，$a\subset\beta$，$\alpha\cap\beta=b$ $\Rightarrow a/\!/b$	
平面与平面平行的性质	如果两个平行平面同时和第三个平面相交，那么它们的交线平行	$\alpha/\!/\beta$，$\alpha\cap\gamma=a$，$\beta\cap\gamma=b$ $\Rightarrow a/\!/b$	

2. 直线、平面垂直的判定及其性质

大家都读过茅盾先生的《白杨礼赞》，在广阔的西北平原上，矗立着一排排白杨树，它们像哨兵一样守卫着祖国疆土．一排排的白杨树，都垂直于地面，那么它们之间的位置关系如何呢？

为了解决实际问题，人们需要研究两个平面所成的角．修筑水坝时，为了使水坝坚固耐用必须使水坝面与水平面成适当的角度；发射人造地球卫星时，使卫星轨道平面与地球赤道平面成一定的角度．为此，我们引入二面角的概念，研究两个平面所成的角．我们知道随着门的开启，其所在平面与墙所在平面的相交程度在变，怎样描述这种变化呢？今天我们一起来探究两个平面所成角的问题．

直线与平面垂直：如果直线 l 与平面 α 内的任意一条直线都垂直，我们就说直线 l 与平面 α 垂直，记作 $l\perp\alpha$. 直线 l 叫作平面 α 的垂线，平面 α 叫作直线 l 的垂面．直线与平面的公共点 P 叫作垂足．

二面角的定义：从一条直线出发的两个半平面所组成的图形叫作二面角．这条直线叫作二面角的棱，这两个半平面叫作二面角的面．

二面角常用直立式和平卧式两种画法(图 4-48).

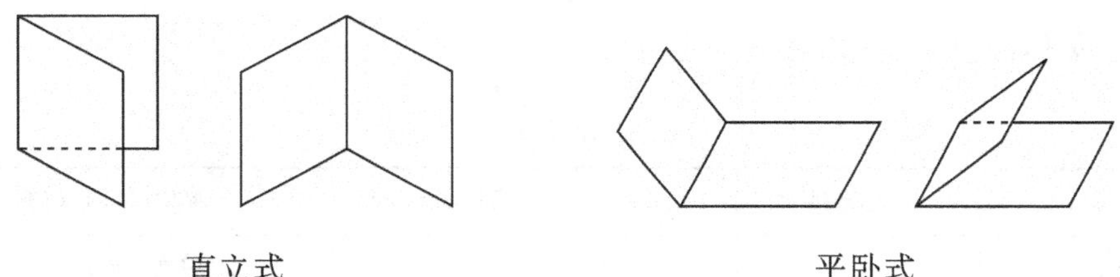

图 4-48

二面角的表示方法：如图 4-49 所示，棱为 AB，面为 α，β 的二面角，记作二面角 α-AB-β. 有时为了方便也可在 α，β 内(棱以外的半平面部分)分别取点 P，Q，将这个二面角记作二面角 P-AB-Q. 如果棱为 l，则这个二面角记作 α-l-β 或 P-l-Q.

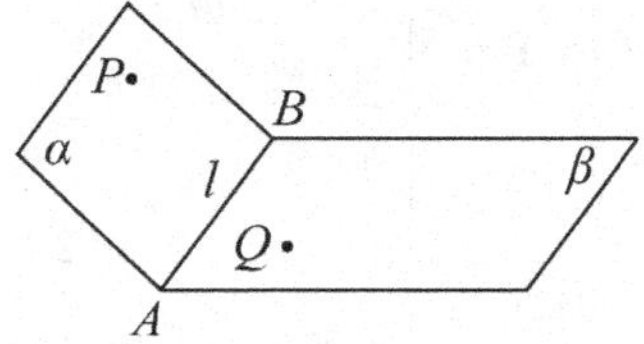

图 4-49

二面角的平面角的概念：以二面角的棱上任意一点为端点，在两个面内分别作垂直于棱的两条射线，这两条射线所成的角叫作二面角的平面角(图 4-50).

直二面角的定义：二面角的大小可以用它的平面角来度量，二面角的平面角是多少度，就说二面角是多少度．平面角是直角的二面角叫作直二面角．

例如，教室的墙面与地面，一个正方体中每相邻的两个面、课桌的侧面与地面都是互相垂直的．两个平面互相垂直的概念与平面几何里两条直线互相垂直的概念相类似，也是用它们所成的角为直角来定义．二面角既可以为锐角，也可以为钝角，特殊情形又可以为直角．二面角的取值范围是 $0\leqslant\theta<180^{\circ}$，如果两个平面垂直，那么就称为直二面角．

两个平面互相垂直的定义可表述为：如果两个相交平面所成的二面角为直二面角，那么这两个平面互相垂直．

直二面角的画法如图 4-51 所示．

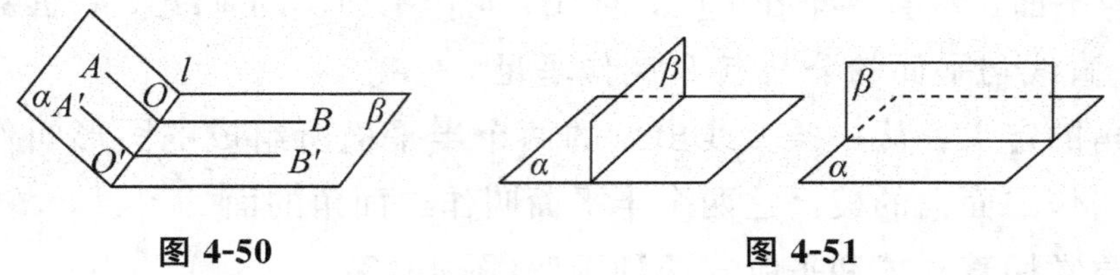

图 4-50　　图 4-51

判定及其性质定理如表 4-5 所示.

表 4-5

定理	定理内容	符号表示	解决问题的常用方法
直线与平面垂直的判定	一条直线与一个平面内的两条相交直线垂直，则该直线与此平面垂直	m，$n\in\alpha$，$m\cap n=P$，且 $a\perp m$，$a\perp n$ $\Rightarrow a\perp\alpha$	在已知平面内“找出”两条相交直线与已知直线垂直就可以判定直线与平面垂直．即将“线面垂直”转化为“线线垂直”
平面与平面垂直的判定	一个平面过另一平面的垂线，则这两个平面垂直	$a\subset\beta$，$a\perp\alpha\Rightarrow\beta\perp\alpha$（满足条件且与 α 垂直的平面 β 有无数个）	判定的关键：在一个已知平面内“找出”两条相交直线与另一平面平行．即将“面面平行问题”转化为“线面平行问题”
直线与平面垂直的性质	同垂直于一个平面的两条直线平行	$a\perp\alpha$，$b\perp\alpha\Rightarrow a/\!/b$	
平面与平面垂直的性质	两个平面垂直，则一个平面内垂直于交线的直线与另一个平面垂直	$\alpha\perp\beta$，$\alpha\cap\beta=l$，$a\subset\beta$，$a\perp l\Rightarrow a\perp\alpha$	解决问题时，常添加的辅助线是在一个平面内作两平面交线的垂线

例 3　如图 4-52 所示，点 E，H 分别是空间四边形 $ABCD$ 的边 AB，AD 的中点，平面 α 过 EH 分别交 BC，CD 于点 F，G. 求证：$EH/\!/FG$.

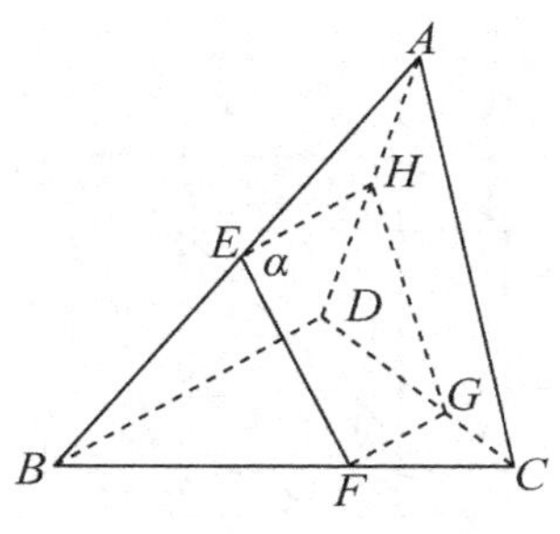

图 4-52

证明 如图 4-52 所示，连接 EH，因为点 E，H 分别是 AB，AD 的中点，所以 $EH /\!/ BD$.

又因为 $BD \subset$ 平面 BCD，$EH \not\subset$ 平面 BCD，

所以 $EH /\!/$ 平面 BCD.

又因为 $EH \subset \alpha$，$\alpha \cap$ 平面 $BCD = FG$，

所以 $EH /\!/ FG$.

例 4 如图 4-53 所示，在长方体 $ABCD\text{-}A_1B_1C_1D_1$ 中，点 E，F 分别是棱 AA_1 和棱 CC_1 的中点．求证：$EB_1 /\!/ DF$，$ED /\!/ B_1F$.

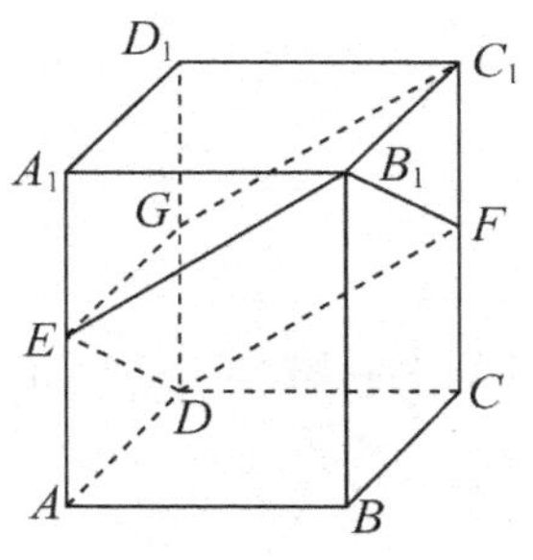

图 4-53

证明 如图 4-53 所示，设点 G 是 DD_1 的中点，分别连接 EG，GC_1.

$\because EG \underline{/\!/} A_1D_1$，$B_1C_1 \underline{/\!/} A_1D_1$，

$\therefore EG \underline{/\!/} B_1C_1$，四边形 EB_1C_1G 是平行四边形，

$\therefore EB_1 \underline{/\!/} GC_1$.

同理可证 $DF \underline{/\!/} GC_1$，$\therefore EB_1 \underline{/\!/} DF$.

$\therefore$ 四边形 EB_1FD 是平行四边形．

$\therefore ED /\!/ B_1F$.

例 5 如图 4-54 所示，已知正方体 $ABCD\text{-}A_1B_1C_1D_1$，求证：平面 $AB_1D_1 /\!/$ 平

面 BDC_1.

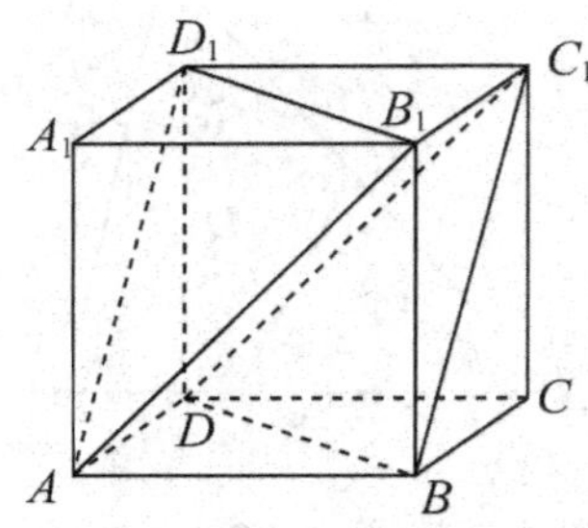

图 4-54

证明 $\because ABCD\text{-}A_1B_1C_1D_1$为正方体，

$\therefore D_1C_1 /\!/ A_1B_1$，$D_1C_1 = A_1B_1$.

又$\because AB /\!/ A_1B_1$，$AB = A_1B_1$，

$\therefore D_1C_1 /\!/ AB$，$D_1C_1 = AB$.

$\therefore$四边形 ABC_1D_1为平行四边形．

$\therefore AD_1 /\!/ BC_1$.

又$\because AD_1 \subset$平面 AB_1D_1，$BC_1 \not\subset$平面 AB_1D_1，

$\therefore BC_1 /\!/$平面 AB_1D_1.

同理，$BD /\!/$平面 AB_1D_1.

又$\because BD \cap BC_1 = B$，

$\therefore$平面 $AB_1D_1 /\!/$平面 BDC_1.

例 6 如果两个平面分别平行于第三个平面，那么这两个平面互相平行．即已知 $\alpha /\!/ \beta$，$\gamma /\!/ \beta$，求证：$\alpha /\!/ \gamma$.

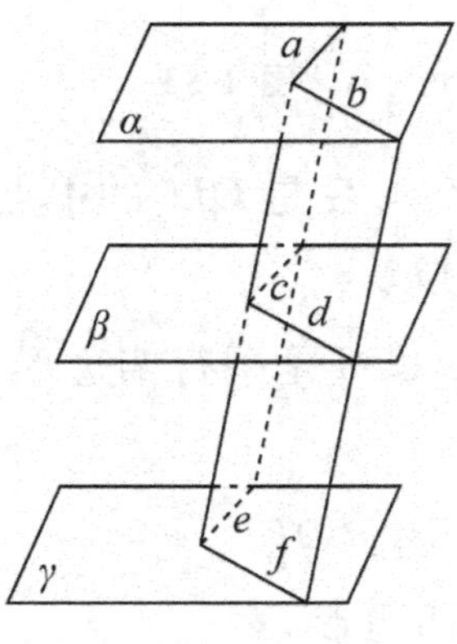

图 4-55

证明 如图 4-55 所示，作两个相交平面分别与 α，β，γ 交于 a，c，e 和 b，

d，f.

$$\left.\begin{array}{l}\alpha /\!/ \beta \Rightarrow \begin{cases} a /\!/ c \\ b /\!/ d \end{cases} \\ \beta /\!/ \gamma \Rightarrow \begin{cases} c /\!/ e \\ d /\!/ f \end{cases}\end{array}\right\} \Rightarrow \left\{\begin{array}{l} a /\!/ e \Rightarrow a /\!/ \gamma \\ b /\!/ f \Rightarrow b /\!/ \gamma \end{array}\right\} \Rightarrow \alpha /\!/ \gamma.$$

例 7 如图 4-56 所示，$\odot O$ 在平面 α 内，AB 是 $\odot O$ 的直径，$PA\perp\alpha$，C 为圆周上不同于 A，B 的任意一点．求证：平面 $PAC\perp$ 平面 PBC.

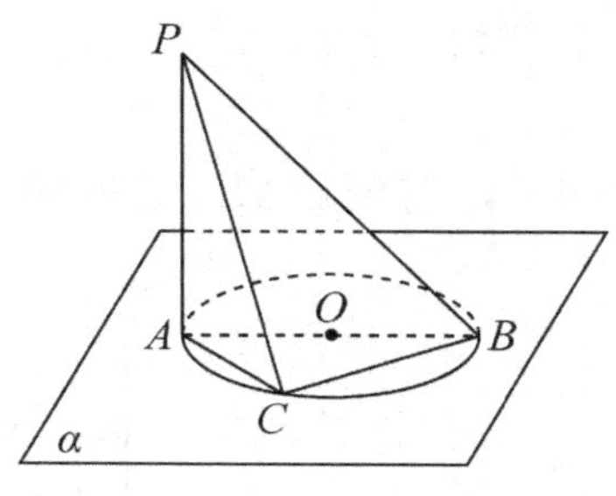

图 4-56

证明 设 $\odot O$ 所在平面为 α，由已知条件，$PA\perp\alpha$，$BC\subset\alpha$，

$\therefore PA\perp BC$.

$\because C$ 为圆周上不同于 A，B 的任意一点，AB 是 $\odot O$ 的直径，

$\therefore BC\perp AC$.

又 $\because PA$ 与 AC 是 $\triangle PAC$ 所在平面内的两条相交直线，

$\therefore BC\perp$ 平面 PAC.

$\because BC\subset$ 平面 PBC，

$\therefore$ 平面 $PAC\perp$ 平面 PBC.

例 8 如图 4-57 所示，把等腰 $\mathrm{Rt}\triangle ABC$ 沿斜边 AB 旋转至 $\triangle ABD$ 的位置，使 $CD=AC$. 求证：平面 $ABD\perp$ 平面 ABC.

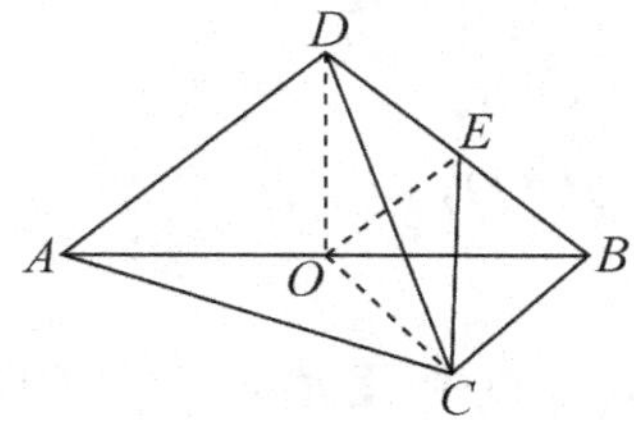

图 4-57

证明 由题设知 $AD=CD=BD$，

作 $DO\perp$ 平面 ABC，O 为垂足，则 $OA=OB=OC$.

$\therefore O$ 是 $\triangle ABC$ 的外心，即 AB 的中点.

$\therefore O\in AB$，即 $O\in$ 平面 ABD.

$\therefore OD\subset$ 平面 ABD.

$\therefore$ 平面 $ABD\perp$ 平面 ABC.

例 9　如图 4-58 所示，$PA\perp$ 矩形 $ABCD$ 所在的平面，M，N 分别是 AB，PC 的中点.

(1)求证：$MN\parallel$ 平面 PAD；

(2)求证：$MN\perp CD$；

(3)若二面角 $P\text{-}DC\text{-}A=45°$，求证：$MN\perp$ 平面 PDC.

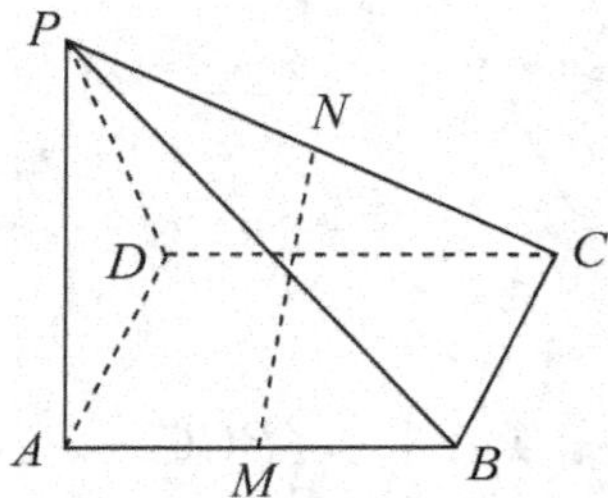

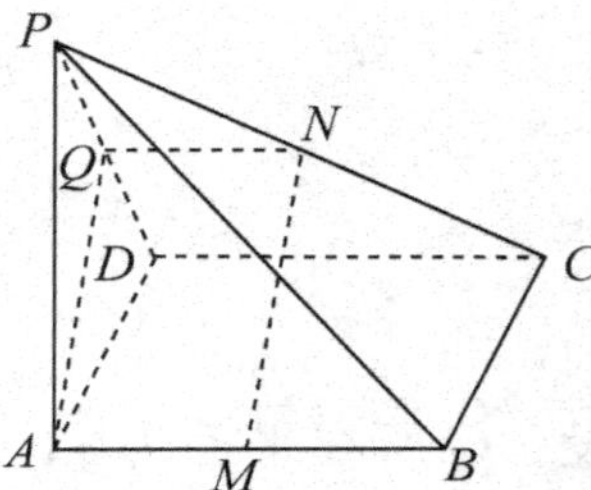

图 4-58

证明　(1)取 PD 的中点 Q，连接 AQ，NQ，则 $QN \underline{\underline{\parallel}} \frac{1}{2}DC$，$AM \underline{\underline{\parallel}} \frac{1}{2}DC$，

$\therefore QN \underline{\underline{\parallel}} AM$.

$\therefore$ 四边形 $AMNQ$ 是平行四边形，$\therefore MN\parallel AQ$.

又 $\because MN\not\subset$ 平面 PAD，$AQ\subset$ 平面 PAD，$\therefore MN\parallel$ 平面 PAD.

(2) $\because PA\perp$ 平面 $ABCD$，$\therefore PA\perp CD$.

又 $\because CD\perp AD$，$PA\cap AD=A$，$\therefore CD\perp$ 平面 PAD.

又 $\because AQ\subset$ 平面 PAD，$\therefore CD\perp AQ$.

又 $\because AQ\parallel MN$，$\therefore MN\perp CD$.

(3)由(2)知，$CD\perp$ 平面 PAD，

$\therefore CD\perp AD$，$CD\perp PD$.

$\therefore \angle PDA$ 是二面角 $PDCA$ 的平面角，$\therefore \angle PDA=45°$.

又 $\because PA\perp$ 平面 $ABCD$，$\therefore PA\perp AD$，$\therefore AQ\perp PD$.

又 $\because MN\parallel AQ$，$\therefore MN\perp CD$.

又 $\because MN\perp PD$，$\therefore MN\perp$ 平面 PDC.

例 10 如图 4-59 所示，已知直四棱柱 $ABCD\text{-}A_1B_1C_1D_1$ 的底面是菱形，且 $\angle DAB=60°$，$AD=AA_1$，点 F 为棱 BB_1 的中点，点 M 为线段 AC_1 的中点．

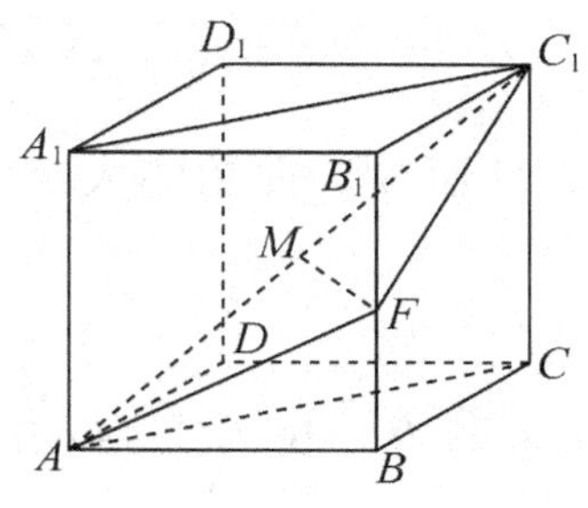

图 4-59

(1)求证：直线 $MF/\!/$平面 $ABCD$；

(2)求证：平面 $AFC_1\perp$平面 ACC_1A_1；

(3)求平面 AFC_1 与平面 $ABCD$ 所成二面角的大小．

(1)**证明** 延长 C_1F 交 CB 的延长线于点 N，连接 AN.

∵F 是 BB_1 的中点，

∴F 为 C_1N 的中点，B 为 CN 的中点．

又∵M 是线段 AC_1 的中点，故 $MF/\!/AN$.

又∵$MF\not\subset$平面 $ABCD$，$AN\subset$平面 $ABCD$，

∴$MF/\!/$平面 $ABCD$.

(2)**证明** 连接 BD，由直四棱柱 $ABCD-A_1B_1C_1D_1$，可知 $AA_1\perp$平面 $ABCD$，

又∵$BD\subset$平面 $ABCD$，∴$A_1A\perp BD$.

∵四边形 $ABCD$ 为菱形，∴$AC\perp BD$.

又∵$AC\cap A_1A=A$，AC，$A_1A\subset$平面 ACC_1A_1，

∴$BD\perp$平面 ACC_1A_1.

在四边形 $DANB$ 中，$DA/\!/BN$，且 $DA=BN$，

∴四边形 $DANB$ 为平行四边形．

故 $NA/\!/BD$，∴$NA\perp$平面 ACC_1A_1.

又∵$NA\subset$平面 AFC_1，

∴平面 $AFC_1\perp$平面 ACC_1A_1.

(3)**解** 由(2)知 $BD\perp$平面 ACC_1A_1，

又∵$AC_1\subset$平面 ACC_1A_1，∴$BD\perp AC_1$.

∵$BD/\!/NA$，∴$AC_1\perp NA$.

又∵$BD\perp AC$，可知$NA\perp AC$，

∴$\angle C_1AC$就是平面AFC_1与平面$ABCD$所成二面角的平面角或补角．

在$Rt\triangle C_1AC$中，$\tan\angle C_1AC=\dfrac{C_1C}{CA}=\dfrac{1}{\sqrt{3}}$，故$\angle C_1AC=30°$.

∴平面AFC_1与平面$ABCD$所成二面角的大小为$30°$或$150°$.

思考题4－4

1．如图4-60所示的一块木料中，棱$BC//$平面$A'C'$.

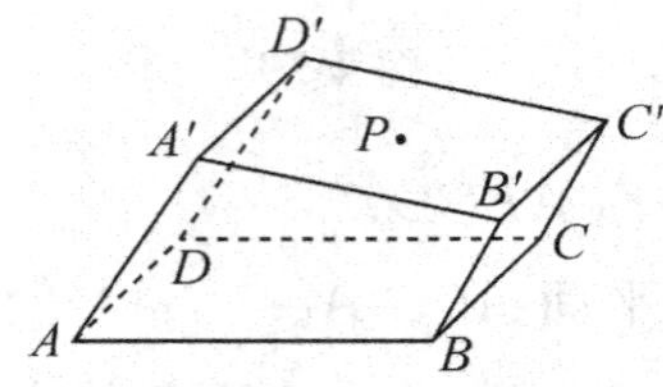

图4-60

(1)要经过面$A'C'$内的一点P和棱BC将木料锯开，应怎样画线？

(2)所画的线与平面AC是什么位置关系？

2．如果两个相交平面分别经过两条平行直线中的一条，那么它们的交线和这条直线平行吗？

课堂练习4－4

1．如图4-61所示，在四棱锥P-$ABCD$中，底面$ABCD$为直角梯形，且$AD//BC$，$\angle ABC=90°$，设侧棱PA的中点是E，求证：$BE//$平面PCD.

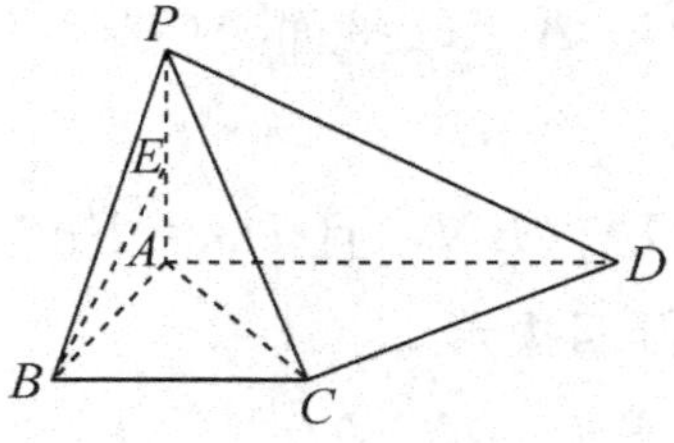

图4-61

2．如图4-62所示，在直四棱柱$ABCD$-$A_1B_1C_1D_1$中，底面$ABCD$为等腰梯形，$AB//CD$，$AB=4$，$BC=CD=2$，$AA_1=2$，点E，E_1分别是棱AD，AA_1的中点．设点F是棱AB的中点，证明：直线$EE_1//$平面FCC_1.

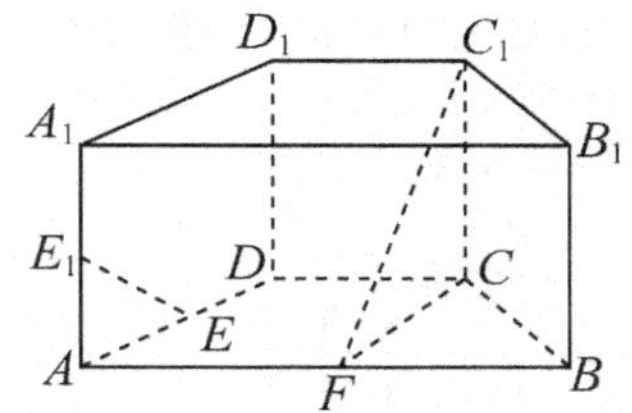

图 4-62

3. 如图 4-63 所示，已知 $AB\perp$ 平面 ACD，$DE /\!/ AB$，$\triangle ACD$ 是正三角形，$AD=DE=2AB$，且 F 是 CD 的中点．求证：$AF /\!/$ 平面 BCE.

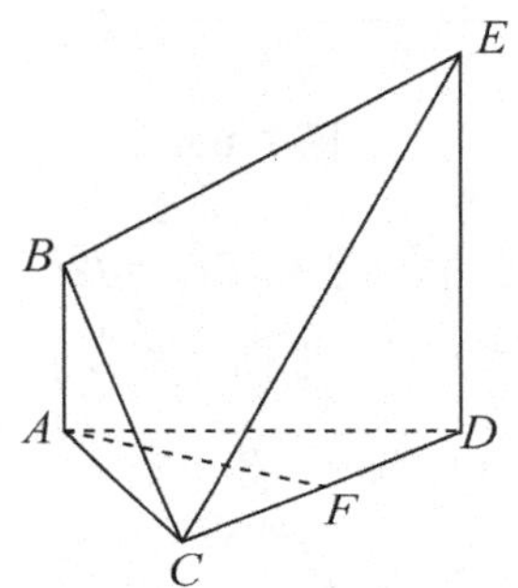

图 4-63

4. 如图 4-64 所示，四棱锥 $P-ABCD$ 的底面是直角梯形，$AB /\!/ CD$，$AB\perp AD$，$\triangle PAB$ 和 $\triangle PAD$ 是两个边长为 2 的正三角形，$DC=4$，O 为 BD 的中点，E 为 PA 的中点．求证：$OE /\!/$ 平面 PDC.

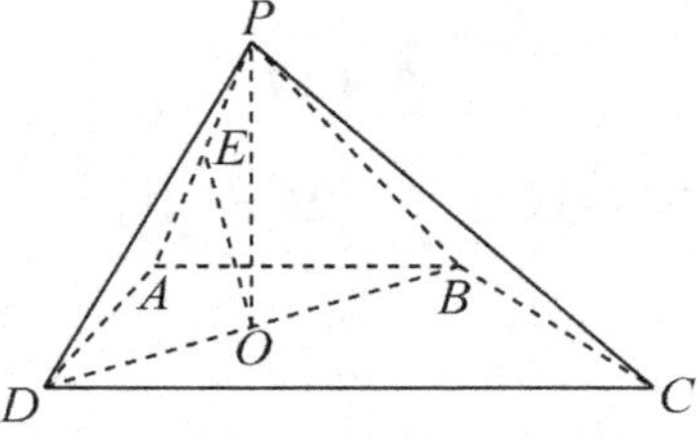

图 4-64

5. 如图 4-65 所示，$\text{Rt}\triangle ABC$ 所在平面外一点 S 满足：$SA=SB=SC$．点 S 与斜边 AC 中点 D 连线 $SD\perp$ 平面 ABC，若直角边 $BA=BC$．求证：$BD\perp$ 平面 SAC.

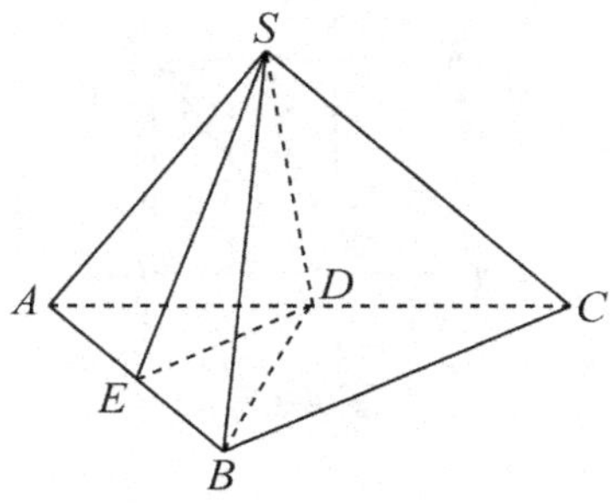

图 4-65

6. 如图 4-66 所示，多面体 $EFABCD$ 中，底面 $ABCD$ 是正方形，$AF\perp$ 平面 $ABCD$，$DE /\!/ AF$. 证明：$BE\perp AC$.

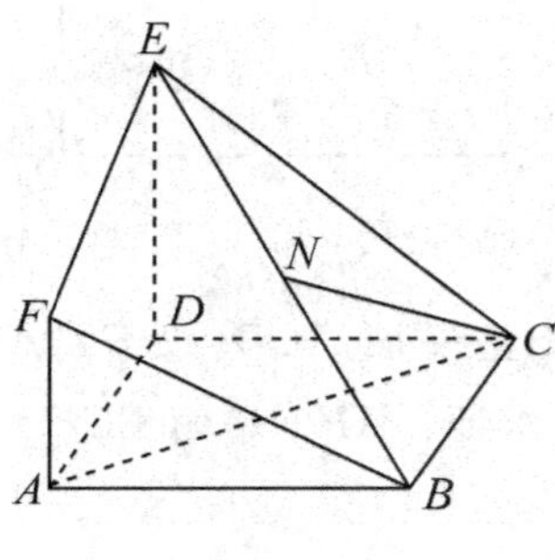

图 4-66

7. 如图 4-67 所示，在圆锥 PO 中，已知 $PO=\sqrt{2}$，$\odot O$ 的直径 $AB=2$，C 是 $\overset{\frown}{AB}$ 的中点，D 是 AC 的中点. 证明：平面 $POD\perp$ 平面 PAC.

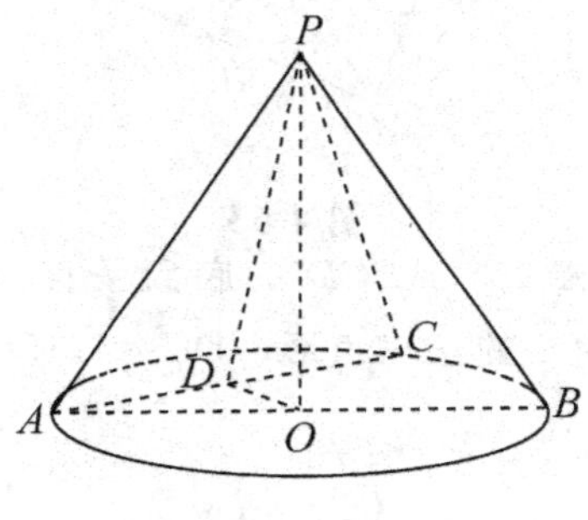

图 4-67

8. 如图 4-68 所示，在直三棱柱 $ABC\text{-}A_1B_1C_1$ 中，$AC=3$，$BC=4$，$AB=5$，$AA_1=4$，点 D 是 AB 的中点.

(1)求证：$AC\perp BC_1$；

(2)求证：$AC_1 /\!/$ 平面 CDB_1；

(3)求二面角 $C_1\text{-}AB\text{-}C$ 的余弦值.

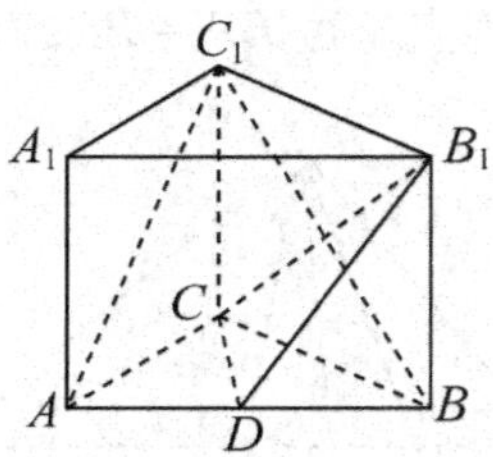

图 4-68

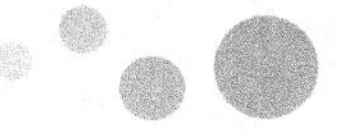

本章小结

知识框架

- 空间几何体
  - 结构特征
    - 多面体
      - 棱柱
      - 棱锥
      - 棱台
    - 旋转体
      - 圆柱
      - 圆锥
      - 圆台
      - 球
  - 三视图与直观图
    - 三视图
    - 直观图
  - 表面积与体积
    - 正棱柱
    - 正棱锥
    - 正棱台
    - 圆柱
    - 圆锥
    - 圆台
    - 球

- 立体几何理论体系
  - 平面的基本性质
    - 公理 1
    - 公理 2
    - 公理 3
    - 推论 1
    - 推论 2
  - 空间两条直线
    - 空间两条直线的位置关系
    - 平行直线
    - 异面直线
  - 空间直线与平面
    - 直线在平面内
    - 直线与平面平行
    - 直线与平面相交
      - 特殊：直线与平面垂直
      - 一般：直线与平面成角
  - 空间两个平面
    - 两个平面平行
    - 两个平面相交
      - 特殊：两个平面互相垂直
      - 一般：二面角

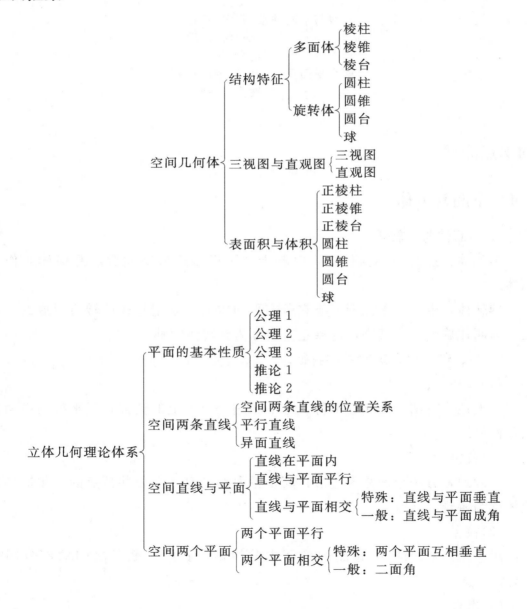

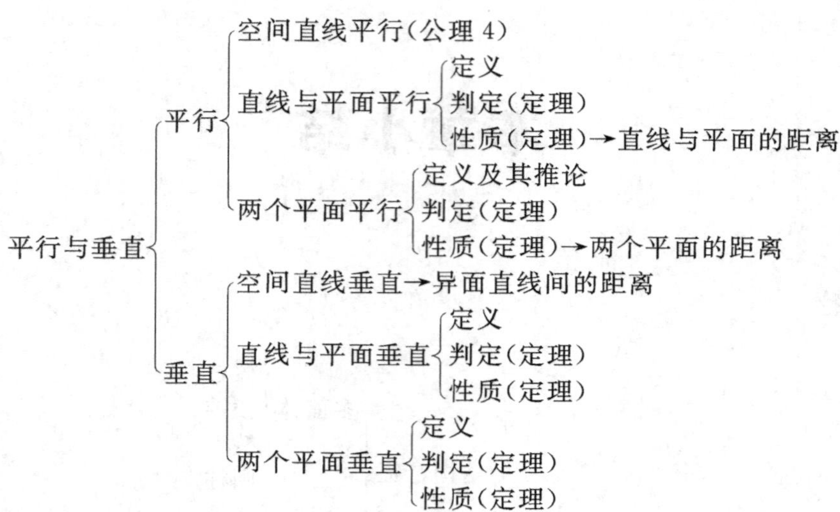

知识点梳理

4.1 空间几何体

1. 多面体与旋转体.

多面体：在空间几何体中，由若干个平面多边形所围成的几何体叫作多面体.

旋转体：由一个平面图形绕它所在平面内的一条定直线旋转所形成的封闭几何体叫作旋转体. 其中，这条定直线称为旋转体的轴.

2. 柱、锥、台、球的结构特征.

(1)棱柱.

一般地，有两个面相互平行，且不在这两个面上的棱都相互平行的多面体叫作棱柱.

(2)棱锥.

一般地，有一个面是多边形，其余各面都是有一个公共顶点的三角形的多面体称为棱锥.

(3)棱台.

用一个平行于棱锥底面的平面去截棱锥，底面与截面之间的部分叫作棱台.

(4)圆柱.

以矩形的一边所在的直线为旋转轴，其余三边旋转一周而成的曲面所围成

的旋转体叫作圆柱.

(5)圆锥.

以直角三角形的直角边所在的直线为旋转轴，其余两边旋转一周而成的曲面所围成的旋转体叫作圆锥.

(6)圆台.

以直角梯形垂直于底边的腰所在的直线为旋转轴，其余各边旋转形成的面所围成的旋转体叫作圆台.

(7)球.

以半圆的直径所在的直线为旋转轴，半圆面旋转一周而形成的几何体叫作球体，简称球.

4.2 三视图与直观图

1. 投影.

区分中心投影与平行投影. 平行投影分为正投影和斜投影.

2. 三视图.

主视图、左视图、俯视图. 它们分别是观察者从三个不同位置观察同一个空间几何体而画出的图形. 画三视图的原则：长对齐、高对齐、宽相等.

3. 直观图.

直观图通常是在平行投影下画出的空间图形.

4. 斜二测法.

在平面直角坐标系 xOy 中画直观图时，已知图形中平行于坐标轴的线段保持平行性不变，平行于 x 轴(或在 x 轴上)的线段保持长度不变，平行于 y 轴(或在 y 轴上)的线段长度减半.

4.3 简单几何体的表面积和体积

1. 多面体的面积和体积公式.

名称	侧面积 $S_{侧}$	表面积 $S_{表}$	体积 V
正棱柱	ch	$S_{侧}+2S_{底}$	$S_{底}h$
正棱锥	$\frac{1}{2}ch'$	$S_{侧}+S_{底}$	$\frac{1}{3}S_{底}h$
正棱台	$\frac{1}{2}(c+c')h'$	$S_{侧}+S_{上}+S_{下}$	$\frac{1}{3}(S_{上}+S_{下}+\sqrt{S_{上}\cdot S_{下}})h$

表中 c'，c 分别表示多面体的上、下底面周长，h 表示斜高，h'表示斜高.

2. 旋转体的面积和体积公式.

名称	圆柱	圆锥	圆台	球
侧面积 $S_{侧}$	$2\pi rl$	πrl	$S_{侧}=\frac{1}{2}(c_1+c_2)l=\pi(r_1+r_2)l$	—
表面积 $S_{表}$	$2\pi rl+2\pi r^2$	$\pi rl+\pi r^2$	$S_{表}=\pi(r_1+r_2)l+S_{上}+S_{下}$	$4\pi R^2$
体积 V	$\pi r^2 h(\pi r^2 l)$	$\frac{1}{3}\pi r^2 h$	$\frac{1}{3}(S_{上}+S_{下}+\sqrt{S_{上}\cdot S_{下}})h$	$\frac{4}{3}\pi R^3$

表中 l，h 分别表示旋转体的母线、高，r 表示圆柱(或圆锥)的底面半径，r_1，r_2 分别表示圆台上、下底面的半径，c_1，c_2 分别表示圆台上、下底面的周长，R 表示球的半径.

4.4 空间中点、直线、平面之间的位置关系

1. 平面的基本性质.

公理 1　如果一条直线上的两点在一个平面内，那么这条直线在此平面内.

符号语言：$A\in l$，$B\in l$，且 $A\in\alpha$，$B\in\alpha\Rightarrow l\in\alpha$.

公理 2　过不在一条直线上的三点，有且只有一个平面.

符号语言：$\left.\begin{array}{l}A, B, C\text{不共线}\\A, B, C\in\alpha\\A, B, C\in\beta\end{array}\right\}\Rightarrow\alpha$ 与 β 重合.

公理 3　如果两个不重合的平面有一个公共点，那么它们有且只有一条过该点的公共直线(两个平面的交线).

符号语言：$P\in\alpha$，且 $P\in\beta\Rightarrow\alpha\cap\beta=l$，$P\in l$.

公理 4　(平行线的传递性)平行与同一直线的两条直线互相平行.

符号语言：$a/\!/l$，且 $b/\!/l\Rightarrow a/\!/b$.

推论　①经过一条直线和这条直线外一点，有且只有一个平面；

②经过两条相交直线，有且只有一个平面；

③经过两条平行直线，有且只有一个平面.

定理 1(等角定理)　如果一个角的两边和另一个角的两边分别平行并且方向相同，那么这两个角相等.

定理 2　空间中如果一个角的两边分别与另一个角的两边分别平行，那么

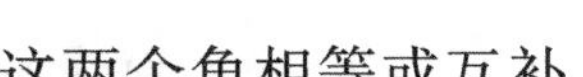

这两个角相等或互补.

2. 空间中直线与直线之间的位置关系.

异面直线及夹角：把不在任何一个平面内的两条直线叫作异面直线. 已知两条异面直线 a，b，经过空间任意一点 O 作直线 $a'/\!/a$，$b'/\!/b$，我们把 a' 与 b' 所成的角(或直角)叫异面直线 a，b 所成的夹角，夹角范围是 $0<\theta\leqslant 90°$.

直线与直线之间的位置关系：
- 共面直线
  - 相交直线：同一平面内，有且只有一个公共点
  - 平行直线：同一平面内，没有公共点
- 异面直线：不同在任何一个平面内，没有公共点

3. 空间中直线与平面之间的位置关系.

直线与平面之间的位置关系：
- 直线在平面内($l\subset\alpha$)：有无数个公共点
- 直线在平面外
  - 直线与平面相交($l\cap\alpha=A$)：有且只有一个公共点
  - 直线与平面平行($l/\!/\alpha$)：没有公共点

4. 空间中平面与平面之间的位置关系.

平面与平面之间的位置关系：
- 两个平面平行($\alpha/\!/\beta$)：没有公共点
- 两个平面相交($\alpha\cap\beta=l$)：有一条公共直线

5. 直线、平面平行的判定及其性质定理.

定理	定理内容	符号表示	解决问题的常用方法
直线与平面平行的判定	平面外的一条直线与平面内的一条直线平行，则该直线与此平面平行	$a\not\subset\alpha$，$b\subset\alpha$，且 $a/\!/b\Rightarrow a/\!/\alpha$	在已知平面内“找出”一条直线与已知直线平行就可以判定直线与平面平行. 即将“空间问题”转化为“平面问题”
平面与平面平行的判定	一个平面内的两条相交直线与另一个平面平行，则这两个平面平行	$a\subset\beta$，$b\subset\beta$，$a\cap b=P$，$a/\!/\alpha$，$b/\!/\alpha$ $\Rightarrow\beta/\!/\alpha$	判定的关键：在一个已知平面内“找出”两条相交直线与另一平面平行. 即将“面面平行问题”转化为“线面平行问题”
直线与平面平行的性质	一条直线与一个平面平行，则过这条直线的任一平面与此平面的交线与该直线平行	$a/\!/\alpha$，$a\subset\beta$，$\alpha\cap\beta=b\Rightarrow a/\!/b$	

续表

定理	定理内容	符号表示	解决问题的常用方法
平面与平面平行的性质	如果两个平行平面同时和第三个平面相交，那么它们的交线平行	$\alpha /\!/ \beta$，$\alpha \cap \gamma = a$，$\beta \cap \gamma = b \Rightarrow a /\!/ b$	

6. 直线、平面垂直的判定及其性质.

直线与平面垂直：如果直线 l 与平面 α 内的任意一条直线都垂直，我们就说直线 l 与平面 α 垂直，记作 $l \perp \alpha$. 直线 l 叫作平面 α 的垂线，平面 α 叫作直线 l 的垂面．直线与平面的公共点叫作垂足．

二面角的定义：从一条直线出发的两个半平面所组成的图形叫作二面角．这条直线叫作二面角的棱，这两个半平面叫作二面角的面．

二面角的平面角的定义：以二面角的棱上任意一点为端点，在两个面内分别作垂直于棱的两条射线，这两条射线所成的角叫作二面角的平面角．

直二面角的定义：二面角的大小可以用它的平面角来度量，平面角是直角的二面角叫作直二面角．二面角的取值范围是 $0 \leqslant \theta < 180°$ ，如果两个平面垂直，那么就称为直二面角．两个平面互相垂直的定义可表述为：如果两个相交平面所成的二面角为直二面角，那么这两个平面互相垂直．

直线、平面垂直的判定及其性质定理如下．

定理	定理内容	符号表示	解决问题的常用方法
直线与平面垂直的判定	一条直线与一个平面内的两条相交直线垂直，则该直线与此平面垂直	m，$n \in \alpha$，$m \cap n = P$，且 $a \perp m$，$a \perp n$ $\Rightarrow a \perp \alpha$	在已知平面内“找出”两条相交直线与已知直线垂直就可以判定直线与平面垂直．即将“线面垂直”转化为“线线垂直”
平面与平面垂直的判定	一个平面过另一平面的垂线，则这两个平面垂直	$a \subset \beta$，$a \perp \alpha \Rightarrow \beta \perp \alpha$（满足条件，与 α 垂直的平面 β 有无数个）	判定的关键：在一个已知平面内“找出”两条相交直线与另一平面平行．即将“面面平行问题”转化为“线面平行问题”

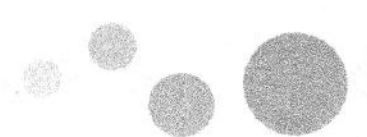

续表

定理	定理内容	符号表示	解决问题的常用方法
直线与平面垂直的性质	同垂直与一个平面的两条直线平行	$a\perp\alpha$，$b\perp\alpha\Rightarrow a/\!/b$	
平面与平面垂直的性质	两个平面垂直，则一个平面内垂直于交线的直线与另一个平面垂直	$\alpha\perp\beta$，$\alpha\cap\beta=l$，$a\subset\beta$，$a\perp l$ $\Rightarrow a\perp\alpha$	解决问题时，常添加的辅助线是在一个平面内作两平面交线的垂线

复习题四(A)

一、选择题(在每小题列出的4个备选项中只有一个是符合题目要求的，请将其代码填写在后面的括号里)

1. 下列几何体各自的三视图中，有且仅有两个视图相同的是(　　).

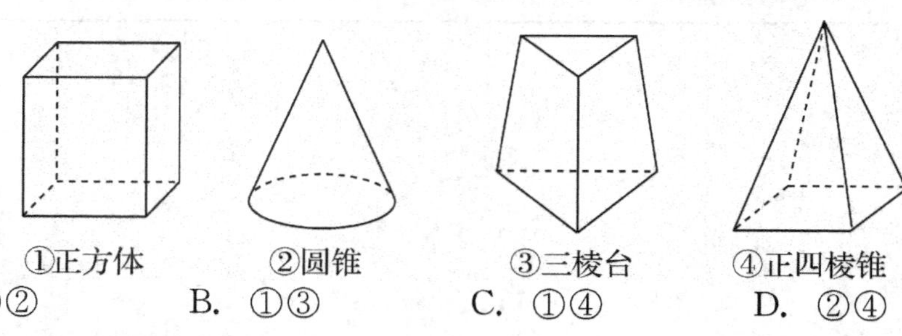

A. ①②　　B. ①③　　C. ①④　　D. ②④

2. 下列命题是真命题的是(　　).

A. 以直角三角形的一直角边所在的直线为轴旋转所得的几何体为圆锥

B. 以直角梯形的一腰所在的直线为轴旋转所得的几何体为圆柱

C. 圆柱、圆锥、棱锥的底面都是圆

D. 有一个面为多边形，其他各面都是三角形的几何体是棱锥

3. 已知正六棱台的上、下底面边长分别为2和4，高为2，则其体积为(　　).

A. $32\sqrt{3}$　　B. $28\sqrt{3}$　　C. $24\sqrt{3}$　　D. $20\sqrt{3}$

4. 关于直观图画法的说法中，不正确的是(　　).

A. 原图中平行于x轴的线段，其对应线段仍平行于x轴，且其长度不变

B. 原图中平行于y轴的线段，其对应线段仍平行于y轴，且其长度不变

C. 画与xOy对应的平面直角坐标系$x'O'y'$时，$\angle x'O'y'$可等于$135°$

D. 作直观图时，由于选轴不同，所画直观图可能不同

5. 圆形的物体在太阳光的投影下是(　　).

A. 圆形　　B. 椭圆形　　C. 线段　　D. 以上都可能

6. 若一个圆锥的轴截面是等边三角形，其面积为$\sqrt{3}$，则这个圆锥的表面积是(　　).

A. 3π　　B. $3\sqrt{3}\pi$　　C. 6π　　D. 9π

7. 若一个几何体的正视图与侧视图都是等腰三角形，俯视图是圆，则这个几何体可能是(　　).

A. 圆柱　　B. 三棱柱　　C. 圆锥　　D. 球

8. 斜二测画法可以得到：①三角形的直观图是三角形；②平行四边形的直观图是平行四边形；③矩形的直观图是矩形；④菱形的直观图是菱形. 以上结论正确的是(　　).

A. ①②　　B. ②③　　C. ③④　　D. ①②③④

9. 下列命题中正确的是(　　).

A. 有一条侧棱与底面两边垂直的棱柱是直棱柱

B. 有一个侧面是矩形的棱柱是直棱柱

C. 有两个侧面是矩形的棱柱是直棱柱

D. 有两个相邻侧面是矩形的棱柱是直棱柱

10. 一个几何体的三视图的形状都相同、大小均相等，那么这个几何体不可能是(　　).

A. 球　　B. 三棱锥　　C. 正方体　　D. 圆柱

二、填空题(请在每小题的空格中填上正确答案)

1. 已知一正四棱台的上底面边长为 4 cm，下底面边长为 8 cm，高为 3 cm，其体积为__________.

2. 用一张长为 12 cm，宽为 8 cm 的铁皮围成圆柱形的侧面，该圆柱的体积为__________.

3. 在三视图中，可见的边界轮廓线用________表示，不可见的边界轮廓线用________表示.

4. 侧棱垂直于底面且底面为正五边形的棱柱叫作__________.

5. 三视图包括________、________、________.

6. 已知一个圆锥，过高的中点且平行于底面的截面的面积是 4，则其底面半径是________.

7. 如图 4-69 所示的简单组合体是由________和________两个几何体组成的.

8. 构成多面体的面最少是________个.

9. 主视图与________的长相等，简称为长对正；________与左视图的高相等，简称为高平齐；俯视图与左视图的宽度相等，简称为________.

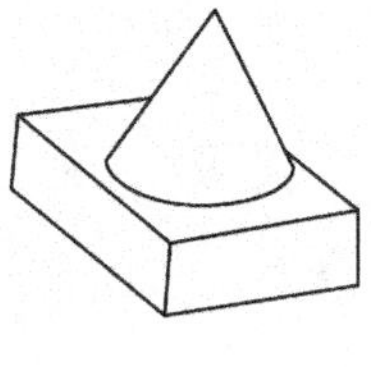

图 4-69

10. 平行投影分为________和________.

三、判断题(判断下列语句. 正确的请在每小题后面的括号里填写“√”, 错误的填写“×”)

1. 在圆柱的上、下底面上各取一点, 这两点的连线是圆柱的母线. ( )
2. 圆台所有的轴截面都是全等的等腰梯形. ( )
3. 与圆锥的轴平行的截面是等腰三角形. ( )
4. 平行于圆柱、圆锥、圆台的底面的截面是圆. ( )
5. 球的三视图都是圆. ( )

四、解答题

1. 已知一个正三棱锥的侧面都是等边三角形, 侧棱长为 4, 求它的侧面积和表面积.

2. 一个圆锥的母线长为 20, 母线与轴夹角为 30°, 求圆锥的高.

3. 一个圆柱的母线长为 5, 底面半径为 2, 求圆柱的轴截面的面积.

五、画图

1. 已知正三棱柱的底面边长是 3 cm, 高为 5 cm, 画出这个正三棱柱的三视图.

2. 画出底面边长为 4 cm, 高为 3 cm 的正四棱锥的三视图与直观图.

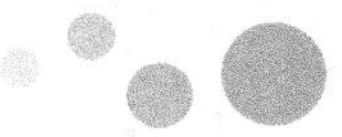

复习题四(B)

一、选择题(在每小题列出的4个备选项中只有一个是符合题目要求的，请将其代码填写在后面的括号里)

1."直线与平面α内无数条直线垂直"是"直线与平面α垂直的"(　　).

A. 充分不必要条件　　B. 必要不充分条件

C. 充要条件　　D. 既不充分也不必要条件

2. 已知a，b是两条直线，α，β是两个平面，$\alpha /\!/ \beta$的充分条件是(　　).

A. $a /\!/ b$，$a \perp \alpha$，$b \perp \beta$　　B. $a \subseteq \alpha$，$b \subseteq \beta$，$a /\!/ b$

C. $a \subseteq \alpha$，$b \subseteq \beta$，$a /\!/ \beta$，$b /\!/ \alpha$　　D. $a \perp b$，$a \perp \beta$，$b \perp \alpha$

3. 给出以下命题

①$\left.\begin{matrix} a /\!/ b \\ a \perp \alpha \end{matrix}\right\} \Rightarrow b \perp \alpha$；②$\left.\begin{matrix} a \perp \alpha \\ b \perp \alpha \end{matrix}\right\} \Rightarrow a /\!/ b$；③$\left.\begin{matrix} a \perp b \\ a \perp \alpha \end{matrix}\right\} \Rightarrow b /\!/ \alpha$；④$\left.\begin{matrix} a /\!/ \alpha \\ a \perp b \end{matrix}\right\} \Rightarrow b \perp \alpha$.

其中正确的命题是(　　).

A. ①②　　B. ①②③　　C. ②③④　　D. ①②④

4. 正四棱锥的侧棱长为$2\sqrt{3}$，侧棱与底面所成的角为$60°$，则该棱锥的体积为(　　).

A. 3　　B. 6　　C. 9　　D. 18

5. 若球的半径为1，则这个球的内接正方体的表面积为(　　).

A. 8　　B. 9　　C. 10　　D. 12

6. 正方体的内切球和外接球的半径之比为(　　).

A. $\sqrt{3}:1$　　B. $\sqrt{3}:2$　　C. $2:\sqrt{3}$　　D. $\sqrt{3}:3$

7. 下列命题是真命题的是(　　).

A. 空间中不同三点确定一个平面

B. 空间中两两相交的三条直线确定一个平面

C. 一条直线和一个点能确定一个平面

D. 梯形一定是平面图形

8. 已知a，b是异面直线，且$c /\!/ a$，那么c与b(　　).

A. 一定是异面直线　　B. 一定是相交直线

C. 不可能是平行直线　　D. 不可能是相交直线

9. 下列命题中错误的是(　　).

A. 如果平面$\alpha\perp$平面β，那么平面α内一定存在直线平行于平面β

B. 如果平面α不垂直于平面β，那么平面α内一定不存在直线垂直于平面β

C. 如果平面$\alpha\perp$平面γ，平面$\beta\perp$平面γ，$\alpha\cap\beta=l$，那么$l\perp$平面γ

D. 如果平面$\alpha\perp$平面β，那么平面α内所有直线都垂直于平面β

10. 设m，n是两条不同的直线，α，β是两个不同的平面．考查下列命题，其中正确的命题是(　　).

A. $m\perp\alpha$，$n\subset\beta$，$m\perp n\Rightarrow\alpha\perp\beta$　　B. $\alpha/\!/\beta$，$m\perp\alpha$，$n/\!/\beta\Rightarrow m\perp n$

C. $\alpha\perp\beta$，$m\perp\alpha$，$n/\!/\beta\Rightarrow m\perp n$　　D. $\alpha\perp\beta$，$\alpha\cap\beta=m$，$n\perp m\Rightarrow n\perp\beta$

11. 设A，B，C，D是空间中四个不同的点，在下列命题中，不正确的是(　　).

A. 若AC与BD共面，则AD与BC共面

B. 若AC与BD是异面直线，则AD与BC是异面直线

C. 若$AB=AC$，$DB=DC$，则$AD=BC$

D. 若$AB=AC$，$DB=DC$，则$AD\perp BC$

12. 若l为一条直线，α，β，γ为三个互不重合的平面，给出下面三个命题：①$\alpha\perp\gamma$，$\beta\perp\gamma\Rightarrow\alpha\perp\beta$；②$\alpha\perp\gamma$，$\beta/\!/\gamma\Rightarrow\alpha\perp\beta$；③$l/\!/\alpha$，$l\perp\beta\Rightarrow\alpha\perp\beta$.
其中正确的命题有(　　).

A. 0个　　B. 1个　　C. 2个　　D. 3个

13. 对于任意的直线l与平面α，在平面α内必有直线m，使m与l(　　).

A. 平行　　B. 相交　　C. 垂直　　D. 互为异面直线

14. 对于平面α和共面的直线m，n，下列命题中的真命题是(　　).

A. 若$m\perp\alpha$，$m\perp n$，则$n/\!/\alpha$　　B. 若$m/\!/\alpha$，$n/\!/\alpha$，则$m/\!/n$

C. 若$m\subset\alpha$，$n/\!/\alpha$，则$m/\!/n$　　D. 若m，n与α所成的角相等，则$m/\!/n$

15. 关于直线m，n与平面α，β，有下列四个命题：
①若$m/\!/\alpha$，$n/\!/\beta$，且$\alpha/\!/\beta$，则$m/\!/n$；②若$m\perp\alpha$，$n\perp\beta$，且$\alpha\perp\beta$，则$m\perp n$；
③若$m\perp\alpha$，$n/\!/\beta$，且$\alpha/\!/\beta$，则$m\perp n$；④若$m/\!/\alpha$，$n\perp\beta$，且$\alpha\perp\beta$，则$m/\!/n$.
其中真命题的序号是(　　).

A. ①②　　B. ③④　　C. ①④　　D. ②③

16. 若P是平面α外一点，则下列命题中正确的是(　　).

A. 过点P只能作一条直线与平面α相交

B. 过点P可作无数条直线与平面α垂直

C. 过点P只能作一条直线与平面α平行

D. 过点P可作无数条直线与平面α平行

二、证明题(请在每小题的空格中填上正确答案)

1. 如图 4-70 所示，为一简单组合体，其底面 $ABCD$ 为正方形，$PD\perp$ 平面 $ABCD$，$EC// PD$，且 $PD=2EC$. 求证：$BE//$ 平面 PDA.

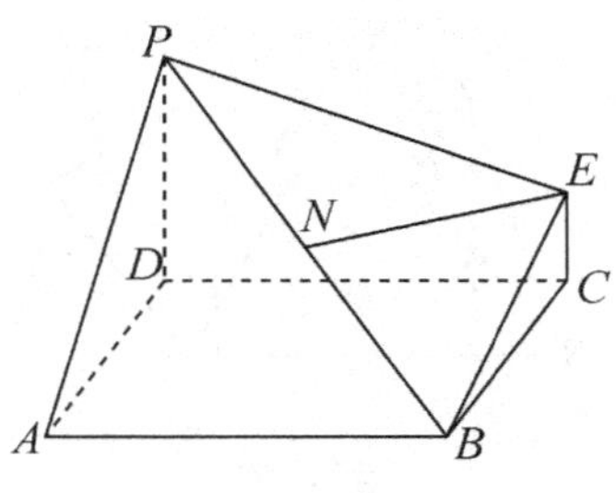

图 4-70

2. 如图 4-71 所示，已知正方体 $ABCD\text{-}A_1B_1C_1D_1$，O 是底面 $ABCD$ 对角线的交点．求证：

(1) $C_1O//$ 平面 AB_1D_1；

(2)平面 $OC_1D//$ 平面 AB_1D_1.

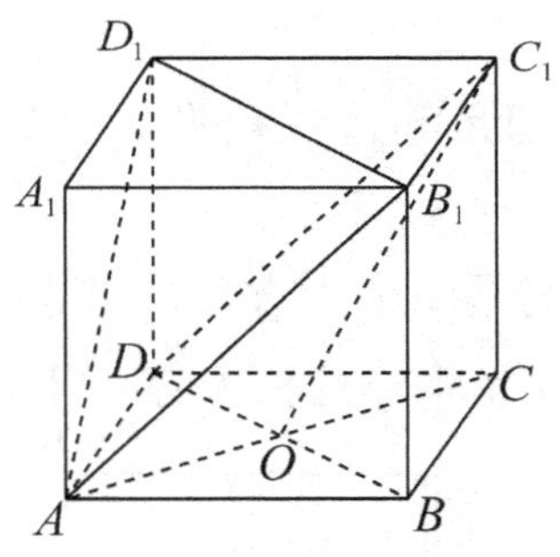

图 4-71

3. 如图 4-72 所示，四棱锥 $P\text{-}ABCD$ 中，底面是以点 O 为中心的菱形，$PO\perp$ 底面 $ABCD$，$AB=2$，$\angle BAD=\frac{\pi}{3}$，M 为 BC 上一点，且 $BM=\frac{1}{2}$. 求证：$BC\perp$ 平面 POM.

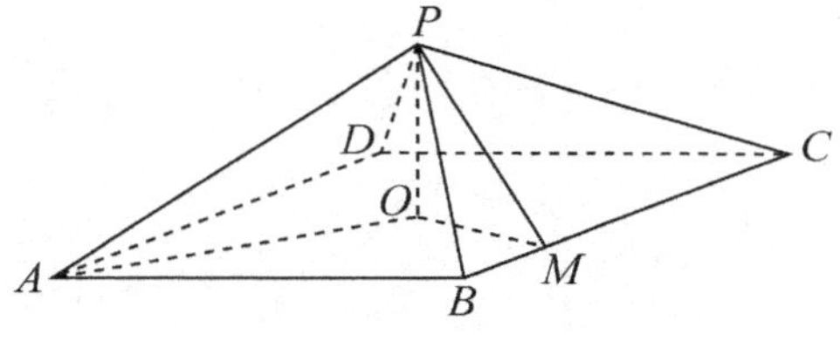

图 4-72

4. 如图 4-73 所示，已知四边形 $ABCD$ 为矩形，$PA\perp$ 平面 $ABCD$，点 M，N 分别是 AB，PC 的中点．求证：$MN\perp AB$.

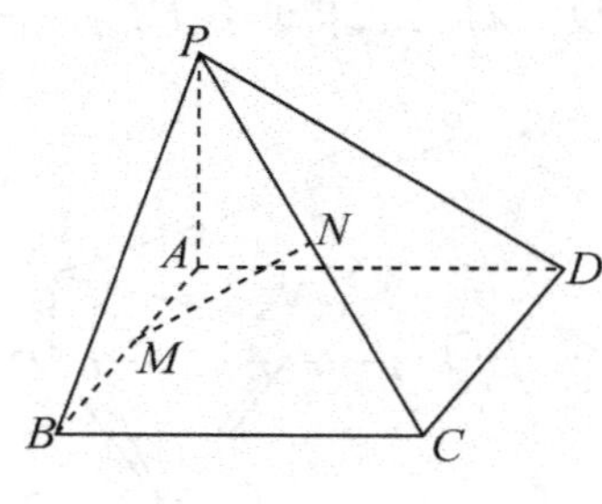

图 4-73

三、解答题

1. 一个圆台的母线长为 5，上底面和下底面的直径分别为 2 和 8，求圆台的高.

2. 设正三棱台的上底面和下底面的边长分别为 2 cm 和 5 cm，侧棱长为 5 cm，求这个棱台的高.

3. 一个正方体和一个圆柱等高，并且侧面积相等，求这个正方体和圆柱的体积之比.

4. 已知正四棱锥的侧面都是等边三角形，它的斜高为$\sqrt{3}$，求这个正四棱锥的体积.

5. 一个圆柱的侧面展开图是一个正方形，求这个圆柱的表面积与侧面积的比.

6. 如图 4-74 所示，画出上部分是长方体，下部分是空心圆柱的三视图.

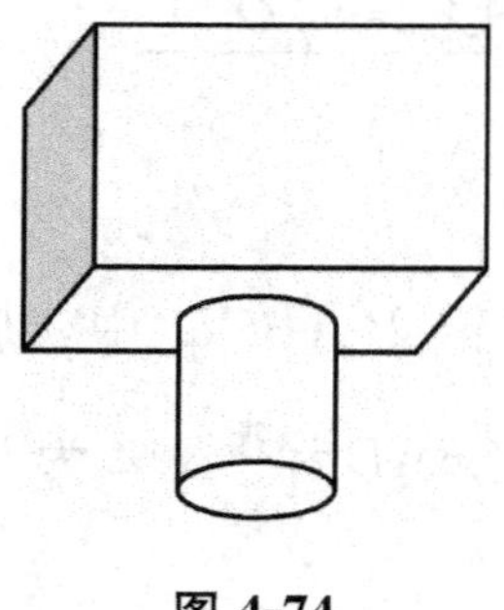

图 4-74

祖暅原理

图 4-75 祖暅之

祖暅，字景烁，又称祖暅之，祖冲之之子，历任员外散骑侍郎、太府卿、南康太守、材官将军等职务．青年时代已对天文学和数学造诣很深，是祖冲之科学事业的继承人．他的主要贡献是修补编辑祖冲之的《缀术》，因此可以说《缀术》是他们父子共同完成的数学杰作．《九章算术》少广章中李淳风注所引述的“祖恒之开立圆术”，详细记载了祖冲之父子解决球体积问题的方法．刘徽注释《九章算术》时指出球与外切“牟合方盖”的体积之比为 $a:4$，但他未能求出牟合方盖的体积．祖冲之父子采用了“幂势既同，则积不容异”(两个等高的立体，如在等高处的截面积恒相等，则体积相等)的原理，解决了这一问题，从而给出球体积的正确公式．这一原理后人称为“祖暅原理”，该原理在西方直到 17 世纪才由意大利数学家卡瓦列里(Bonaventura Cavalieri)发现，比祖暅之晚 1 100 多年．在天文学方面，祖暅之曾于 504 年、509 年和 510 年三次上书建议采用祖冲之的《大明历》，最后一次终于实现了父亲的遗愿，《大明历》被南北朝时期梁武帝之天监年间采用颁行．他还亲自监造八尺铜表，测量日影长度，并发现了北极星与北天极不动处相差一度有余，改进过当时通用的计时器——漏壶．他的著作有《漏刻经》《天文录》等，但前者失传，后者仅存残篇．

第5章 直线与圆

本章概述

在研究平面几何问题的过程中，我们常常直接依据几何图形的点、线关系，通过推理论证，研究几何图形的一些性质. 现在，我们要通过坐标、方程来表示点和线(直线或曲线)，把几何问题转化为代数问题，运用代数运算来研究几何图形的性质.

本章首先将在平面直角坐标系中建立直线的代数方程，通过方程，运用代数方法来研究直线的有关性质以及两条直线的位置关系. 其次，以同样的方法来研究圆的方程、性质以及直线与圆的位置.

本章学习要求

△ 1. 会利用两点间距离公式，探求线段中点坐标公式，学会使用坐标法解决平面几何中的一些简单问题，初步体会用代数方法研究几何图形的数学思想.

△ 2. 会用直线的倾斜角和斜率的定义及公式，求经过两点的直线的斜率和倾斜角.

△ 3. 会根据确定直线位置的几何要素，求直线的点斜式、斜截式、一般式方程，能灵活运用直线方程解决有关问题.

△ 4. 掌握两直线平行与垂直的条件、求两直线的交点、两直线所成的角，会用公式求点到直线的距离及两条平行直线间的距离.

△ 5. 能根据给定的圆的几何要素，灵活运用圆的标准方程和一般方程解决有关问题.

△ 6. 会判断直线和圆的位置关系. 学会在平面直角坐标系中，利用直线和圆的知识解决一些简单的实际问题.

5.1 平面直角坐标系

数轴上两点间的距离：已知数轴上两点 A，B 的坐标分别为 x_1，x_2，则 A，B 两点间的距离为 $|AB|=|x_2-x_1|$（图 5-1）.

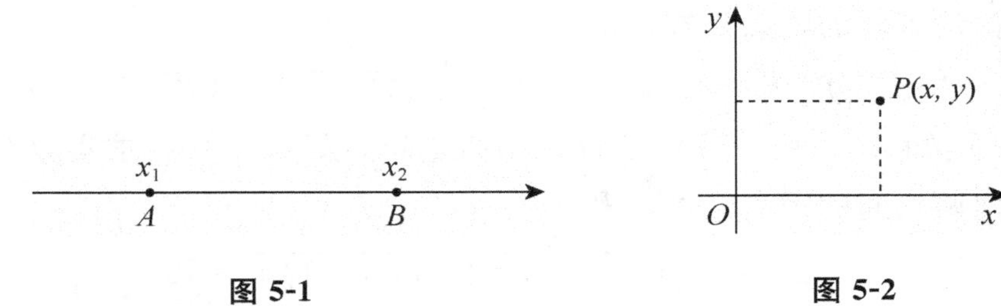

图 5-1　　图 5-2

平面上点的坐标：在平面直角坐标系中，点 P 与有序实数对$(x，y)$一一对应，我们把有序实数对$(x，y)$称为**点 P 的坐标**(图 5-2).

设点 P_1，P_2 为平面上两点，且都在 x 轴上(图 5-3(a))，它们的坐标分别为 $P_1(x_1，0)$，$P_2(x_2，0)$，则数轴上 P_1，P_2 两点间的距离为

$$|P_1P_2|=|x_2-x_1|.$$

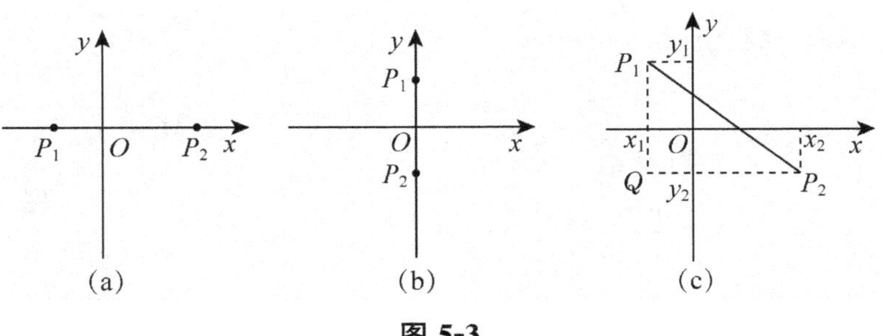

图 5-3

同理，若点 P_1，P_2 都在 y 轴上，如图 5-3(b)所示，且此两点坐标为 $P_1(0，y_1)$,$P_2(0，y_2)$,则 P_1，P_2两点间的距离为

$$|P_1P_2|=|y_2-y_1|.$$

若点 P_1，P_2 至少有一点不在坐标轴上，设坐标为 $P_1(x_1，y_1)$，$P_2(x_2，y_2)$. 过点 P_1，P_2 分别作 x，y 轴的垂线，垂线的延长线相交于点 Q(图 5-3(c))，不难看出，点 Q 的坐标为 $Q(x_1，y_2)$，则

$$|P_1Q|=|y_2-y_1|，\ |P_2Q|=|x_2-x_1|.$$

所以

$$|P_1P_2|=\sqrt{|P_1Q|^2+|P_2Q|^2}=\sqrt{(x_2-x_1)^2+(y_2-y_1)^2}.$$

由此得到：在平面直角坐标系中，设 P_1，P_2 两点的坐标分别为 $P_1(x_1,\ y_1)$，$P_2(x_2,\ y_2)$，则两点间的距离公式为

$$|P_1P_2|=\sqrt{(x_2-x_1)^2+(y_2-y_1)^2}.$$

例 1 求 $P_1(-4,\ 5)$，$P_2(8,\ 11)$两点间的距离$|P_1P_2|$.

解 由两点间的距离公式，得

$$|P_1P_2|=\sqrt{[8-(-4)]^2+(11-5)^2}=6\sqrt{5}.$$

例 2 已知 $A(-1,\ -1)$，$B(b,\ 5)$两点间的距离为 10，求实数 b 的值.

解 由两点间的距离公式，得

$$|AB|=\sqrt{[b-(-1)]^2+[5-(-1)]^2}=10,$$

解得

$$b=7 \text{ 或 } b=-9.$$

这里怎么会有两个答案呢？请你解释一下.

设线段 P_1P_2 的两个端点分别为 $P_1(x_1,\ y_1)$，$P_2(x_2,\ y_2)$，线段 P_1P_2 的中点为 $P(x,\ y)$(图 5-4). 过点 P_1，P，P_2 分别作 y 轴的平行线，交 x 轴于点 M_1，M，M_2，则$|M_1M|=|MM_2|$，

即
$$|x-x_1|=|x_2-x|,$$

即
$$x-x_1=x_2-x,$$

所以
$$x=\frac{x_1+x_2}{2}.$$

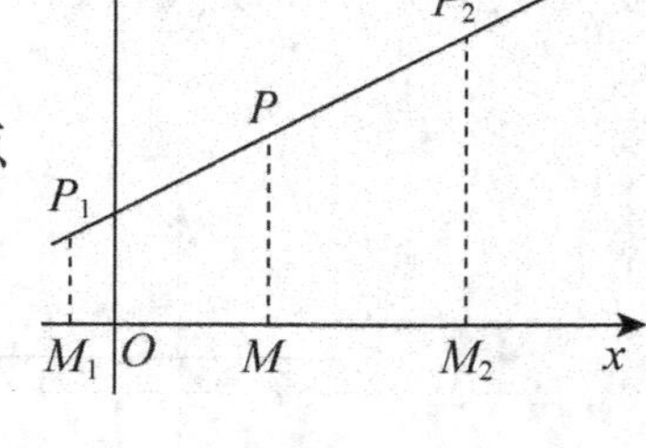

图 5-4

同理，可得

$$y=\frac{y_1+y_2}{2}.$$

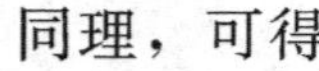

一般地，设点 $P_1(x_1,\ y_1)$，$P_2(x_2,\ y_2)$为平面内任意两点，则线段 P_1P_2 的中点 P 的坐标为$\begin{cases} x=\dfrac{x_1+x_2}{2}, \\ y=\dfrac{y_1+y_2}{2}. \end{cases}$

例 3 已知线段 AB 的中点坐标为(4，2)，端点 A 的坐标为(−2，3)，求另一端点 B 的坐标.

解 设端点 B 的坐标为(x，y)，由中点坐标公式，得

$$\begin{cases} 4=\dfrac{-2+x}{2}, \\ 2=\dfrac{3+y}{2}. \end{cases}$$

解得

$$x=10，y=1.$$

所以，端点 B 的坐标为(10，1).

例 4 已知△ABC 的顶点分别为 A(1，0)，B(−2，1)，C(0，3)，试求 BC 边上的中线 AD 的长度.

解 设点 D 的坐标为(x，y)，由中点坐标公式，线段 BC 的中点 D 的坐标为

$$\begin{cases} x=\dfrac{-2+0}{2}=-1, \\ y=\dfrac{1+3}{2}=2. \end{cases}$$

所以，BC 边上的中线 AD 的长度为

$$|AD|=\sqrt{(-1-1)^2+(2-0)^2}=2\sqrt{2}.$$

思考题 5－1

1. $|x-x_1|=|x_2-x|$ 中的绝对值符号为什么能直接去掉？

2. 已知 $A(a，-5)$，$B(0，10)$两点间的距离为 17，求实数 a 的值.

课堂练习 5－1

1. 求下列两点间的距离.

(1)P_1(2，1)，P_2(8，6)； (2)P_1(0，−4)，P_2(0，−1).

2. 已知 $A(x，-4)$，$B(-5，y)$的中点为 C(1，2)，求 x 和 y 的值.

3. 已知△ABC 的三个顶点分别为 A(2，2)，B(−4，6)，C(−3，−2)，试求 AB 边上的中线的长度.

5.2 直线的方程

用代数的方法可以计算平面内两点间的距离，并能确定线段的中点位置. 除此之外，能否用代数方法解决几何中有关直线的问题呢？

我们知道，平面上两点能确定一条直线的几何要素. 看过钢索斜拉桥，如图 5-5 中的上海徐浦大桥和杨浦大桥，我们就会发现，用于固定桥塔的每条斜拉钢索所在的直线都是由两个已知点(桥塔上一点和桥栏上一点)来确定的. 那么，一点能确定一条直线的位置吗？

图 5-5

通过观察我们可以发现，在同一平面内的两条斜拉钢索尽管都过一点 P，但由于倾斜程度不同，拉索所在的直线也不同. 也就是说，如果知道了它的倾斜程度，则直线就被确定了. 那么，直线的倾斜程度应该用什么来表示呢？

 5.2.1 直线的倾斜角和斜率

如图 5-6(a)所示，在平面直角坐标系中，当直线 l 与 x 轴相交时，x 轴绕着交点按逆时针方向旋转到与直线重合时所形成的最小正角 α，可以很好地反映直线 l 的倾斜程度，我们把 α 称为直线 l 的倾斜角；如图 5-6(b)所示的上海杨浦大桥桥塔上过同一点 P 的两条拉索(同一平面内)中，左侧拉索所在直线的倾斜角 α_1 是锐角，右侧拉索所在直线的倾斜角 α_2 是钝角；图 5-6(c)中直线 l 垂直于 x 轴，它的倾斜角 $\alpha=90°$；图 5-6(d)中直线 l 垂直于 y 轴，我们规定它的倾斜角 $\alpha=0°$. 因此，直线 l 的倾斜角 α 的取值范围是

$$0°\leqslant\alpha<180°(\text{或写作 }\alpha\in[0,\ \pi)).$$

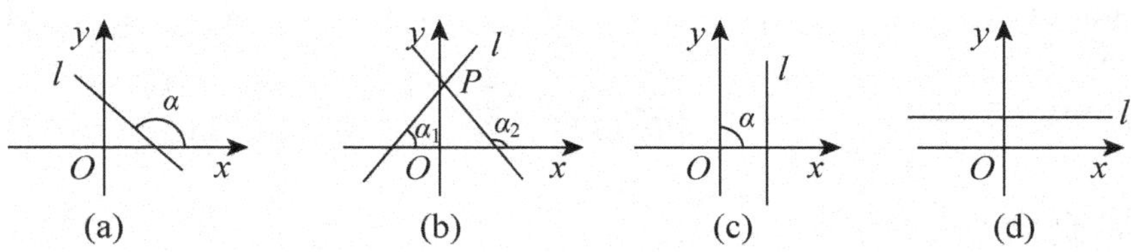

图 5-6

这样，平面直角坐标系内每一条直线都有一个确定的倾斜角 α. 倾斜程度不同的直线，其倾斜角不相等；倾斜程度相同的直线，其倾斜角相等.

当角 $\alpha\neq 90°$时直线 l 的倾斜与其正切 $\tan\alpha$ 是一一对应的，因此直线的倾斜程度也可用 $\tan\alpha$ 表示. 我们把直线倾斜角 $\alpha(\alpha\neq 90°)$的正切称为**直线的斜率**. 通常用小写字母 k 表示，即

$$k=\tan\alpha(\alpha\neq 90°).$$

由正切函数的知识，可以得到直线的倾斜角 α 与斜率 k 之间的关系如下.

当直线垂直于 y 轴时，$\alpha=0°\Leftrightarrow k=0$；

当直线的倾斜角是锐角时，$0°<\alpha<90°\Leftrightarrow k>0$；

当直线垂直于 x 轴时，$\alpha=90°\Leftrightarrow k$ 不存在；

当直线的倾斜角是钝角时，$90°<\alpha<180°\Leftrightarrow k<0$.

例 1 已知直线 l 过下列两点，求它的斜率 k.

(1)$P_1(-1,\ -4)$，$P_2(3,\ -1)$；

(2)$P_1(-2,\ 4)$，$P_2(2,\ 1)$.

解 如图 5-7 所示，设过两点 $P_1(x_1,\ y_1)$，$P_2(x_2,\ y_2)$的直线 l 的倾斜角为 $\alpha(\alpha\neq 90°)$，过点 P_1 与 P_2 分别作 x 轴的平行线与 y 轴的平行线，两条线相交于点 Q，于是点 Q 的坐标为$(x_2,\ y_1)$.

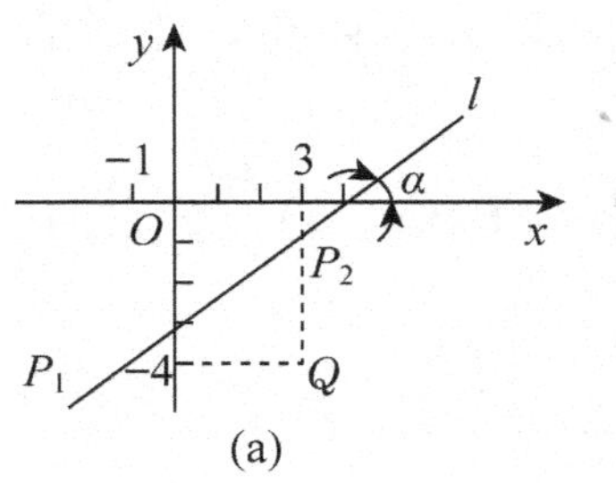

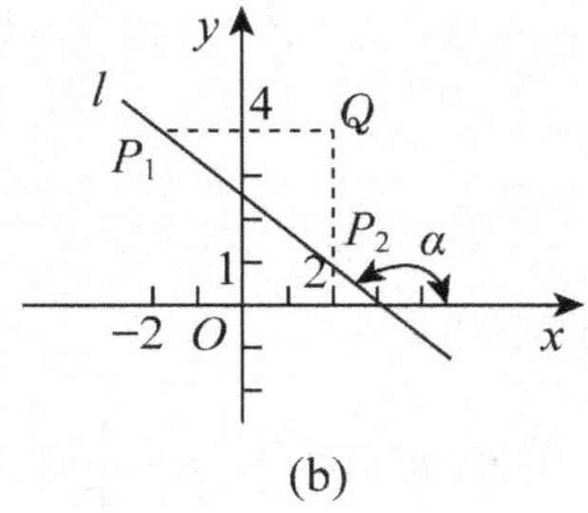

图 5-7

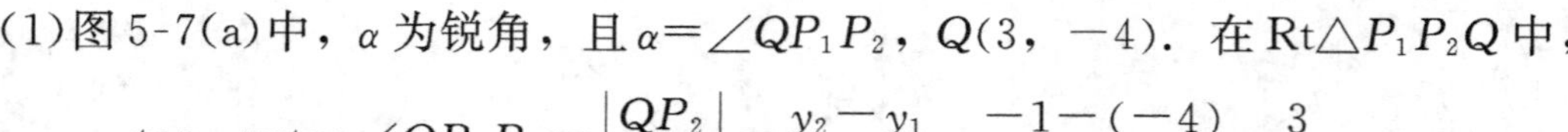

(1)图 5-7(a)中，α 为锐角，且 $\alpha=\angle QP_1P_2$，$Q(3,\ -4)$．在 $\mathrm{Rt}\triangle P_1P_2Q$ 中，

$$\tan\alpha=\tan\angle QP_1P_2=\frac{|QP_2|}{|P_1Q|}=\frac{y_2-y_1}{x_2-x_1}=\frac{-1-(-4)}{3-(-1)}=\frac{3}{4}.$$

所以，直线 l 的斜率 $k=\frac{3}{4}$．

(2)图 5-7(b)中，α 为钝角，且 $\alpha=180^\circ-\angle QP_1P_2$，$Q(2,\ 4)$，因此，

$$\tan\alpha=-\tan\angle QP_1P_2=-\frac{|QP_2|}{|P_1Q|}=-\frac{y_1-y_2}{x_2-x_1}=\frac{1-4}{2-(-2)}=-\frac{3}{4}.$$

所以，直线的斜率 $k=-\frac{3}{4}$．

事实上，无论直线的倾斜角 α 是锐角还是钝角，我们都能得到如下结论．

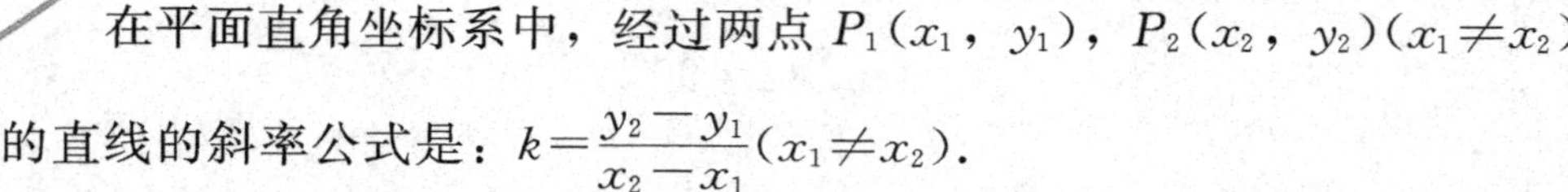

在平面直角坐标系中，经过两点 $P_1(x_1,\ y_1)$，$P_2(x_2,\ y_2)(x_1\neq x_2)$ 的直线的斜率公式是：$k=\frac{y_2-y_1}{x_2-x_1}(x_1\neq x_2)$．

例 2 已知直线 l 经过下列两点，求它的斜率 k，并确定倾斜角 α．

(1)$P_1(2,\ 9)$，$P_2(-5,\ 2)$；

(2)$P_1(-3,\ 2)$，$P_2(3,\ 2)$；

(3)$P_1(3,\ 2)$，$P_2(3,\ -2)$．

解 (1)直线 l 的斜率 $k=\frac{y_2-y_1}{x_2-x_1}=\frac{2-9}{-5-2}=1$，

因为 $k=\tan\alpha=1$，所以直线 l 的倾斜角 $\alpha=45^\circ$．

(2)直线 l 的斜率 $k=\frac{y_2-y_1}{x_2-x_1}=\frac{2-2}{3-(-3)}=0$，

因为 $k=\tan\alpha=0$，所以直线 l 的倾斜角 $\alpha=0^\circ$．

(3)由于 $x_1=x_2=3$，所以直线 l 的斜率不存在，此时直线 l 的倾斜角 $\alpha=90^\circ$．

例 3 已知直线 l 过两点 $P_1(4,\ -2)$，$P_2(3,\ 2)$，求它的斜率 k，并确定倾斜角 α 的取值范围．

解 直线 l 的斜率 $k=\frac{y_2-y_1}{x_2-x_1}=\frac{2-(-2)}{3-4}=-4$，

因为 $k=\tan\alpha=-4<0$，所以直线 l 的倾斜角 α 为钝角，即 $90^\circ<\alpha<180^\circ$．

5.2.2 直线的方程

我们知道，一次函数 $y=2x+3$ 的图像是一条直线 l，其解析式 $y=2x+3$ 可以看作一个关于 x，y 的二元一次方程．而直线 l 上任意一点的坐标(x, y)都满足方程 $y=2x+3$．这时，我们就把方程 $y=2x+3$ 称为**直线 l 的方程**．即直线 l 的方程是直线上任意一点的横坐标 x 和纵坐标 y 所满足的一个关系式．

在平面直角坐标系中，给定一个点 $P_0(x_0, y_0)$和斜率 k 或给定两个点 $P_1(x_1, y_1)$，$P_2(x_2, y_2)$，就能唯一确定一条直线．也就是说，平面直角坐标系中的点是否在这条直线上是完全确定的．

我们能否用给定的条件(点 P_0 的坐标和斜率 k 或两个点 P_1，P_2 的坐标)，将直线上任意一点的坐标(x, y)满足的关系式表达出来呢？答案是肯定的．

1. 直线的点斜式方程

如图 5-8 所示，已知直线 l 经过点 $P_0(x_0, y_0)$，且斜率为 k，设点 $P(x, y)$是直线 l 上不同于点 P_0 的任意一点，由直线的斜率公式，得

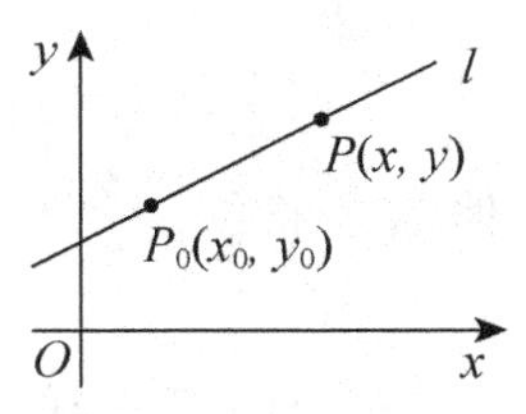

图 5-8

$$k=\frac{y-y_0}{x-x_0}.$$

将上式两边同时乘$(x-x_0)$，得

$$y-y_0=k(x-x_0). \quad ①$$

因为点 P_0 的坐标(x_0, y_0)同样满足上述关系式，所以关系式①就是所求直线 l 的方程．

由于这个方程是由直线 l 上一定点 $P_0(x_0, y_0)$和直线 l 的斜率 k 所确定的，所以把方程 ①称为**直线的点斜式方程**．

过点 $P_0(x_0, y_0)$且垂直于 x 轴的直线(此时直线的斜率不存在)的方程是什么？

例 4 求满足下列条件的直线 l 的方程.

(1)过点 $P_0(2, -2)$，倾斜角 $\alpha=45°$；

(2)过原点，斜率为 k；

(3)过点 $P_0(x_0, y_0)$，倾斜角 $\alpha=0°$；

(4)过点 $P_0(x_0, y_0)$，倾斜角 $\alpha=90°$；

(5)过两点 $P_1(2, 1)$，$P_2(3, -1)$.

解 (1)因为直线 l 过点 $P_0(2, -2)$，且斜率为 $k=\tan 45°=1$. 所以由点斜式方程，得直线 l 的方程为

$$y-(-2)=1(x-2),$$

即

$$x-y-4=0.$$

(2)把原点代入直线的点斜式方程，得

$$y=kx.$$

(3)由于 $k=\tan 0°=0$，所以直线 l 的方程为

$$y-y_0=0(x-x_0),$$

即

$$y=y_0.$$

(4)由于 $\alpha=90°$，所以直线的斜率 k 不存在，它的方程不能用点斜式表示. 但这条直线上每一个点的横坐标都等于 x_0，所以直线 l 的方程为

$$x=x_0.$$

(5)由于直线 l 过两点 $P_1(2, 1)$，$P_2(3, -1)$，所以

$$k=\frac{y_2-y_1}{x_2-x_1}=\frac{-1-1}{3-2}=-2.$$

由点斜式方程，得直线 l 的方程为

$$y-1=-2(x-2),$$

即

$$2x+y-5=0.$$

2. 直线的斜截式方程

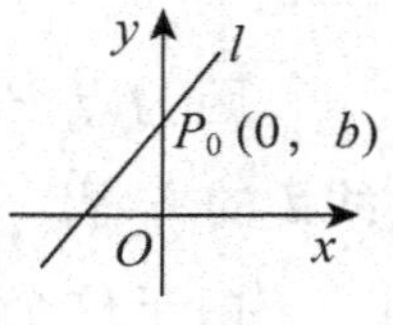

图 5-9

如图 5-9 所示，点 P_0 是直线 l 与 y 轴的交点，设其坐标为 $(0, b)$，则我们把 b 称为直线 l 在 y 轴上的截距，斜率为 k. 此时直线 l 的斜截式方程为

$$y=kx+b. \qquad ②$$

方程②是由直线 l 的斜率 k 和在 y 轴上的截距 b 确定的，所以把方程②称为**直线的斜截式方程**.

例 5 求满足下列条件的直线的方程.

(1)斜率为 -2，与 y 轴相交于点 $(0, 4)$；

(2)倾斜角 $\alpha=\dfrac{2\pi}{3}$，在 y 轴上的截距为 3；

(3)过点 $A(3, 0)$，在 y 轴上的截距为 -2.

解 (1)由 $k=-2$，$b=4$，得直线 l 的方程为 $y=-2x+4$.

(2)$k=\tan\alpha=\tan\dfrac{2\pi}{3}=-\sqrt{3}$，$b=3$，得直线 l 的方程为 $y=-\sqrt{3}x+3$.

(3)因为直线在 y 轴上的截距是 -2，即过点 $(0, -2)$ 又因直线 l 过点 $A(3, 0)$，所以直线 l 的斜率 $k=\dfrac{-2-0}{0-3}=\dfrac{2}{3}$.

由直线的斜截式方程，得直线 l 的方程为 $y=\dfrac{2}{3}x-2$.

还能用其他方法解(3)中的直线方程吗？

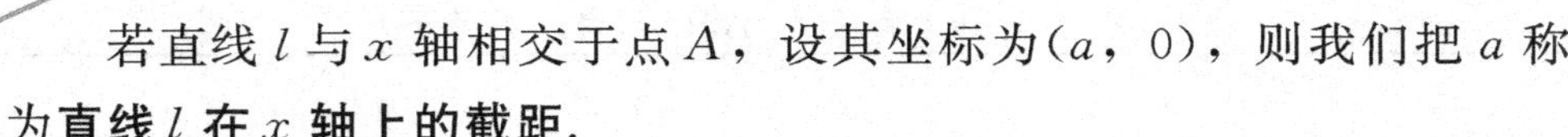

若直线 l 与 x 轴相交于点 A，设其坐标为 $(a, 0)$，则我们把 a 称为**直线 l 在 x 轴上的截距**.

3. 直线的一般式方程

从上述讨论可知，直线的方程无论是点斜式还是斜截式，都是关于 x，y 的二元一次方程.

二元一次方程的一般形式是 $Ax+By+C=0$(A，B 不全为零).

那么，形如 $Ax+By+C=0$(A，B 不全为零)的二元一次方程的图像是否为一条直线呢？我们通过表 5-1 来讨论这个问题.

表 5-1

A，B 的取值	方程的变化形式	图像	所表示直线的特性
$A=0$ $B\neq 0$	$y=-\frac{C}{B}$	y，$-\frac{C}{B}$，O，x 当 B，C 异号时的情形	与 y 轴垂直的直线(与 x 轴平行或重合的直线)
$B=0$ $A\neq 0$	$x=-\frac{C}{A}$	y，$-\frac{C}{A}$，O，x 当 A，C 异号时的情形	与 x 轴垂直的直线(与 y 轴平行或重合的直线)
$A\neq 0$ $B\neq 0$	$Ax+By+C=0$ 也可以写成 $y=-\frac{A}{B}x-\frac{C}{B}$	y，O，x，$-\frac{C}{B}$ 当 A，B 异号，B，C 同号时的情形	斜率为 $-\frac{A}{B}$，在 y 轴上的截距为 $-\frac{C}{B}$ 的直线

x 轴所在的直线方程是什么？

y 轴所在的直线方程是什么？

综上所述，方程 $Ax+By+C=0$(A，B 不全为零)在平面直角坐标系中表示的是一条直线.

我们把形如 $Ax+By+C=0$(A，B 不全为零)的二元一次方程称为**直线的一般式方程**.

例 6 已知直线 l 经过点 $A(4，-2)$，斜率为 -2，求直线 l 的点斜式方程、斜截式方程和一般式方程.

解 直线 l 经过点 $A(4，-2)$，斜率为 -2，则点斜式方程为

$$y+2=-2(x-4).$$

将方程 $y+2=-2(x-4)$ 变形后，得到斜截式方程为

$$y=-2x+6.$$

将方程 $y=-2x+6$ 移项后，得到一般式方程为

$$2x+y-6=0.$$

例 7 已知直线 l 的方程为 $x+3y+6=0$，求直线 l 的斜率 k 和在 y 轴上的截距 b.

解 将直线 l 的一般式方程 $x+3y+6=0$ 移项后，得

$$3y=-x-6.$$

两边同时除以 3，得直线 l 的斜截式方程为

$$y=-\frac{1}{3}x-2.$$

从而得到直线 l 的斜率 $k=-\frac{1}{3}$，在 y 轴上的截距 $b=-2$.

5.2.3 两条直线平行、垂直的判定

如图 5-10 所示，设直线 l_1 和 l_2 的倾斜角分别为 α_1 和 α_2，斜率分别为 k_1 和 k_2.

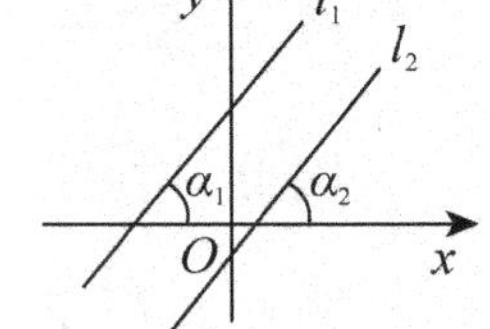

图 5-10

如果 $l_1 /\!/ l_2$，则直线 l_1 和 l_2 的倾斜角相等，即

$$\alpha_1=\alpha_2,$$

则 $$\tan\alpha_1=\tan\alpha_2,$$

即 $$k_1=k_2.$$

因此，若 $l_1 /\!/ l_2$，则 $k_1=k_2$.

若 $k_1=k_2$，即

$$\tan\alpha_1=\tan\alpha_2\left(\alpha_1,\ \alpha_2\in\left[0,\ \frac{\pi}{2}\right)\cup\left(\frac{\pi}{2},\ \pi\right)\right),$$

则 $$\alpha_1=\alpha_2,$$

即 $$l_1 /\!/ l_2.$$

因此，若 $k_1=k_2$，则 $l_1 /\!/ l_2$.

对于两条不重合的直线 l_1 和 l_2，若它们的斜率分别为 k_1 和 k_2，则有

$$l_1 /\!/ l_2 \Leftrightarrow k_1=k_2.$$

若它们的斜率都不存在，那么它们的倾斜角均为 90°，也有 $l_1 /\!/ l_2$.

例 8　如图 5-11 所示，已知四边形 $ABCD$ 的四个顶点分别为 $A(-1,\ 2)$，$B(0,\ -2)$，$C(3,\ 1)$，$D(2,\ 5)$，判断四边形 $ABCD$ 是否为平行四边形.

图 5-11

解　由斜率公式可得，

AB 所在直线的斜率 $k_{AB}=\dfrac{-2-2}{0-(-1)}=-4$，

CD 所在直线的斜率 $k_{CD}=\dfrac{5-1}{2-3}=-4$，

BC 所在直线的斜率 $k_{BC}=\dfrac{1-(-2)}{3-0}=1$，

AD 所在直线的斜率 $k_{AD}=\dfrac{5-2}{2-(-1)}=1$.

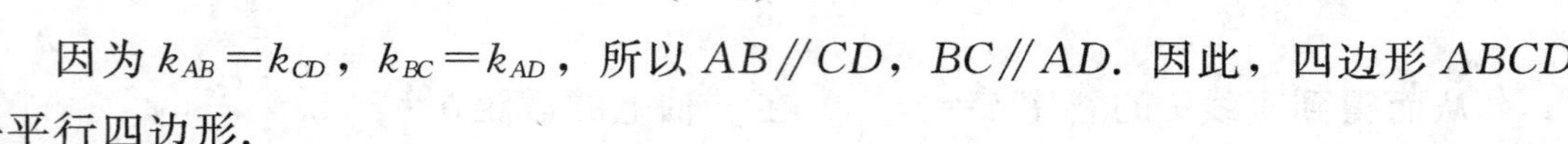

因为 $k_{AB}=k_{CD}$，$k_{BC}=k_{AD}$，所以 $AB/\!/CD$，$BC/\!/AD$. 因此，四边形 $ABCD$ 是平行四边形.

例 9　求过点 $M(1,\ -4)$，且与直线 l_1：$2x+3y+5=0$ 平行的直线 l 的方程.

解　直线 l_1 的方程可化为 $y=-\dfrac{2}{3}x-\dfrac{5}{3}$，从而得 l_1 的斜率 $k_1=-\dfrac{2}{3}$.

因此，所求直线 l 的斜率 $k=k_1=-\dfrac{2}{3}$.

因此，所求直线 l 的方程为

$$y-(-4)=-\frac{2}{3}(x-1),$$

即

$$2x+3y+10=0.$$

设两条直线 l_1 与 l_2 的倾斜角分别为 α_1 与 α_2（α_1，$\alpha_2\neq 90°$），l_1 的方程为 $y=k_1x+b_1(k_1\neq 0)$，l_2 的方程为 $y=k_2x+b_2(k_2\neq 0)$. 我们来讨论 $l_1\perp l_2$ 时它们的斜率 k_1 与 k_2 之间的关系.

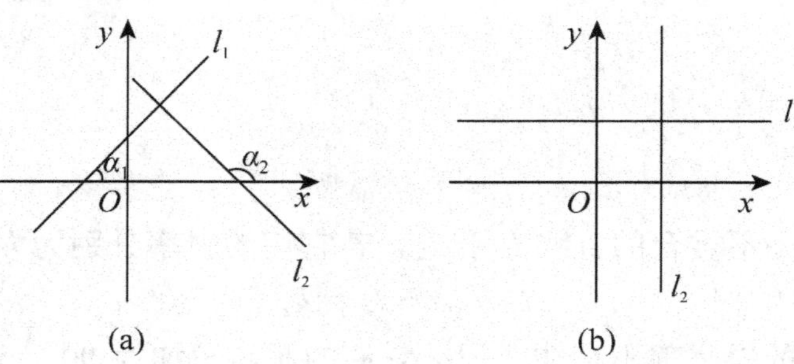

图 5-12

由图 5-12(a)可得

$$\alpha_1+(180°-\alpha_2)=90°,$$

则

$$\tan\alpha_1=\frac{1}{\tan(180°-\alpha_2)}=\frac{1}{-\tan\alpha_2}=-\frac{1}{\tan\alpha_2},$$

所以

$$k_1=-\frac{1}{k_2},$$

即 $k_1\cdot k_2=-1$.

因此，斜率都存在的两条直线 l_1 与 l_2，当 $l_1\perp l_2$ 时，必有 $k_1\cdot k_2=-1$. 反之，当 $k_1\cdot k_2=-1$ 时，有

$$k_1=-\frac{1}{k_2},$$

则

$$\tan\alpha_1=-\frac{1}{\tan\alpha_2}=\frac{1}{-\tan\alpha_2}=\frac{1}{\tan(180°-\alpha_2)},$$

所以

$$\alpha_1+(180°-\alpha_2)=90°,$$

即

$$l_1\perp l_2.$$

因此，有

$$l_1\perp l_2\Leftrightarrow k_1\cdot k_2=-1.$$

如果两条直线 l_1 与 l_2 的斜率一个等于 0，另一个不存在，如图 5-12(b)所示，显然，这两条直线也垂直.

例 10 如图 5-13 所示，已知△ABC 的三个顶点分别为 $A(-1,1)$，$B(4,0)$，$C(5,5)$，判断△ABC 是否为直角三角形.

解 AB 所在直线的斜率 $k_{AB}=-\frac{1}{5}$，BC 所在直线的斜率 $k_{BC}=5$，得 $k_{AB}k_{BC}=-1$.

因此，$AB\perp BC$，即 $\angle ABC=90°$，所以△ABC 是直角三角形.

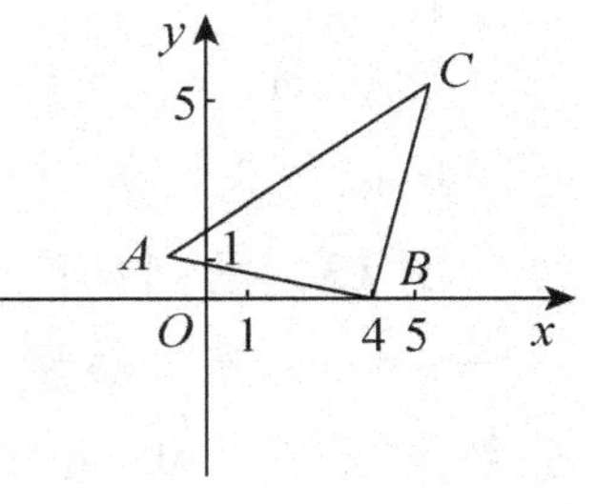

图 5-13

例 11 求过点(2，−3)，且垂直于直线 l_1：$3x-2y+2=0$ 的直线 l 的方程.

解 已知直线 l_1：$3x-2y+2=0$ 的斜率 $k_1=\frac{3}{2}$，

因为 $l \perp l_1$，所以直线 l 的方程为

$$y+3=-\frac{2}{3}(x-2),$$

$$2x+3y+5=0.$$

设平面内两条不重合的直线的方程分别是

$$l_1: A_1x+B_1y+C_1=0,\ l_2: A_2x+B_2y+C_2=0.$$

如果 l_1，l_2 不平行，则必然相交于一点，交点的坐标既满足 l_1 的方程，又满足 l_2 的方程，是这两个方程的公共解；反之，如果这两个方程只有一个公共解，那么以这个解为坐标的点必是 l_1 与 l_2 的交点，因此求两条相交直线的交点，只需解以下方程组即可.

$$\begin{cases}A_1x+B_1y+C_1=0,\\A_2x+B_2y+C_2=0.\end{cases}$$

这个方程组的解就是 l_1 与 l_2 的交点坐标.

例 12 判断下列各组直线的位置关系，如果相交，求出交点坐标.

(1) l_1：$4x-2y+5=0$ 与 l_2：$2x-y+7=0$；

(2) l_1：$y=2x+6$ 与 l_2：$3x+4y-2=0$.

解 (1)直线 l_1 可化为 $y=2x+\frac{5}{2}$，得 $k_1=2$，

直线 l_2 可化为 $y=2x+7$，得 $k_2=2$，

因为 $k_1=k_2$，所以 $l_1 /\!/ l_2$.

(2) l_1 的斜率 $k_1=2$，

l_2 可化为 $y=-\frac{3}{4}x+\frac{1}{2}$，得 $k_2=-\frac{3}{4}$.

因为 $k_1 \neq k_2$，所以 l_1 与 l_2 相交，交点坐标满足

$$\begin{cases}y=2x+6,\\3x+4y-2=0,\end{cases} \text{解得} \begin{cases}x=-2,\\y=2.\end{cases}$$

所以，它们的交点坐标为$(-2, 2)$.

例 13 已知某产品在市场上的供应数量 Q 与销售价格 P 之间的关系为 $P-3Q-5=0$，需求数量 Q 与价格 P 之间的关系为 $P+2Q-25=0$，Q，P 的单位分别是“万件”和“元/件”. 试求市场的供需平衡点(一个合理的价格销售以及使供需相等的产品数量).

分析 产品的销售价格关系到利润大小，会影响到供应数量；销售价格关系到购买者承受能力，会影响到需求数量. 供需平衡是一种市场规律，但若能

事先估计价格与供应数量、需求数量之间的关系，且关系是线性的，就能应用现有知识预测平衡点，一个合理的销售价格 P 以及使供需相等的产品数量 Q 确定的点 (P, Q) 的坐标既要满足供应关系，又要满足需求关系.

解 由题设条件可知，供应关系和需求关系分别为

$$P-3Q-5=0, \quad P+2Q-25=0.$$

它们的图像都是直线，我们以数量为横轴，价格为纵轴，分别做出供应线与需求线，如图 5-14 所示. 从图中可以看出，供应数量随价格的升高而增加，需求数量随价格的升高而减少，供应线与需求线的交点坐标，就是供需平衡时的数量和价格.

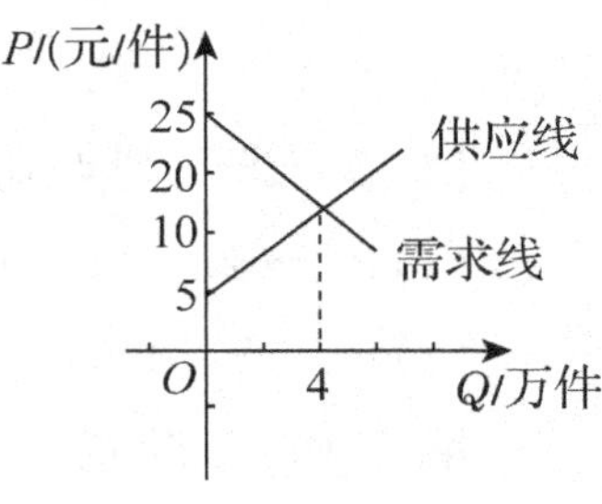

图 5-14

解方程组

$$\begin{cases} P-3Q-5=0, \\ P+2Q-25=0, \end{cases}$$

得

$$P=17, \quad Q=4.$$

所以，当销售价格为 17 元/件时，供应数量和需求数量相等，达到平衡，均为 4 万件.

小贴士：一般来说，当供应量大于需求量时，价格将要下跌，供应量小于需求量时，价格可能上涨，这就是所谓的供求规律. 国家可以采取对供应者收税和补贴的办法，影响商品的单价来调节市场的供需量.

 5.2.4 点到直线的距离

某人要以最短的距离走到前方公路上，应该怎样走？很明显，这个人所走的路线应于公路垂直，这条垂直路线的长度就是这个人(点)到公路(直线)的距离.

如图 5-15 所示，在平面直角坐标系中，已知点 $P_0(x_0, y_0)$ 作直线 l 的垂线，直线 l：$Ax+By+C=0$，过点 P_0，Q 为垂足，则垂线段 P_0Q 的长度就是点 P_0 到直线 l 的距离，记作 d.

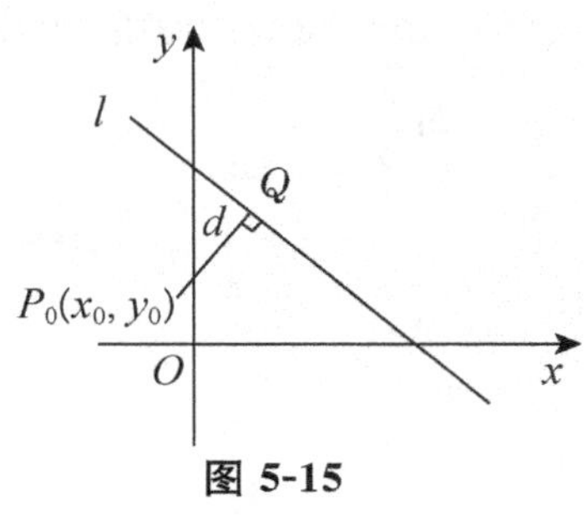

图 5-15

可以证明，点 $P_0(x_0, y_0)$ 到直线 l：$Ax+By+C=0$ 的距离公式为

$$d=\frac{|Ax_0+By_0+C|}{\sqrt{A^2+B^2}}.$$

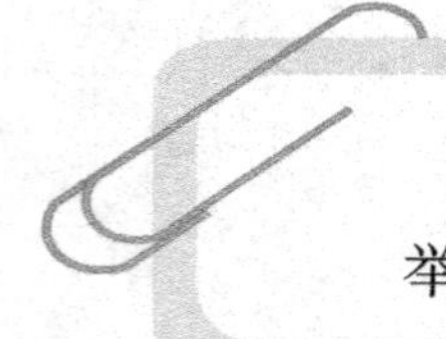

当 $A=0$ 或 $B=0$ 时，点到直线的距离公式是否成立？请举例验证你的结论.

例 14 求下列点到直线的距离.

(1)$P(-3，2)$，$3x+4y-24=0$；

(2)$P(-3，4)$，$y=2x+4$.

解 (1)依题意，$x_0=-3$，$y_0=2$，$A=3$，$B=4$，$C=-24$，代入点到直线的距离公式，得

$$d=\frac{|3\times(-3)+4\times2-24|}{\sqrt{3^2+4^2}}=\frac{|-9+8-24|}{5}=\frac{|-25|}{5}=5.$$

(2)依题意，$x_0=-3$，$y_0=4$，直线方程可化为

$$2x-y+4=0,$$

所以 $A=2$，$B=-1$，$C=4$，代入点到直线的距离公式，得

$$d=\frac{|2\times(-3)+(-1)\times4+4|}{\sqrt{2^2+(-1)^2}}=\frac{|-6-4+4|}{\sqrt{5}}=\frac{6}{\sqrt{5}}=\frac{6\sqrt{5}}{5}.$$

例 15 求两条平行直线 $2x-7y+8=0$ 和 $2x-7y-6=0$ 之间的距离.

分析 根据点到直线距离的定义可知，两条平行直线中的一条上的每一点到另一条直线的距离都相等.

解 在直线 $2x-7y-6=0$ 任取一点，如取点 $P(3，0)$，则点 $P(3，0)$到直线$2x-7y+8=0$的距离就是两条平行直线间的距离.

因此

$$d=\frac{|2\times3-7\times0+8|}{\sqrt{2^2+(-7)^2}}=\frac{14}{\sqrt{53}}=\frac{14\sqrt{53}}{53}.$$

例 16 已知点 $A(1,3)$，$B(3,1)$，$C(-1,0)$，求$\triangle ABC$的面积.

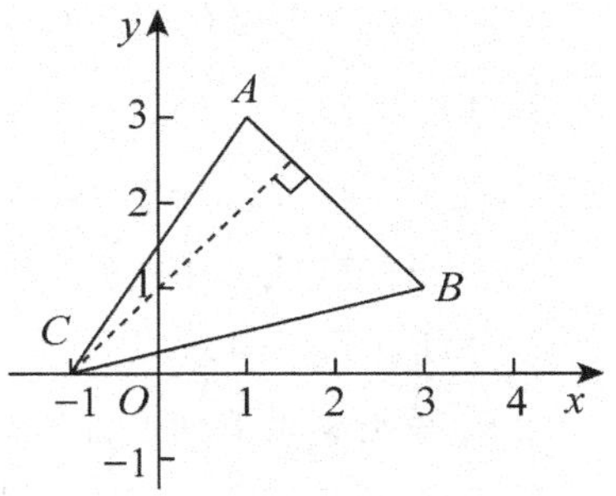

解 如图 5-16 所示，设 AB 边上的高为 h，则

$$S_{\triangle ABC}=\frac{1}{2}|AB|\cdot h.$$

图 5-16

因为

$$|AB|=\sqrt{(3-1)^2+(1-3)^2}=2\sqrt{2},$$

AB 边上的高 h 就是点 C 到直线 AB 的距离，

而直线 AB 的斜率为

$$k=\frac{1-3}{3-1}=-1,$$

所以，直线 AB 的方程为

$$y-3=-(x-1),$$

即

$$x+y-4=0.$$

点 $C(-1,0)$到直线 AB：$x+y-4=0$ 的距离为

$$h=\frac{|-1+0-4|}{\sqrt{1^2+1^2}}=\frac{5}{\sqrt{2}}=\frac{5\sqrt{2}}{2}.$$

由此可得

$$S_{\triangle ABC}=\frac{1}{2}\left|AB\right|\cdot h=\frac{1}{2}\times 2\sqrt{2}\times\frac{5\sqrt{2}}{2}=5.$$

思考题 5-2

1. 倾斜角是90°的直线有斜率吗？

2. 我们平常所说的“斜坡很陡”就是指坡度很大，那么，坡度与斜率有关系吗？

3. 过点 $P_0(x_0,y_0)$且垂直于 x 轴的直线方程是什么？过点 $P_0(x_0,y_0)$且垂直于 y 轴的直线方程是什么？

4. x 轴所在的直线方程是什么？y 轴所在的直线方程是什么？

5. 当 $A=0$ 或 $B=0$ 时，点到直线的距离公式是否成立？请举例验证你的结论.

课堂练习 5-2

1. 已知直线 l 的倾斜角 α，求直线 l 的斜率 k.

(1)$\alpha=60°$；　(2)$\alpha=120°$；　(3)$\alpha=135°$.

2. 已知直线 l 经过下列两点，求它的斜率 k，并确定倾斜角 α 的值.

(1) $P_1(\sqrt{3}, -4)$，$P_2(2\sqrt{3}, -5)$；

(2) $P_1(3, \sqrt{3})$，$P_2(4, \sqrt{3})$.

3. 已知直线 l 经过下列两点，求它的斜率 k，并确定倾斜角 α 的取值范围.

(1) $P_1(4, -4)$，$P_2(10, 8)$；　　(2) $P_1(4, -3)$，$P_2(2, 7)$.

4. 写出满足下列条件的直线的点斜式方程.

(1)过点 $P_0(3, -1)$，斜率 $k=-2$；

(2)过点 $P_0(-4, 2)$，倾斜角 $\alpha=\frac{\pi}{3}$；

(3)过点 $P_0(0, 1)$，倾斜角 $\alpha=135°$.

5. 已知直线的点斜式方程是 $y-1=x-3$，则直线的斜率是________，倾斜角是________.

6. 求满足下列条件的直线 l 的方程.

(1)过点 $P_0(0, 3)$，斜率 $k=-3$；

(2)过两点 $P_1(-6, 2)$，$P_2(-4, -2)$；

(3)过点 $P_0(-6, 2)$，且平行于 x 轴；

(4)倾斜角为 $135°$，在 y 轴上的截距为 -4.

7. 直线方程 $Ax+By+C=0$ 的系数 A，B，C 满足什么条件时，这条直线有以下性质.

(1)只与 x 轴相交；

(2)只与 y 轴相交；

(3)是 x 轴所在的直线；

(4)是 y 轴所在的直线.

8. 已知直线 l 经过点 $A(-3, 2)$，斜率为 $\frac{1}{2}$，求直线 l 的点斜式方程、斜截式方程和一般式方程.

9. 判断下列各组内两条直线是否平行.

(1) l_1：$y=3x+4$，l_2：$y=3x-2$；

(2) l_1：$3x+4y=5$，l_2：$6x+8y=7$；

(3) l_1：$y=-2x+1$，l_2：$4x+2y-2=0$.

10. 求过点 $(2, -3)$，且平行于直线 l_1：$3x-2y+2=0$ 的直线 l 的方程.

11. 判断下列各组内两条直线是否垂直.

(1) l_1：$y=3x+4$，l_2：$2x+6y+1=0$；

(2) l_1：$y=x$，l_2：$3x-3y-10=0$.

12. 已知点 $A(5, 3)$，$B(-4, 10)$，$C(10, 6)$，$D(3, -4)$，求证：$AD\perp BC$.

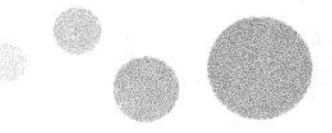

13. 判断下列各对直线的位置关系，如果相交，求出交点坐标.

(1)l_1：$2x-y=7$，l_2：$4x+2y=1$；

(2)l_1：$2x-6y+6=0$，l_2：$x-3y+2=0$.

14. 求下列点到直线的距离.

(1)$P(4, -2)$，$4x-3y+3=0$；

(2)$P(5, -4)$，$y=-\frac{3}{4}x+1$.

15. 求下列两条平行直线间的距离.

$3x+4y-4=0$，$3x+y-9=0$.

5.3 圆的方程

在平面直角坐标系中，两点确定一条直线，一点和倾斜角也能确定一条直线，那么，在平面直角坐标系中，该如何确定一个圆呢？

圆是最完美的几何图形，在初中，我们就比较系统地学过圆的有关知识，知道圆是平面内到一个定点 C 的距离等于定长 r 的所有点的集合，定点 C 称为这个**圆的圆心**，定长 r 称为这个**圆的半径**. 因此，圆上任意一点 P 到圆心 C 的距离 $|PC|=r$.

依据圆的定义，当圆心位置与半径大小确定后，圆就唯一确定了，因此，确定一个圆最基本的要素是**圆心和半径**.

5.3.1 圆的标准方程

如图 5-17 所示，在平面直角坐标系中，已知一个圆以点 $C(a, b)$为圆心，r 为半径.

设 $P(x, y)$是圆上任意一点，则 $|PC|=r$.

由两点之间的距离公式，可以得到关于点 P 的坐标的关系式.

$$\sqrt{(x-a)^2+(y-b)^2}=r.$$

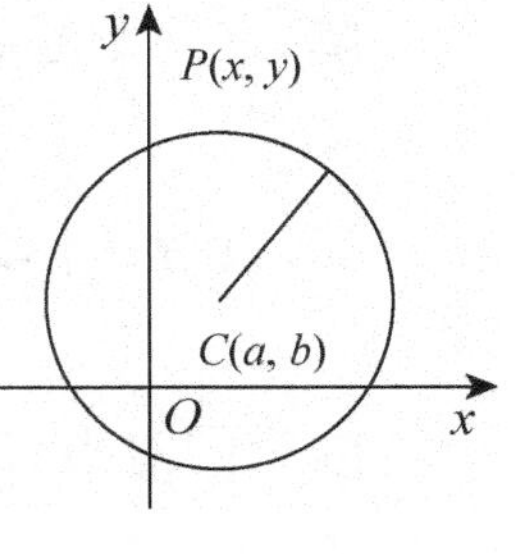

图 5-17

将上式两边平方，得

$$(x-a)^2+(y-b)^2=r^2. \quad ①$$

若点 $P(x, y)$在圆上，由上述讨论可知，点 P 的坐标适合方程①；反之，若点 P 的坐标(x, y)适合方程①，则表明点 P 到圆心 C 的距离为 r，即点 P 在以点 C 为圆心的圆上，所以方程①就是以 $C(a, b)$为圆心，r 为半径的圆的方程，我们称这个方程为圆的标准方程.

如果圆心在坐标系的原点，这时 $a=0$，$b=0$，那么圆的标准方程就是

$$x^2+y^2=r^2. \quad ②$$

例 1 已知圆的标准方程为

$$(x-4)^2+(y+5)^2=16.$$

(1)写出圆心 C 的坐标和半径；

(2)确定点 $M(1, -4)$，$N(4, -1)$，$P(-2, -3)$与圆的位置关系.

解 (1)因为 $a=4$，$b=-5$，$r^2=16$，所以圆心 C 的坐标为$(4, -5)$，半径$r=4$.

(2)因为$|MC|=\sqrt{(1-4)^2+(-4+5)^2}=\sqrt{10}<r$，所以点 M 在圆内.

因为$|NC|=\sqrt{(4-4)^2+(-1+5)^2}=4=r$，所以点 N 在圆上.

因为$|PC|=\sqrt{(-2-4)^2+(-3+5)^2}=2\sqrt{10}>r$，所以点 P 在圆外.

例 2 求下列各圆的标准方程.

(1)圆心在点 $C(-3, 2)$，半径为$\sqrt{2}$；

(2)圆心在 y 轴上，半径为$\sqrt{5}$，且过点$(2, 1)$.

解 (1)圆心在点 $C(-3, 2)$，半径 $r=\sqrt{2}$的圆的标准方程为

$$(x+3)^2+(y-2)^2=2.$$

(2)设圆的标准方程为

$$x^2+(y-b)^2=5,$$

因为圆过点$(2, 1)$，所以有

$$2^2+(1-b)^2=5,$$

得 $b=0$ 或 $b=2$.

所以，所求圆的方程为

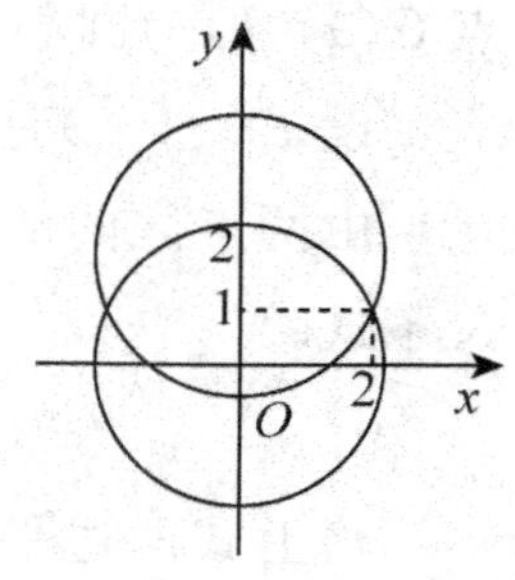

图 5-18

$$x^2+y^2=5 \text{ 或 } x^2+(y-2)^2=5.$$

图像如图 5-18 所示.

小贴士：例 2 的第(2)小题使用的方法称为待定系数法.

5.3.2 圆的一般方程

圆的方程还有一种形式，我们看一个具体的例子，如图 5-19 所示.

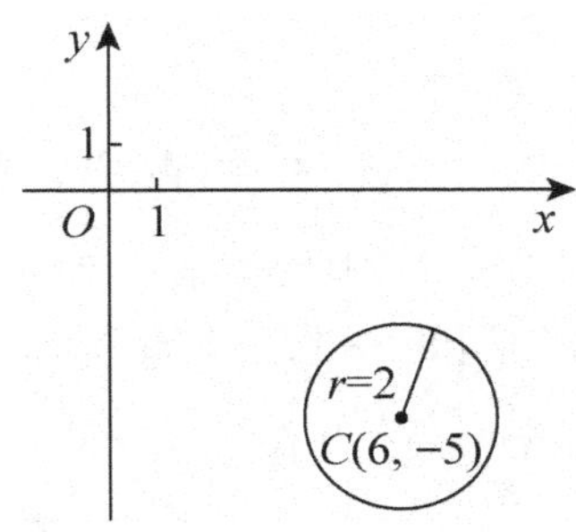

图 5-19

已知圆的圆心为 $C(6, -5)$，半径 $r=2$. 由此，我们可以写出这个圆的标准方程为

$$(x-6)^2+(y+5)^2=4.$$

将方程展开并整理得

$$x^2+y^2-12x+10y+57=0.$$

我们把方程

$$x^2+y^2-12x+10y+57=0$$

称为圆的一般方程.

通常，如果形如

$$x^2+y^2+Dx+Ey+F=0 \quad ③$$

的方程能够表示一个圆，我们就把它称为**圆的一般方程**.

需要注意的是，与方程③类似的方程并不都能表示一个圆. 例如，方程

$x^2+y^2-6x+4y+15=0$，经配方得$(x-3)^2+(y+2)^2=-2$.

由于这个方程无解，也就是说不存在点的坐标(x, y)满足这个方程，所以这个方程不表示任何图形.

又如，方程$x^2+y^2+8x-2y+17=0$，经配方得

$$(x+4)^2+(y-1)^2=0.$$

由于这个方程只有一组解，即$x=-4$，$y=1$，所以这个方程表示的图形是一个点，即点$(-4, 1)$.

例 3 判断下列各方程表示的图形.

(1)$x^2+y^2+2x-4y-4=0$；

(2)$x^2+y^2+2x-4y+5=0$；

(3)$x^2+y^2+2x-4y+9=0$.

解 (1)将方程$x^2+y^2+2x-4y-4=0$配方，得

$$(x+1)^2+(y-2)^2=9,$$

所以，原方程表示的图形是以$(-1, 2)$为圆心，3为半径的圆.

(2)将方程$x^2+y^2+2x-4y+5=0$配方，得

$$(x+1)^2+(y-2)^2=0.$$

由于原方程只有唯一的一组解，即$x=-1$，$y=2$，所以，原方程表示的图形是一个点，这个点的坐标是$(-1, 2)$.

(3)将方程$x^2+y^2+2x-4y+9=0$配方，得

$$(x+1)^2+(y-2)^2=-4.$$

这个方程没有实数解，原方程不表示任何图形.

例 4 求过三点$O(0, 0)$，$A(1, 1)$，$B(4, 2)$的圆的方程，并求出它的圆心坐标和半径.

解 设圆的方程为

$$x^2+y^2+Dx+Ey+F=0,$$

因为点O，A，B在圆上，

所以

$$\begin{cases}F=0,\\1+1+D+E+F=0,\\16+4+4D+2E+F=0,\end{cases}$$

解得

$$D=-8, E=6, F=0.$$

所以，所求圆的方程为

$$x^2+y^2-8x+6y=0,$$

配方得

$$(x-4)^2+(y+3)^2=25,$$

因此，所求圆的圆心坐标为(4，−3)，半径为5.

小贴士：这里也可以通过计算 D^2+E^2-4F 来确定例1中各方程表示的图形.

请根据圆的标准方程求解例4. 比较一下，已知圆上的三点坐标，求圆的方程，用哪种方法更为方便.

5.3.3 直线与圆的位置关系

在平面几何中，我们已经学习过直线与圆的三种不同的位置关系及它们的判定方法.

已知圆 C 的半径为 r，设圆心 C 到直线 l 的距离为 d.

(1)直线和圆有两个公共点，称为直线与圆相交(图5-20)，这时直线称为圆的割线. 直线 l 与圆 C 相交 $\Leftrightarrow d<r$.

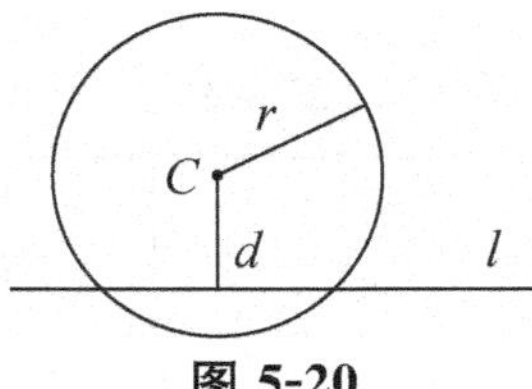

图 5-20

(2)直线和圆有唯一公共点，称为直线与圆相切(图5-21)，这时直线称为圆的切线，唯一的公共点称为切点. 直线 l 与圆 C 相切 $\Leftrightarrow d=r$.

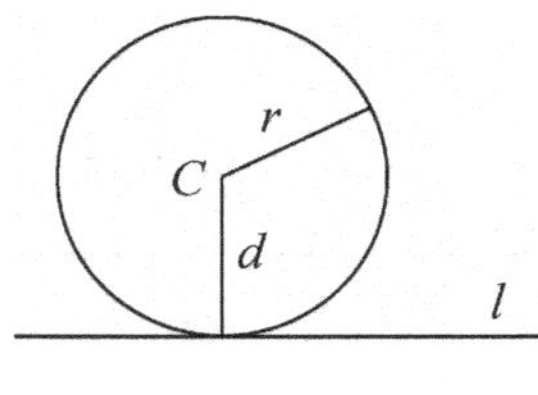

图 5-21

(3)直线和圆没有公共点，称为直线与圆相离(图 5-22). 直线 l 与圆 C 相离$\Leftrightarrow d>r$.

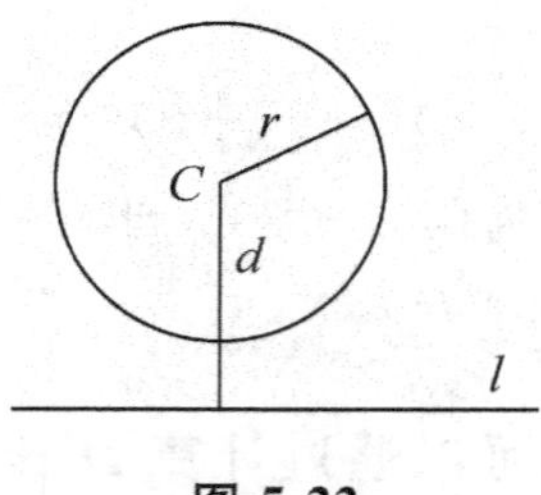

图 5-22

以上应用了几何方法判定直线与圆的位置关系，在平面直角坐标系中，圆的圆心为 $C(a, b)$，直线 l 的方程为 $Ax+By+C=0$，则圆心 C 到直线 l 的距离 d 为

$$d=\frac{|Aa+Bb+C|}{\sqrt{A^2+B^2}}.$$

比较 d 与 r 的大小，即可判定直线与圆的位置关系.

应用代数方法，联立方程组

$$\begin{cases}Ax+By+C=0,\\(x-a)^2+(y-b)^2=r^2 \text{ 或 } x^2+y^2+Dx+Ey+F=0\end{cases}$$

的解的个数，也能判定它们的位置关系. 通过方程组中的第一个式子解出 y，代入第二个式子，得出一个关于 x 的一元二次方程. 由这个一元二次方程的判别式 Δ 的符号就能判定直线与圆是相交、相切还是相离.

我们把上述讨论的直线与圆的位置关系及判定方法总结如表 5-2 所示.

表 5-2

位置关系	示意图形	代数方法	几何方法
		判别式 Δ	圆心到直线的距离 d
相交	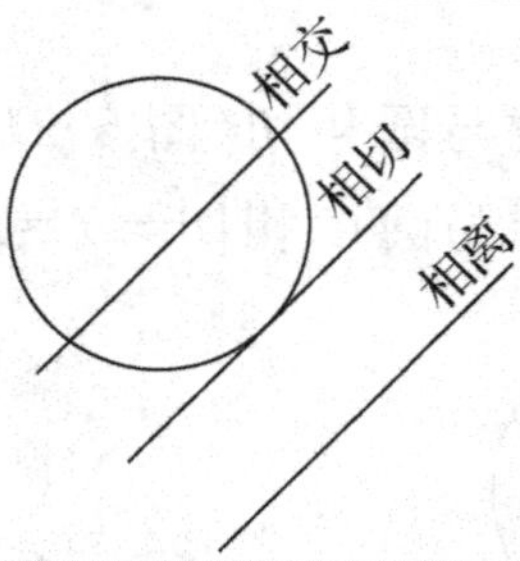	$\Delta>0$	$d<r$
相切		$\Delta=0$	$d=r$
相离		$\Delta<0$	$d>r$

例 5 判断直线 l：$4x-3y-8=0$ 与圆 C：$x^2+(y+1)^2=1$ 的位置关系，若有公共点，求出公共点的坐标.

解 如图 5-23 所示，因为要求公共点的坐标，所以采用代数方法.

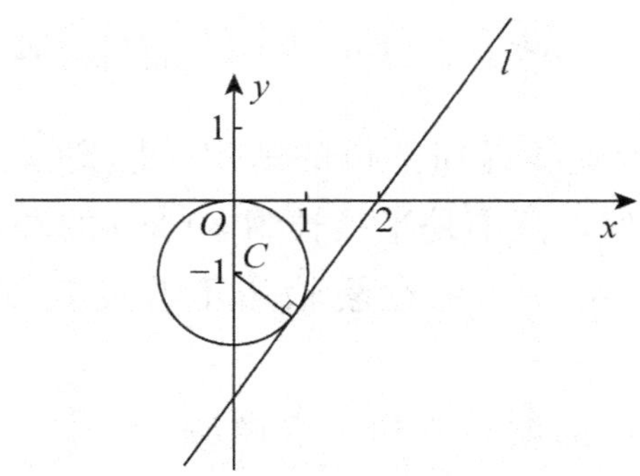

图 5-23

联立方程组 $\begin{cases}4x-3y-8=0, & ①\\ x^2+(y+1)^2=1. & ②\end{cases}$

从①式解出 $y=\dfrac{4}{3}(x-2)$，代入②式中，得

$$x^2+\left(\frac{4}{3}x-\frac{5}{3}\right)^2=1,$$

即

$$25x^2-40x+16=0.$$

因为 $\Delta=40^2-4\times25\times16=0$，方程组的解为

$$x=\frac{4}{5},\ y=-\frac{8}{5},$$

所以直线 l 与圆 C 相切于点 $\left(\dfrac{4}{5},-\dfrac{8}{5}\right)$.

例 6 已知圆 O 的方程是 $x^2+y^2=2$，直线 l：$y=x+b$. 当 b 分别为何值时，直线与圆相交、相切、相离？

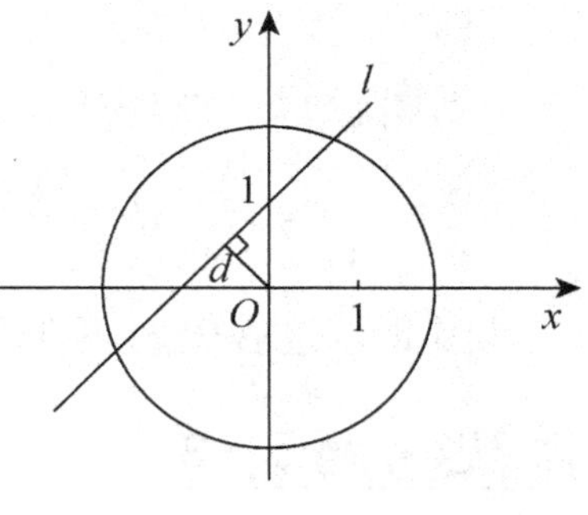

图 5-24

解 如图 5-24 所示，圆 O 的圆心 $(0,0)$，半径 $r=\sqrt{2}$，则圆心 O 到直线 l：$x-y+b=0$ 的距离为

$$d=\frac{|0-0+b|}{\sqrt{1^2+(-1)^2}}=\frac{|b|}{\sqrt{2}}.$$

当 $d<r$，即 $\dfrac{|b|}{\sqrt{2}}<\sqrt{2}$，$-2<b<2$ 时，直线与

圆相交；

当 $d=r$，即 $\frac{|b|}{\sqrt{2}}=\sqrt{2}$，$b=\pm 2$ 时，直线与圆相切；

当 $d>r$，即 $\frac{|b|}{\sqrt{2}}>\sqrt{2}$，$b<-2$ 或 $b>2$ 时，直线与圆相离.

例 7　一艘轮船在沿直线返回港口的途中，接到指挥塔的警报. 暗礁区中心位于轮船正西 70 km 处，范围是半径长为 30 km 的圆形区域，已知港口位于暗礁区中心正北 40 km 处，如果这艘轮船不改变航线，它是否受到暗礁的影响？

分析　如果这艘轮船的航线不通过受暗礁影响的圆形区域，那么它就不会受到影响，否则将会受影响. 因此，我们可以在平面直角坐标系中解决问题.

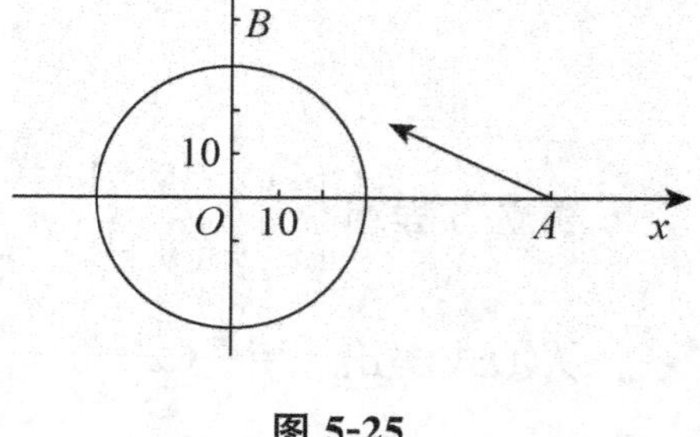

图 5-25

解　如图 5-25 所示，以暗礁中心 O 为原点，以正东方向为 x 轴的正方向，建立平面直角坐标系，则轮船原来位置 $A(70,0)$，港口位置 $B(0,40)$，受暗礁影响的圆形区域所对应的圆的圆心为 $O(0,0)$，半径为 $r=30$(单位：km).

航线所在的斜率为

$$k=\frac{0-40}{70-0}=-\frac{4}{7},$$

则航线所在的直线方程为

$$y=-\frac{4}{7}x+40,$$

即

$$4x+7y-280=0.$$

则圆心 O 到航线所在直线的距离

$$d=\frac{|4\times 0+7\times 0-280|}{\sqrt{4^2+7^2}}\approx 34.7>30(\text{km}).$$

因此，这艘轮船不会受到暗礁影响.

思考题 5-3

用什么方法可以在判定直线和圆的位置关系的同时，求出公共点的坐标.

课堂练习 5-3

1. 根据下列各圆的标准方程，写出圆心坐标和半径.

(1)$(a-2)^2+(1-b)^2=5$；

(2)$(x-2)^2+(y+3)^2=10$.

2. 写出下列各圆的标准方程，并判断点 $A(-2, 1)$与它们的关系.

(1)圆心为 $C(4, -2)$，半径为 4；

(2)圆心在原点，且过点$(-3, 4)$.

3. 将下列圆的标准方程化为圆的一般方程.

(1)$(x-5)^2+(y+2)^2=7$；

(2)$(x+3)^2+(y-4)^2=10$.

4. 判断下列各方程表示的图形.

(1)$x^2+y^2-4x+6y+4=0$；

(2)$2x^2+2y^2-4x-5=0$.

5. 已知$\triangle ABC$ 的顶点 $A(1, -1)$，$B(2, 0)$，$C(1, 1)$，求$\triangle ABC$ 外接圆的方程，并求它的圆心坐标和半径.

6. 判断下列各组中直线 l 与圆 C 的位置关系.

(1)l：$x-y-1=0$，C：$x^2+y^2=1$；

(2)l：$4x-3y+6=0$，C：$x^2-8x+y^2+2y-8=0$；

(3)l：$2x-y+5=0$，C：$x^2+y^2=4$；

(4)l：$x+y-4=0$，C：$x^2+y^2=20$.

7. 直线 $4x+3y-40=0$ 和圆 $x^2+y^2=100$ 存在公共点吗？若存在，求出公共点的坐标；若不存在，请说明理由.

本章小结

知识框架

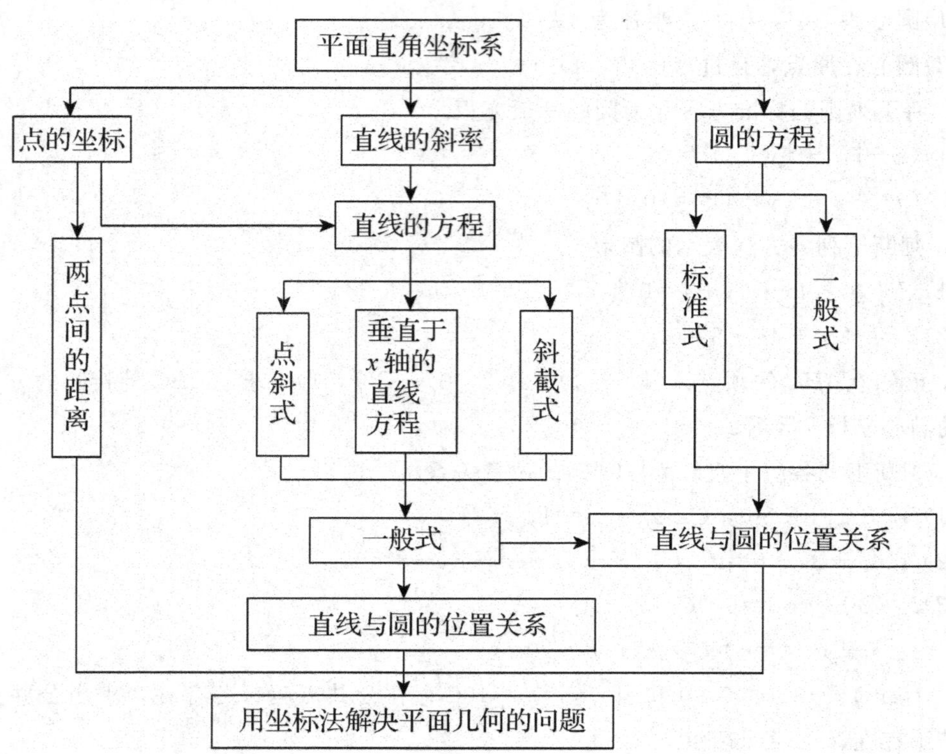

知识点梳理

5.1 平面直角坐标系

1. 在平面直角坐标系中，设 P_1，P_2 两点的坐标为 $P_1(x_1, y_1)$，$P_2(x_2, y_2)$，则两点间距离公式如下.

$$|P_1P_2|=\sqrt{(x_2-x_1)^2+(y_2-y_1)^2}.$$

2. 一般地，设点 $P_1(x_1, y_1)$，$P_2(x_2, y_2)$为平面内任意两点，则线段 P_1P_2 的中点 P 的坐标为

$$\begin{cases} x=\dfrac{x_1+x_2}{2}, \\ y=\dfrac{y_1+y_2}{2}. \end{cases}$$

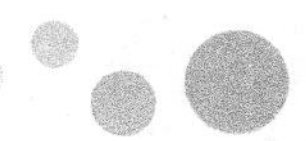

5.2 直线的方程

1. 直线倾斜角 $\alpha(\alpha\neq 90°)$的正切称为直线的斜率．通常用小写字母 k 表示，即

$$k=\tan\alpha(\alpha\neq 90°).$$

2. 在平面直角坐标系中，经过两点 $P_1(x_1, y_1)$，$P_2(x_2, y_2)(x_1\neq x_2)$的直线的斜率公式为

$$k=\frac{y_2-y_1}{x_2-x_1}(x_1\neq x_2).$$

3. 已知直线 l 经过点(x_0, y_0)，且斜率为 k，直线的点斜式方程为 $y-y_0=k(x-x_0)$.

4. 点 P_0 是直线 l 与 y 轴的交点，设其坐标为$(0, b)$，则我们把 b 称为直线 l 在 y 轴上的截距．此时直线的斜截式方程为 $y=kx+b$.

5. 直线的一般方程：$Ax+By+C=0$(A，B 不全为零).

6. 对于两条不重合的直线 l_1，l_2，若它们的斜率分别为 k_1，k_2，则有

$$l_1 /\!/ l_2 \Leftrightarrow k_1=k_2.$$

7. 设平面内两条不重合的直线的方程分别为

$$l_1: A_1x+B_1y+C_1=0,\quad l_2: A_2x+B_2y+C_2=0.$$

则

$$\begin{cases}A_1x+B_1y+C_1=0,\\A_2x+B_2y+C_2=0.\end{cases}$$

这个方程组的解就是 l_1 与 l_2 的交点坐标.

8. 点 $P_0(x_0, y_0)$到直线 l：$Ax+By+C=0$ 的距离公式为

$$d=\frac{|Ax_0+By_0+C|}{\sqrt{A^2+B^2}}.$$

5.3 圆的方程

1. 以点 $C(a, b)$为圆心，r 为半径的圆的标准方程为$(x-a)^2+(y-b)^2=r^2$.

2. 圆的一般方程为 $x^2+y^2+Dx+Ey+F=0$.

3. 已知圆 C 的半径为 r，设圆心 C 到直线 l 的距离为 d，直线与圆的三种不同的位置关系及判定方法如下.

位置关系	示意图形	代数方法	几何方法
		判别式 Δ	圆心到直线的距离 d
相交	相交 相切 相离	$\Delta>0$	$d<r$
相切		$\Delta=0$	$d=r$
相离		$\Delta<0$	$d>r$

复习题五(A)

一、选择题(在每小题列出的4个备选项中只有一个是符合题目要求的，请将其代码填写在后面的括号里)

1. 若点$A(2, 0)$，$B(6, -8)$，则线段AB的中点坐标是(　　).

A. $(8, -8)$　　B. $(-4, 8)$　　C. $(4, -8)$　　D. $(4, -4)$

2. 直线$4x-3y-12=0$与坐标轴的两交点的距离是(　　).

A. 25　　B. 12　　C. 5　　D. 3

3. 已知两直线$2x+my+3=0$与$x+2y-3=0$互相垂直，则$m=$(　　).

A. 4　　B. -4　　C. -1　　D. 1

4. 与x轴平行的直线是(　　).

A. $x=0$　　B. $x=5$　　C. $y=2$　　D. $y=x$

5. 圆$x^2+y^2-4x+6y+8=0$的圆心和半径分别为(　　).

A. $(2, 3)$，5　　B. $(-2, 3)$，5

C. $(2, -3)$，$\sqrt{5}$　　D. $(-2, 3)$，$\sqrt{5}$

6. 两直线$4x+y+3=0$与$x+4y-1=0$的位置关系是(　　).

A. 平行　　B. 重合　　C. 相交　　D. 垂直

7. 点$P(-1, 1)$到直线$x-y=1$的距离是(　　).

A. $-\frac{3\sqrt{2}}{2}$　　B. $\frac{3}{2}$　　C. 1　　D. $\frac{3\sqrt{2}}{2}$

8. 过点$M(2, -1)$且斜率为$k=\sqrt{3}$的直线方程是(　　).

A. $\sqrt{3}x-y-2\sqrt{3}-1=0$　　B. $\sqrt{3}x+y-2\sqrt{3}-1=0$

C. $\sqrt{3}x-y+2\sqrt{3}-1=0$　　D. $\sqrt{3}x+y+2\sqrt{3}-1=0$

9. 与圆$x^2+y^2=2$相切的直线方程是(　　).

A. $y=x+\sqrt{2}$　　B. $y=x-\sqrt{2}$　　C. $y=x-1$　　D. $y=x-2$

10. 曲线$x^2+4y^2=1$与$x^2+y^2=1$的交点数有(　　)个.

A. 1　　B. 2　　C. 3　　D. 4

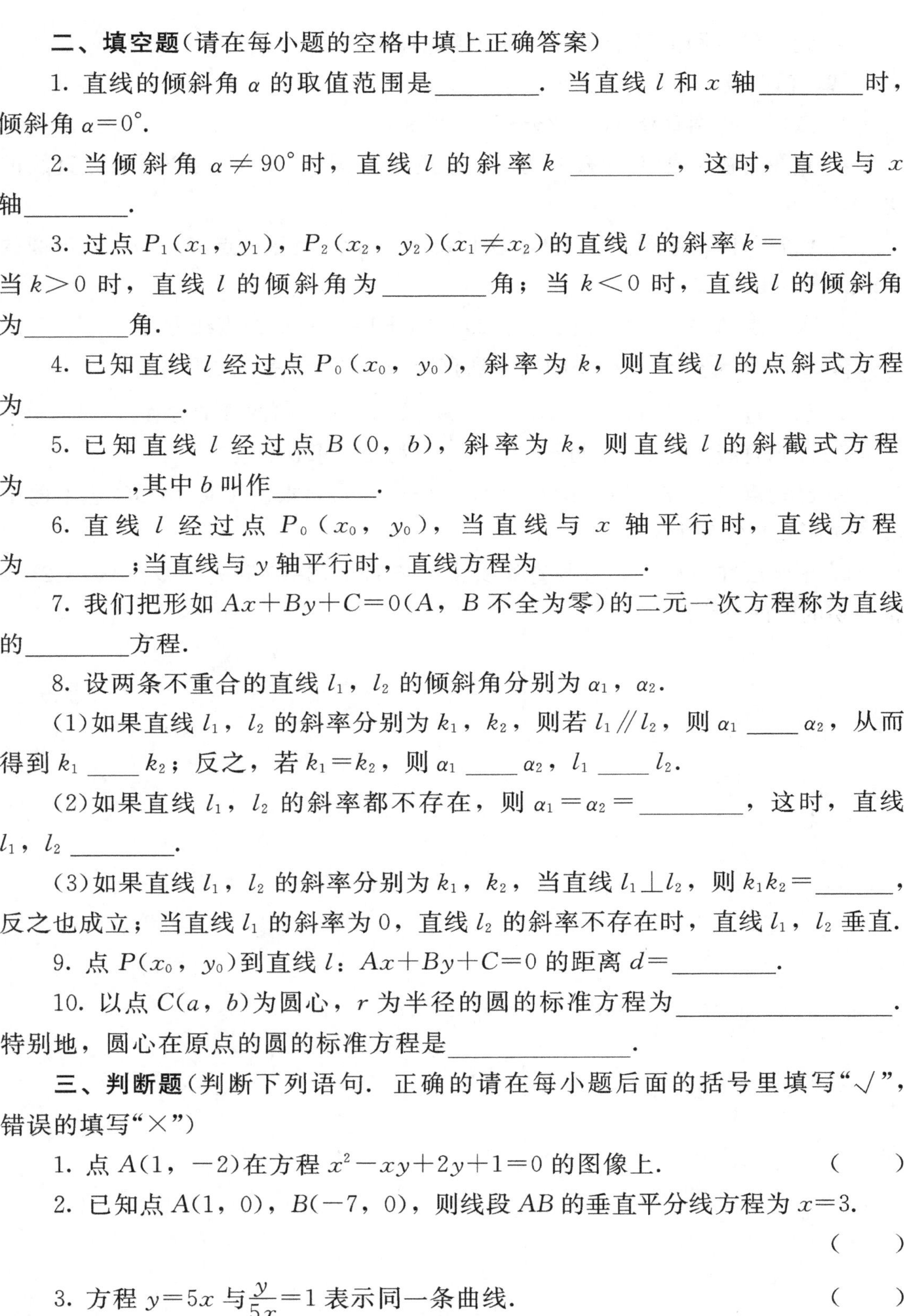

二、填空题(请在每小题的空格中填上正确答案)

1. 直线的倾斜角 α 的取值范围是________. 当直线 l 和 x 轴________时，倾斜角 $\alpha=0°$.

2. 当倾斜角 $\alpha\neq 90°$ 时，直线 l 的斜率 k ________，这时，直线与 x 轴________.

3. 过点 $P_1(x_1, y_1)$，$P_2(x_2, y_2)(x_1\neq x_2)$的直线 l 的斜率 $k=$________. 当 $k>0$ 时，直线 l 的倾斜角为________角；当 $k<0$ 时，直线 l 的倾斜角为________角.

4. 已知直线 l 经过点 $P_0(x_0, y_0)$，斜率为 k，则直线 l 的点斜式方程为____________.

5. 已知直线 l 经过点 $B(0, b)$，斜率为 k，则直线 l 的斜截式方程为________,其中 b 叫作________.

6. 直线 l 经过点 $P_0(x_0, y_0)$，当直线与 x 轴平行时，直线方程为________;当直线与 y 轴平行时，直线方程为________.

7. 我们把形如 $Ax+By+C=0$(A，B 不全为零)的二元一次方程称为直线的________方程.

8. 设两条不重合的直线 l_1，l_2 的倾斜角分别为 α_1，α_2.

(1)如果直线 l_1，l_2 的斜率分别为 k_1，k_2，则若 $l_1 /\!/ l_2$，则 α_1 ____ α_2，从而得到 k_1 ____ k_2；反之，若 $k_1=k_2$，则 α_1 ____ α_2，l_1 ____ l_2.

(2)如果直线 l_1，l_2 的斜率都不存在，则 $\alpha_1=\alpha_2=$________，这时，直线 l_1，l_2 ________.

(3)如果直线 l_1，l_2 的斜率分别为 k_1，k_2，当直线 $l_1\perp l_2$，则 $k_1k_2=$______，反之也成立；当直线 l_1 的斜率为0，直线 l_2 的斜率不存在时，直线 l_1，l_2 垂直.

9. 点 $P(x_0, y_0)$到直线 l：$Ax+By+C=0$ 的距离 $d=$________.

10. 以点 $C(a, b)$为圆心，r 为半径的圆的标准方程为________________. 特别地，圆心在原点的圆的标准方程是______________.

三、判断题(判断下列语句. 正确的请在每小题后面的括号里填写“√”，错误的填写“×”)

1. 点 $A(1, -2)$在方程 $x^2-xy+2y+1=0$ 的图像上. (　　)

2. 已知点 $A(1, 0)$，$B(-7, 0)$，则线段 AB 的垂直平分线方程为 $x=3$. (　　)

3. 方程 $y=5x$ 与 $\frac{y}{5x}=1$ 表示同一条曲线. (　　)

4. 到 x 轴的距离等于 5 的点的轨迹方程是 $x=5$.　　(　　)

四、解答题

1. 点(3，4)到直线 $5x-12y+7=0$ 的距离.

2. 直线 l 在 y 轴上的截距为 5，并且与圆 $x^2+y^2=5$ 相切，求此直线的方程.

3. 已知一圆的半径为 3，圆心在直线 $x-y=0$ 上并过点(5，2)，求该圆的方程.

4. 求过点 $A(1, 2)$ 且与直线 l：$2x-3y+1=0$ 平行的直线方程.

5. 求圆 $x^2+y^2-10y=0$ 的圆心到直线 $3x+4y-5=0$ 的距离.

6. 求经过三点 $A(1, 2)$，$B(-1, 0)$，$C(0, -\sqrt{3})$ 的圆的方程.

7. 已知直线 $y=2x+b$ 与圆 $x^2+y^2=9$ 相切，求 b 的值.

8. 已知点 $A(-3, 1)$，$B(5, 2)$，$C(-1, 4)$，求△ABC 中 BC 边上的中线 AD 所在直线的方程.

9. 求圆心在 y 轴上，且与直线 l_1：$4x-3y+12=0$ 和 l_2：$3x-4y-12=0$ 都相切的圆的方程.

复习题五(B)

一、选择题(在每小题列出的4个备选项中只有一个是符合题目要求的，请将其代码填写在后面的括号里)

1. 若圆 C_1：$x^2+y^2=1$ 与圆 C_2：$x^2+y^2-6x-8y+m=0$ 外切，则 $m=$(　　).

A. 21　　B. 19　　C. 9　　D. -11

2. 圆 $(x+1)^2+y^2=2$ 的圆心到直线 $y=x+3$ 的距离为(　　).

A. 1　　B. 2　　C. $\sqrt{2}$　　D. $2\sqrt{2}$

3. 已知圆 M：$x^2+y^2-2ay=0(a>0)$ 截直线 $x+y=0$ 所得线段的长度是 $2\sqrt{2}$，则圆 M 与圆 N：$(x-1)^2+(y-1)^2=1$ 的位置关系是(　　).

A. 内切　　B. 相交　　C. 外切　　D. 相离

4. 已知圆 $x^2+y^2+2x-2y+a=0$ 截直线 $x+y+2=0$ 所得弦的长度为4，则实数 a 的值是(　　).

A. -2　　B. -4　　C. -6　　D. -8

5. 圆心为(1，1)且过原点的圆的方程是(　　).

A. $(x-1)^2+(y-1)^2=1$　　B. $(x+1)^2+(y+1)^2=1$

C. $(x+1)^2+(y+1)^2=2$　　D. $(x-1)^2+(y-1)^2=2$

6. 直线 $3x+4y=b$ 与圆 $x^2+y^2-2x-2y+1=0$ 相切，则 b 的值是(　　).

A. -2 或 12　　B. 2 或 -12

C. -2 或 -12　　D. 2 或 12

7. 过点(3，1)作圆 $(x-1)^2+y^2=1$ 的两条切线，切点分别为 A，B，则直线 AB 的方程为(　　).

A. $2x+y-3=0$　　B. $2x-y-3=0$

C. $4x-y-3=0$　　D. $4x+y-3=0$

8. 直线 $x+2y-5+\sqrt{5}$ 被圆 $x^2+y^2-2x-4y=0$ 截得的弦长为(　　).

A. 1　　B. 2　　C. 4　　D. $4\sqrt{6}$

9. 已知直线 l 过圆 $x^2+(y-3)^2=4$ 的圆心，且与直线 $x+y+1=0$ 垂直，则直线 l 的方程是(　　).

A. $x+y-2=0$　　B. $x-y+2=0$　　C. $x+y-3=0$　　D. $x-y+3=0$

10. 已知点 $M(a, b)$ 在圆 O：$x^2+y^2=1$ 外，则直线 $ax+by=1$ 与圆 O 的位置关系是(　　).

A. 相切　　B. 相交　　C. 相离　　D. 不确定

11. 已知过点 $P(2, 2)$ 的直线与圆 $(x-1)^2+y^2=5$ 相切，且与直线 $ax-y+1=0$ 垂直，则 $a=$(　　).

A. $-\frac{1}{2}$　　B. 1　　C. 2　　D. $\frac{1}{2}$

12. 垂直于直线 $y=x+1$ 且与圆 $x^2+y^2=1$ 相切于第一象限的直线方程是(　　).

A. $x+y-\sqrt{2}=0$　　B. $x+y+1=0$

C. $x+y-1=0$　　D. $x+y+\sqrt{2}=0$

二、填空题(请在每小题的空格中填上正确答案)

1. 若点 $P(1, 2)$ 在以坐标原点为圆心的圆上，则该圆在点 P 处的切线方程为__________.

2. 直线 $y=x+1$ 与圆 $x^2+y^2+2y-3=0$ 交于 A，B 两点，则 $|AB|=$__________.

3. 在平面直角坐标系中，经过三点 $(0, 0)$，$(1, 1)$，$(2, 0)$ 的圆的方程为__________.

4. 若直线 $3x-4y+5=0$ 与圆 $x^2+y^2=r^2(r>0)$ 相交于 A，B 两点，且 $\angle AOB=120°$(O 为坐标原点)，则 $r=$__________.

5. 在平面直角坐标系中，直线 $x+2y-3=0$ 被圆 $(x-2)^2+(y+1)^2=4$ 截得的弦长为__________.

6. 已知直线 $ax+y-2=0$ 与圆心为 C 的圆 $(x-1)^2+(y-a)^2=4$ 相交于 A，B 两点，且 $\triangle ABC$ 为等边三角形，则实数 $a=$__________.

7. 圆心在原点上与直线 $x+y-2=0$ 相切的圆的方程为__________.

8. 圆心在直线 $x-2y=0$ 上的圆 C 与 y 轴的正半轴相切，圆 C 截 x 轴所得的弦长为 $2\sqrt{3}$，则圆 C 的标准方程为__________.

9. 若圆 C 的半径为 1，其圆心与点 $(1, 0)$ 关于直线 $y=x$ 对称，则圆 C 的标准方程为__________.

10. 直线 $y=2x+3$ 被圆 $x^2+y^2-6x-8y=0$ 截得的弦长为__________.

11. 直线 $y=x$ 被圆 $x^2+(y-2)^2=4$ 截得的弦长为__________.

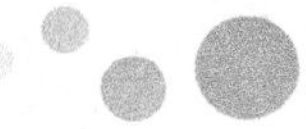

12. 若直线 $x-2y+5=0$ 与直线 $2x+my-6=0$ 互相垂直，则实数 $m=$ ________.

三、解答题

1. 设抛物线 C：$y^2=2x$，点 $A(2,0)$，$B(-2,0)$，过点 A 的直线 l 与 C 交于 M，N 两点．

(1)当直线 l 与 x 轴垂直时，求直线 BM 的方程；

(2)证明：$\angle ABM=\angle ABN$.

2. 已知过点 $A(0,1)$且斜率为 k 的直线 l 与圆 C：$(x-2)^2+(y-3)^2=1$ 交于 M，N 两点．

(1)求 k 的取值范围；

(2)若$\overrightarrow{OM}\cdot\overrightarrow{ON}=12$，其中 O 为坐标原点，求 $|MN|$．

3. 在平面直角坐标系中，已知圆 P 在 x 轴上截得的线段长为 $2\sqrt{2}$，在 y 轴上截得的线段长为 $2\sqrt{3}$.

(1)求圆心 P 的轨迹方程；

(2)若点 P 到直线 $y=x$ 的距离为$\dfrac{\sqrt{2}}{2}$，求圆 P 的方程．

4. 在平面直角坐标系中，曲线 $y=x^2-6x+1$ 与坐标轴的交点都在圆 C 上．

(1)求圆 C 的方程；

(2)若圆 C 与直线 $x-y+a=0$ 交于 A，B 两点，且 $OA\perp OB$，求 a 的值．

专题阅读

笛卡儿

图 5-26　笛卡儿

笛卡儿(René Descartes)，法国数学家、物理学家和哲学家(图 5-26). 他的哲学与数学思想对历史的影响是深远的. 人们在他的墓碑上刻下了这样一句话："笛卡儿，欧洲文艺复兴以来，第一个为人类争取并保证理性权利的人."

笛卡儿出生于法国，父亲是法国一个地方法院的评议员，相当于现在的律师和法官. 笛卡儿一岁时，他的母亲去世，并给他留下了一笔遗产，为他日后从事自己喜爱的工作提供了可靠的经济保障. 8 岁时，他进入一所耶稣会学校，在校学习 8 年，接受了传统的文化教育，读了古典文学、历史、神学、哲学、法学、医学、数学及其他自然科学. 但他对所学的东西颇感失望. 因为在他看来教科书中那些微妙的论证，其实不过是模棱两可甚至前后矛盾的理论，只能使他产生怀疑而无从得到确凿的知识，唯一给他安慰的是数学. 在结束学业时，他暗下决心：不再死钻书本学问，而要向"世界这本大书"讨教，于是他决定避开战争，远离社交活动频繁的都市，寻找适于研究的环境. 1628 年，他从巴黎移居荷兰，开始了长达 20 年的潜心研究和写作生涯，先后发表了许多在数学和哲学上有重大影响的论著. 在荷兰长达 20 年的时间里，他集中精力做了大量的研究工作，在 1634 年写了《论世界》，书中总结了他在哲学、数学和许多自然科学问题上的看法. 1641 年出版了《第一哲学沉思集》，1644 年又出版了《哲学原理》等. 他的著作在生前就遭到教会指责，死后又被梵蒂冈教皇列为禁书，但这并没有阻止他的思想的传播.

笛卡儿是欧洲近代哲学的奠基人之一，黑格尔称他为"现代哲学之父". 他自成体系，融唯物主义与唯心主义于一炉，在哲学史上产生了深远的影响. 同时，他又是一位勇于探索的科学家，他所建立的解析几何在数学史上具有划时代的意义. 笛卡儿堪称 17 世纪欧洲哲学界和科学界最有影响的巨匠之一，被誉为"近代科学的始祖".

笛卡儿的主要数学成果集中在他的《几何学》中. 当时，代数还是一门比较新的科学，几何学的思维还在数学家的头脑中占有统治地位．在笛卡儿之前，几何与代数是数学中两个不同的研究领域．笛卡儿站在方法论的自然哲学的高度，认为希腊人的几何学过于依赖于图形，束缚了人的想象力．对于当时流行的代数学，他觉得它完全从属于法则和公式，不能成为一门改进智力的科学．因此他提出必须把几何与代数的优点结合起来，建立一种“真正的数学”．笛卡儿的思想核心是：把几何学的问题归结成代数形式的问题，用代数学的方法进行计算、证明，从而达到最终解决几何问题的目的．依照这种思想他创立了我们现在称为的“解析几何学”．1637 年，笛卡儿发表了《几何学》，创立了直角坐标系．他用平面上的一点到两条固定直线的距离来确定点的距离，用坐标来描述空间上的点．他进而又创立了解析几何学，表明了几何问题不仅可以归结为代数形式，而且可以通过代数变换来实现发现几何性质，证明几何性质．解析几何的出现，改变了自古希腊以来代数和几何分离的趋向，把相互对立着的“数”与“形”统一了起来，使几何曲线与代数方程相结合．笛卡儿的这一天才创见，更为微积分的创立奠定了基础，从而开拓了变量数学的广阔领域．最为可贵的是，笛卡儿用运动的观点，把曲线看成点的运动的轨迹，不仅建立了点与实数的对应关系，而且把“形”(包括点、线、面)和“数”两个对立的对象统一起来，建立了曲线和方程的对应关系．这种对应关系的建立，不仅标志着函数概念的萌芽，而且表明变数进入了数学，使数学在思想方法上发生了伟大的转折——由常量数学进入变量数学的时期．正如恩格斯所说：“数学中的转折点是笛卡儿的变数．有了变数，运动进入了数学．”有了变数，辩证法进入了数学，有了变数，微分和积分也就立刻成为必要了．笛卡儿的这些成就，为后来牛顿、莱布尼茨发现微积分，为一大批数学家的新发现开辟了道路．

中国古代数学在几何学领域的独特贡献

中国是世界上文明发展最早的国家之一，与古埃及、古印度、古巴比伦并称为四大文明古国，在中华民族的历史文化宝库中，数学无疑是一颗璀璨的明珠．

中国古代数学体系具有明显的算法化、模型化、程序化、机械化的特征．中国古代数学不仅在历史上曾经辉煌，而且对现代数学也有巨大的理论和实践意义．

原始公社末期，私有制和货物交换产生以后，数与形的概念有了进一步的发展．商代中期，在甲骨文中已产生一套十进制数字和记数法，其中最大的数字为30 000，大约成书于公元前1世纪的《周髀算经》提到西周初期用矩测量高、深、广、远的方法，并举出勾股形的勾三、股四、弦五以及环矩可以为圆等例子.

《九章算术》是我国古代数学中最重要的著作之一，约成书于东汉初年(1世纪).《九章算术》集中体现了我国古代数学体系特征：以筹算为基础，以算法为主，寓理于算，偏重应用. 3世纪，刘徽为《九章算术》作注，对寓于全书各种算法中的数学理论有所阐发，严谨、精辟，影响深远，更使《九章算术》在数学发展史上的地位足以与古希腊欧几里得的《几何原本》相提并论. 如同欧几里得的《几何原本》对西方数学的影响一样，在1 000多年间，《九章算术》一直作为标准教科书，对东方的中国、朝鲜、日本等国产生了深远的影响.

我国古代的刘徽，研究过圆面积计算与圆周率问题，他所用的方法被后人称为“割圆术”，即将圆周用内接或外切正多边形逼近的一种求圆面积和圆周长的办法. 他利用割圆术科学地求出了圆周率 $\pi\approx3.14$ 的结果. 刘徽在割圆术中提出“割之弥细，所失弥少，割之又割以至于不可割，则与圆合体而无所失矣”，这可视为表达中国古代极限观念的佳作.

图 5-27 刘徽

利用割圆术，刘徽(图 5-27)对圆周率进行了科学地计算，他用圆内接正多边形的周长来逼近圆周长并计算到圆内接96边形，求得 $\pi\approx3.14$. 他指出，内接正多边形的边数越多，所求得的 π 值越精确. 祖冲之在前人成就的基础上，经过刻苦钻研，反复演算，求出 π 的值为3. 141 592 6至3. 141 592 7，并得出了 π 的分数形式近似值，取 $\frac{22}{7}$ (≈3.14)为约率，取 $\frac{355}{113}$ (约等于3. 141 592 9)为密率. 祖冲之究竟用什么方法得出这一结果，现在已无从考证. 若他按刘徽的“割圆术”方法(图 5-28)去求的话，要使 π 的值精确到六位小数，误差不超过一千万分之一，通常要从圆内接六边形面积算起，一直算到圆内接正24 576边形的面积，这需要对9位数进行100多次复杂的运算，其中还包括开方，这需要花费多少时间和付出多么巨大的劳动啊！祖冲之计算得出的密率，而外国数学家获得同样的结果，已

图 5-28 刘徽的割圆术

是1 000多年以后的事了.

祖冲之还与他的儿子祖暅之一起，用巧妙的方法解决了球体体积的计算.他们当时采用的一条原理是："幂势既同，则积不容异". 意思是说，位于两平行平面之间的两个几何体，被任一平行于这两平面的平面所截，如果两个截面的面积恒相等，则这两个几何体的体积相等. 这一原理，在西方被称为卡瓦列里原理，但这是在祖氏父子以后1 000多年才由卡氏发现的. 为了纪念祖氏父子发现这一原理的重大贡献，大家也称这一原理为"祖暅原理".

宋代是中国古代数学最辉煌的时期之一，从11—14世纪的300余年间，出现了一批著名的数学家和数学著作，如秦九韶的《数学九章》、杨辉的《详解九章算法》和《杨辉算法》、朱世杰的《算学启蒙》等，在很多领域都达到了古代数学的高峰. 北宋科学家沈括的名著《梦溪笔谈》中，有10多条有关数学的讨论，内容既广且深，堪称我国古代数学的瑰宝.

第 6 章 圆锥曲线

本章概述

两千多年前，古希腊数学家最先开始研究圆锥曲线，并获得了大量的成果．古希腊数学家阿波罗尼采用平面切割圆锥的方法来研究这几种曲线：用垂直于锥轴的平面去截圆锥，得到的是圆；把平面渐渐倾斜，得到椭圆；当平面倾斜到“和且仅和”圆锥的一条母线平行时，得到抛物线；当平面再倾斜一些就可以得到双曲线．阿波罗尼曾把椭圆叫作“亏曲线”，把双曲线叫作“超曲线”，把抛物线叫作“齐曲线”．

我们生活的地球每时每刻都在环绕太阳的椭圆轨迹上运行，太阳系其他行星也如此，太阳则位于椭圆的一个焦点上．如果这些行星运行速度增大到某种程度，它们就会沿抛物线或双曲线运行．人类发射人造地球卫星或人造行星就要遵照这个原理．相对于一个物体，按万有引力定律受它吸引的另一物体的运动，不可能有任何其他的轨道了．因而，圆锥曲线在这种意义上讲，它构成了我们宇宙的基本形式．

本章学习要求

△ 1．了解圆锥曲线的实际背景，感受圆锥曲线在刻画现实世界和解决实际问题中的作用．

△ 2．经历从具体情境中抽象出椭圆、双曲线、抛物线模型的过程．

△ 3．理解椭圆、双曲线、抛物线的概念及其标准方程、几何性质，并能利用标准方程及各自的性质解决有关的一些实际问题．

△ 4．掌握将直线与圆锥曲线方程联立，应用判别式、韦达定理的方法．

6.1 椭圆的方程

观察图 6-1 所显示的曲线，你见过这样的曲线吗？

取一根没有伸缩性的细绳，把它的两端分别固定在画板上的 F_1，F_2 两点，且使绳长大于 F_1 和 F_2 的距离. 用铅笔尖把绳子拉紧，使笔尖在画板上慢慢移动，笔尖就画出了一条曲线.

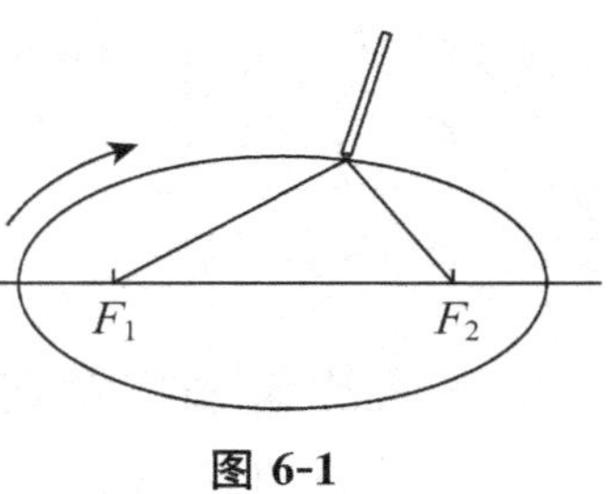

图 6-1

6.1.1 椭圆的定义及其标准方程

在图 6-1 中，我们画出的曲线是椭圆. 分析上面的作图方法不难看出，椭圆上任意一点到点 F_1，F_2 的距离的和相等. 由此，我们定义：

> 平面内到两个定点 F_1，F_2 的距离的和等于定长(大于 $|F_1F_2|$)的动点的轨迹叫作**椭圆**. 这两个定点叫作**椭圆的焦点**，两焦点间的距 $|F_1F_2|$ 叫作**椭圆的焦距**.

下面，我们来建立椭圆的方程. 如图 6-2 所示，以过焦点 F_1，F_2 的直线为 x 轴，线段 F_1F_2 的垂直平分线为 y 轴，建立平面直角坐标系.

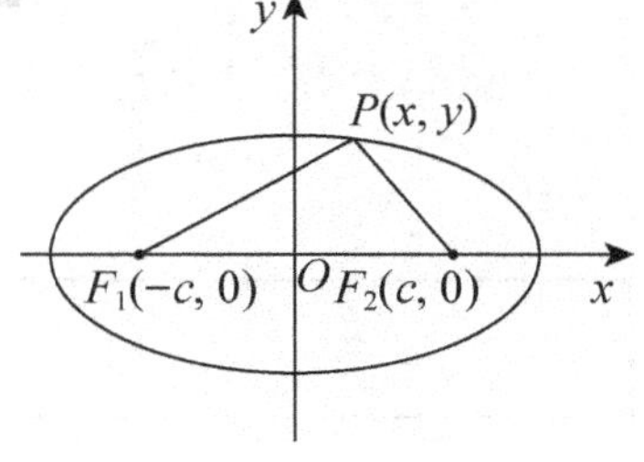

图 6-2

设 $P(x, y)$是椭圆上任意一点，椭圆的焦距为 $2c(c>0)$，那么，焦点 F_1，F_2 的坐标分别是$(-c, 0)$，$(c, 0)$. 又设点 P 与 F_1，F_2 的距离之和等于常数 $2a(a>0)$，于是有

$$|PF_1|+|PF_2|=2a.$$

把 $P(x, y)$，$F_1(-c, 0)$和 $F_2(c, 0)$的坐标代入上式，得

$$\sqrt{(x+c)^2+y^2}+\sqrt{(x-c)^2+y^2}=2a,$$

整理得

$$(a^2-c^2)x^2+a^2y^2=a^2(a^2-c^2),$$

由椭圆的定义可知，$2a>2c$，即 $a>c$，所以 $a^2-c^2>0$.

为了使方程变得简单整齐，可令 $a^2-c^2=b^2(b>0)$，则方程变为

$$b^2x^2+a^2y^2=a^2b^2.$$

两边除以 a^2b^2，得

$$\frac{x^2}{a^2}+\frac{y^2}{b^2}=1(a>b>0).$$

上式称为**椭圆的标准方程**，它所表示的椭圆的焦点在 x 轴上，焦点是 $F_1(-c,\ 0)$和 $F_2(c,\ 0)$，其中 $a^2=b^2+c^2$.

小贴士：令 $b^2=a^2-c^2$ 不仅可以使方程变得简单整齐，同时在后面讨论椭圆的几何性质时，我们会看到它还有明确的几何意义.

当 $a=b$ 时，椭圆的标准方程变成怎样的形式？这时的椭圆图形有什么变化？

6.1.2 椭圆的几何性质

标准方程$\frac{x^2}{a^2}+\frac{y^2}{b^2}=1(a>b>0)$所确定的椭圆具有如表 6-1 所示的几何性质.

表 6-1

标准方程：$\frac{x^2}{a^2}+\frac{y^2}{b^2}=1(a>b>0)$	
范围	因为$\frac{x^2}{a^2}\leqslant 1$，$\frac{y^2}{b^2}\leqslant 1$，所以 $x\in[-a,\ a]$，$y\in[-b,\ b]$. 椭圆位于直线 $x=\pm a$ 和 $y=\pm b$ 所围成的矩形之内. 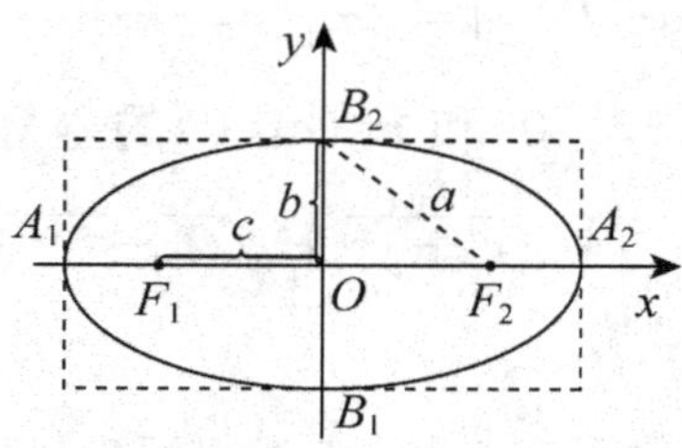

续表

标准方程：$\frac{x^2}{a^2}+\frac{y^2}{b^2}=1(a>b>0)$	
对称性	椭圆关于 x 轴、y 轴、坐标原点都是对称的，因此，x 轴和 y 轴都是椭圆的对称轴，坐标原点是椭圆的对称中心(简称椭圆的中心).
顶点	椭圆和它的两条对称轴的 4 个交点称为椭圆的顶点， 与 x 轴相交于两个点为 $A_1(-a,\ 0)$，$A_2(a,\ 0)$； 与 y 轴相交于两个点为 $B_1(0,\ -b)$，$B_2(0,\ b)$.
长、短轴	线段 A_1A_2 称为椭圆的长轴，线段 B_1B_2 称为椭圆的短轴；长轴和短轴的长度分别为 $2a$，$2b$，a 称为椭圆的长半轴长，b 称为椭圆的短半轴长，c 称为椭圆的半焦距；由图可知 $\lvert B_1F_1\rvert=\lvert B_1F_2\rvert=\lvert B_2F_1\rvert=\lvert B_2F_2\rvert=a$.

下面是椭圆的一般性质：

(1)椭圆有两条对称轴，这两条对称轴相互垂直.

(2)椭圆有 4 个顶点，分别是两条对称轴与椭圆的交点.

(3)由 4 个顶点在椭圆的对称轴上截取的线段称为椭圆的长轴和短轴. 过短轴上的两个顶点作平行于长轴的直线，过长轴的两个顶点作平行于短轴的直线，则椭圆位于这 4 条直线所围成的矩形之内.

(4)椭圆短轴的端点到两个焦点的距离相等，且等于长半轴长.

例 1 求椭圆$\frac{x^2}{25}+\frac{y^2}{16}=1$ 的长轴和短轴的长、焦点和顶点的坐标，并用描点法画出它的图形.

解 因为 $a=5$，$b=4$，且 $a^2=b^2+c^2$，所以

$$c^2=a^2-b^2=25-16=9,$$

解得

$$c=3.$$

因此，椭圆的长轴和短轴的长分别是 $2a=10$ 和 $2b=8$，焦点坐标为 $F_1(-3,\ 0)$ 和 $F_2(3,\ 0)$，椭圆的 4 个顶点坐标为 $B_1(0,\ -4)$，$B_2(0,\ 4)$，$A_1(-5,\ 0)$，$A_2(5,\ 0)$.

将已知方程变形为

$$y=\pm\frac{4}{5}\sqrt{25-x^2},$$

根据 $y=\frac{4}{5}\sqrt{25-x^2}$，在 $0\leqslant x\leqslant 5$ 的范围内算出几个点的坐标$(x,\ y)$如表 6-2 所示.

表 6-2

x	0	1	2	3	4	5
y	4	3.9	3.7	3.2	2.4	0

先描点画出椭圆的一部分，再利用椭圆的对称性画出整个椭圆，如图 6-3 所示.

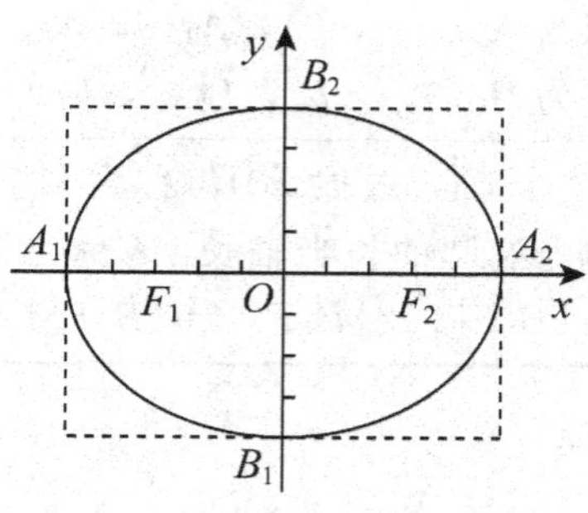

图 6-3

例 2 设椭圆的焦点为 $F_1(-3, 0)$，$F_2(3, 0)$，$2a=10$，求椭圆的标准方程.

解 由题意知，椭圆的焦点在 x 轴上，因此设它的标准方程为

$$\frac{x^2}{a^2}+\frac{y^2}{b^2}=1.$$

由于 $c=3$，$a=5$，根据 $a^2=b^2+c^2$，得 $b^2=a^2-c^2=5^2-3^2=4^2$.

于是，所求椭圆的标准方程为

$$\frac{x^2}{5^2}+\frac{y^2}{4^2}=1.$$

6.1.3 中心在原点、焦点在 y 轴上的椭圆

以过两个焦点 F_1，F_2 的直线作 y 轴，线段 F_1F_2 的垂直平分线作 x 轴，焦点坐标分别为 $F_1(0, -c)$，$F_2(0, c)$，a，b 的意义不变，则椭圆的方程为

$$\frac{y^2}{a^2}+\frac{x^2}{b^2}=1(a>b>0).$$

它表示焦点在 y 轴上的椭圆，其中 $a^2=b^2+c^2$ 不变.

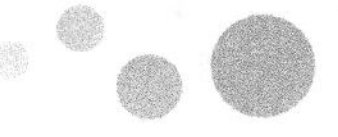

例 3 判断下列椭圆的焦点位置，并求出焦点坐标.

(1) $\frac{x^2}{8}+\frac{y^2}{12}=1$； (2) $\frac{x^2}{6}+\frac{y^2}{5}=1$.

解 (1)因为 $12>8$，即 y^2 项系数的倒数大于 x^2 项系数的倒数，所以椭圆的焦点在 y 轴上．又因为 $a^2=12$，$b^2=8$，则 $c=\sqrt{a^2-b^2}=\sqrt{12-8}=2$，所以椭圆的焦点坐标为 $F_1(0, -2)$，$F_2(0, 2)$.

(2)因为 $6>5$，即 x^2 项的系数的倒数大于 y^2 项系数的倒数，所以椭圆的焦点在 x 轴上．又因为 $a^2=6$，$b^2=5$，则 $c=\sqrt{a^2-b^2}=\sqrt{6-5}=1$，所以椭圆的焦点坐标为 $F_1(-1, 0)$，$F_2(1, 0)$.

思考题 6－1

当 $a=b$ 时，椭圆的标准方程变成怎样的形式？这时的椭圆图形有什么变化？

课堂练习 6－1

1. 已知椭圆 $\frac{x^2}{25}+\frac{y^2}{16}=1$ 上的一点 P 到椭圆的一个焦点的距离为 3，求点 P 到另一焦点的距离.

2. 求椭圆 $\frac{x^2}{13}+\frac{y^2}{12}=1$ 的长轴的长、短轴的长、焦点坐标、顶点坐标，并画出草图.

3. 求适合下列条件的椭圆的标准方程.

(1) $a=\sqrt{5}$，$b=1$，焦点在 x 轴上；

(2)焦点坐标为 $F_1(0, -4)$，$F_2(0, 4)$，$2a=10$；

(3)焦点在 x 轴上，椭圆经过点 $(0, 4)$，$c=3$；

(4)椭圆经过点 $A(2\sqrt{2}, 0)$，$B(0, -3)$.

6.2 双曲线的方程

我们已经知道，到两定点的距离的和为常数的动点的轨迹是椭圆，那么与两定点的距离的差为非零常数的动点的轨迹是怎样的曲线呢？请仔细观察下面画出的图像(图 6-4).

取两个小钉相距 $2c(c>0)$ 钉在平板上，再取两段长度之差为定长 $2a(0<a<c)$

的绳子，两绳子的一端分别系在两个小钉上，另一端放在一起打成绳结．用两段绳子套住笔尖，左手握笔顺势转动，笔尖在平板上所画的曲线就是双曲线的一支．交换系在小钉上的两绳端点，即可画出双曲线的另一支．

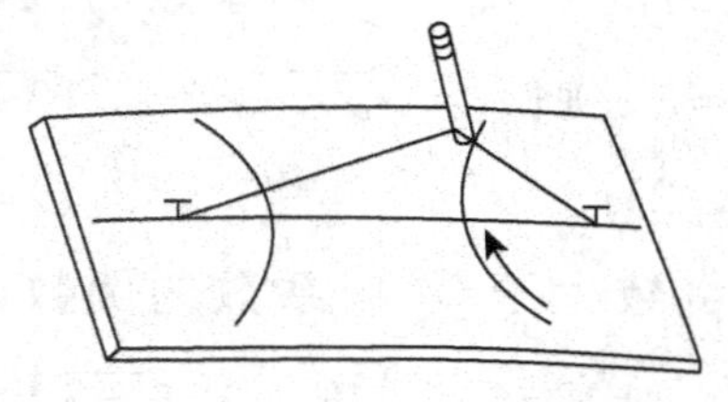

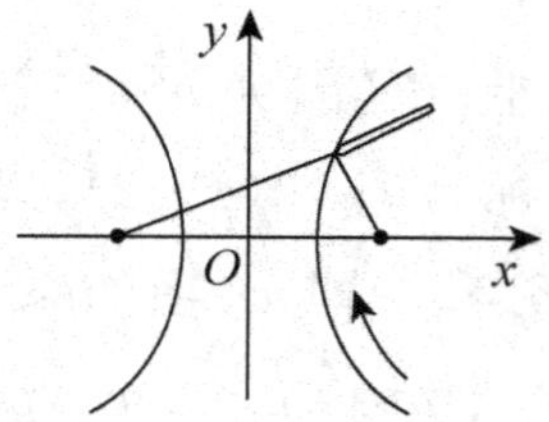

图 6-4

6.2.1 双曲线的定义和标准方程

显然，图 6-4 所画曲线的特点是，其上任意一点到点 F_1，F_2 的距离的差相等．由此，我们定义：

平面内到两个定点 F_1，F_2 的距离的差的绝对值等于常数（小于 $|F_1F_2|$）的动点的轨迹叫作**双曲线**．这两个定点叫作**双曲线的焦点**，两焦点的距离叫作**双曲线的焦距**．

与椭圆类似，以过焦点 F_1，F_2 的直线为 x 轴，线段 F_1F_2 的中垂线为 y 轴，建立平面直角坐标系(图 6-5).

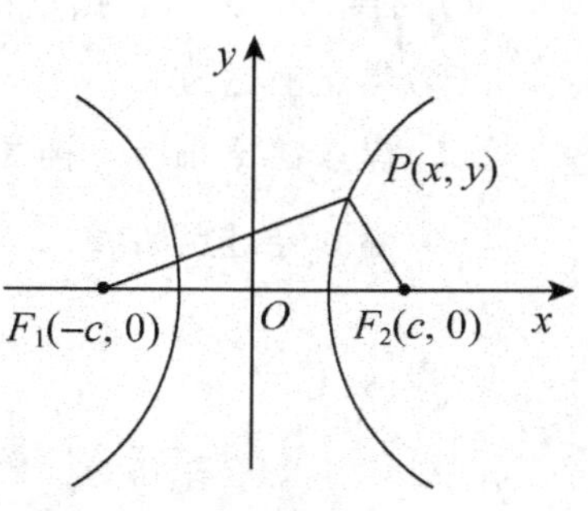

图 6-5

根据双曲线的定义，F_1，F_2 是两个定点，设 $|F_1F_2|=2c$，则 F_1，F_2 的坐标分别是 $F_1(-c,0)$，$F_2(c,0)$．在双曲线上任取一点 $P(x,y)$，则点 P 与 F_1，F_2 的距离差的绝对值是常数，设为 $2a(c>a>0)$，于是有

$$|PF_1|-|PF_2|=\pm 2a.$$

把 $P(x,y)$，$F_1(-c,0)$，$F_2(c,0)$的坐标代入上式，得

$$\sqrt{(x+c)^2+y^2}-\sqrt{(x-c)^2+y^2}=\pm 2a,$$

化简得

$$(c^2-a^2)x^2-a^2y^2=a^2(c^2-a^2),$$

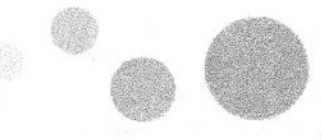

由于 $c>a$，所以 $c^2-a^2>0$，令 $c^2-a^2=b^2(b>0)$，代入上式得

$$b^2x^2-a^2y^2=a^2b^2,$$

即

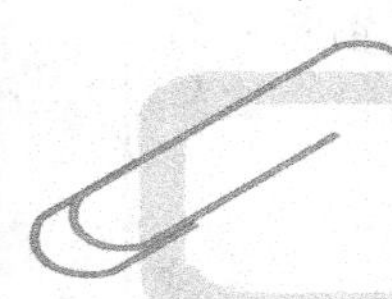

$$\frac{x^2}{a^2}-\frac{y^2}{b^2}=1(a>0，b>0).$$

上式称为双曲线的标准方程，它所表示的双曲线的焦点在 x 轴上，焦点是 $F_1(-c，0)$和 $F_2(c，0)$，其中 $c^2=a^2+b^2$.

6.2.2 双曲线的几何性质

标准方程$\frac{x^2}{a^2}-\frac{y^2}{b^2}=1(a>0，b>0)$所确定的双曲线具有如表 6-3 所示的几何性质.

表 6-3

标准方程：$\frac{x^2}{a^2}-\frac{y^2}{b^2}=1(a>0，b>0)$	
范围	由双曲线的标准方程，分别解出 x 和 y： $y=\pm\frac{b}{a}\sqrt{x^2-a^2}$， ① $x=\pm\frac{a}{b}\sqrt{y^2+b^2}$. ② 由①式知，要使 y 有意义，必须有 $x^2-a^2\geqslant0$，即 $x\geqslant a$ 或 $x\leqslant-a$，这说明双曲线在两条直线 $x=a$ 和 $x=-a$ 的外侧；由 ①②两式可知，y 的取值在实数范围内没有限制，即 $y\in\mathbf{R}$.
对称性	双曲线关于 x 轴、y 轴、坐标原点都是对称的，因此，x 轴和 y 轴都是双曲线的对称轴，坐标原点是双曲线的对称中心(简称双曲线的中心).
顶点	双曲线与 x 轴有两个交点：$A_1(-a，0)$，$A_2(a，0)$，它们叫作双曲线的顶点. 双曲线与 y 轴没有交点，但我们也把点 $B_1(0，-b)$，$B_2(0，b)$画在 y 轴上.

续表

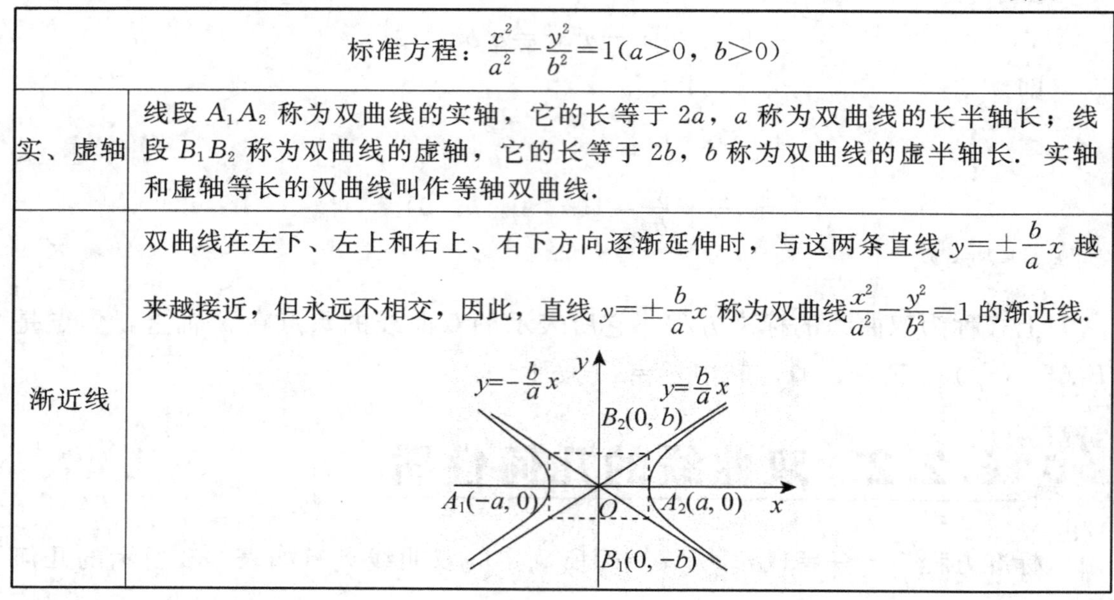

标准方程：$\frac{x^2}{a^2}-\frac{y^2}{b^2}=1(a>0，b>0)$	
实、虚轴	线段 A_1A_2 称为双曲线的实轴，它的长等于 $2a$，a 称为双曲线的长半轴长；线段 B_1B_2 称为双曲线的虚轴，它的长等于 $2b$，b 称为双曲线的虚半轴长．实轴和虚轴等长的双曲线叫作等轴双曲线．
渐近线	双曲线在左下、左上和右上、右下方向逐渐延伸时，与这两条直线 $y=\pm\frac{b}{a}x$ 越来越接近，但永远不相交，因此，直线 $y=\pm\frac{b}{a}x$ 称为双曲线$\frac{x^2}{a^2}-\frac{y^2}{b^2}=1$ 的渐近线．

对于标准方程确定的双曲线，a 和 b 的大小关系对其形状有什么影响呢？

下面是双曲线的一般性质：

(1)双曲线有两条对称轴，这两条对称轴相互垂直．

(2)同一方程确定的双曲线共有两支，开口方向相反，每支各有一个顶点，这两个顶点在同一条对称轴上．

(3)过双曲线的两个顶点，各作一条垂直于顶点连线的直线，两支双曲线分别在这两条直线所夹区间左右两边的外侧，并向各自的开口方向无限延伸．

(4)双曲线有两条渐近线．双曲线向开口方向延伸时，与这两条直线越来越接近，但永远不相交．

小贴士：利用表 6-3 所列的几何性质，能够快捷地画出双曲线的草图．先画出渐近线、顶点和第一象限内的双曲线上的任意一点；再由渐近线下方作图，逐渐贴近渐近线地画出第一象限草图；最后用对称性画出全图．

例 1　求双曲线 $9x^2-4y^2=36$ 的实轴和虚轴的长、焦点和顶点的坐标、渐

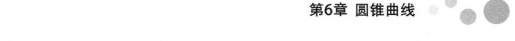

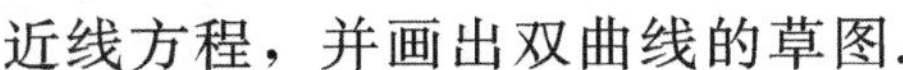
近线方程，并画出双曲线的草图.

解 把已知方程化成标准形式，即$\frac{x^2}{2^2}-\frac{y^2}{3^2}=1$，所以 $a=2$，$b=3$，

则

$$c=\sqrt{a^2+b^2}=\sqrt{2^2+3^2}=\sqrt{13}.$$

双曲线的实轴长 $2a=4$，虚轴长 $2b=6$.

焦点坐标为 $F_1(-\sqrt{13}，0)$，$F_2(\sqrt{13}，0)$.

顶点坐标为 $A_1(-2，0)$，$A_2(2，0)$.

渐近线方程为 $y=\pm\frac{3}{2}x$.

为了画出双曲线，先作出双曲线的顶点和渐近线，再根据对称性画出双曲线(图 6-6).

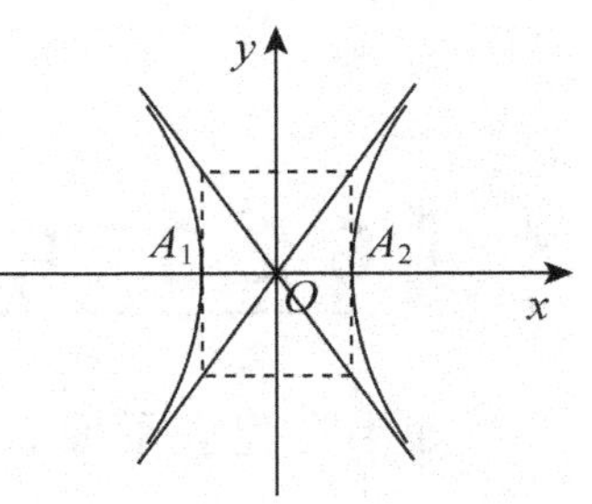

图 6-6

例 2 双曲线型的自然通风塔外形如图 6-7 左图所示，它是由双曲线(图 6-7 右图)的一部分绕其虚轴旋转所成的曲面. 它具有接触面积大、空气对流好、冷却快、节省建筑材料等优点. 现在要建造这样一个通风塔，设该塔最小横截面半径为 12 m，求双曲线的方程及塔高(精确到 0.1 m).

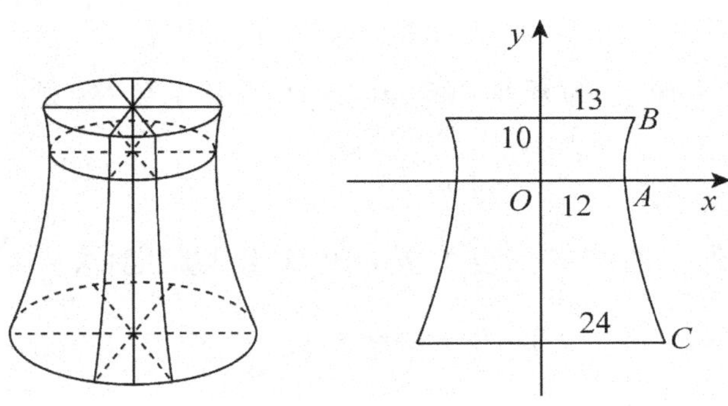

图 6-7

解 设所求的双曲线方程为$\frac{x^2}{a^2}-\frac{y^2}{b^2}=1$.

因为点 $A(12，0)$在双曲线上，所以$\frac{12^2}{a^2}=1$，得 $a^2=12^2$.

点 $B(13，10)$在双曲线上，则$\frac{13^2}{a^2}-\frac{10^2}{b^2}=1$，代入 $a^2=12^2$，得 $b^2=24^2$.

所以，双曲线方程为

$$\frac{x^2}{12^2}-\frac{y^2}{24^2}=1.$$

设点 C 的纵坐标为 y_1，并且 $y_1<0$.

因为点 $C(24,\ y_1)$ 在双曲线上，所以 $\frac{24^2}{12^2}-\frac{y_1^2}{24^2}=1$，解得

$$y_1=-24\sqrt{3}\approx-41.6,$$

则塔高约为

$$10+|y_1|\approx51.6(\text{m}).$$

6.2.3 中心在原点、焦点在 y 轴上的双曲线

如果在建立平面直角坐标系时，使焦点在 y 轴上，焦点坐标是 $F_1(0,\ -c)$ 和 $F_2(0,\ c)$，a，b 的意义不变，则只要把方程 $\frac{x^2}{a^2}-\frac{y^2}{b^2}=1$ 中的 x，y 互换，就可以得到它的方程为

$$\frac{y^2}{a^2}-\frac{x^2}{b^2}=1(a>0,\ b>0).$$

它表示焦点在 y 轴上的双曲线，其中 $c^2=a^2+b^2$ 不变，渐近线是两直线 $y=\pm\frac{a}{b}x$.

例 3 判断下列双曲线的焦点位置，并求出焦点坐标.

(1) $\frac{x^2}{9}-\frac{y^2}{6}=1$；　　(2) $\frac{x^2}{12}-\frac{y^2}{18}=-1$.

解 (1)因为方程中 x^2 项的系数为正，所以双曲线的焦点在 x 轴上.

又因为 $a^2=9$，$b^2=6$，所以

$$c=\sqrt{a^2+b^2}=\sqrt{9+6}=\sqrt{15},$$

所以双曲线的焦点坐标为 $F_1(-\sqrt{15},\ 0)$，$F_2(\sqrt{15},\ 0)$.

(2)将原方程化为 $\frac{y^2}{18}-\frac{x^2}{12}=1$，由于方程中 y^2 项的系数为正，所以双曲线的焦点在 y 轴上. 又因为 $a^2=18$，$b^2=12$，所以

$$c=\sqrt{a^2+b^2}=\sqrt{18+12}=\sqrt{30},$$

所以双曲线的焦点坐标为 $F_1(0,\ -\sqrt{30})$，$F_2(0,\ \sqrt{30})$.

思考题 6－2

对于标准方程确定的双曲线，a 与 b 的大小关系对其形状有什么影响呢？

课堂练习 6－2

1. 双曲线$\frac{x^2}{16}-\frac{y^2}{9}=1$的两焦点 F_1，F_2，此双曲线上一点 P 到 F_1 的距离为 4，求点 P 到 F_2 的距离.

2. 求双曲线$\frac{x^2}{25}-\frac{y^2}{9}=1$的实轴和虚轴的长、顶点和焦点坐标、渐近线方程，并画出草图.

3. 求适合下列条件的双曲线的标准方程.

(1)$a=4$，$b=3$，焦点在 x 轴上；

(2)$b=2$，$c=7$，焦点在 y 轴上；

(3)焦点为(0，−6)，(0，6)，经过点(2，−5)；

(4)双曲线经过点(3，2)，(5，−4).

6.3 抛物线的方程

取一把直尺、一根绳子、一块三角板，将直尺固定在平板上直线 l 的位置处，将三角板的直角边紧靠着直尺，再将绳子的一端固定在三角板的另一条直角边的一点 A 处，取绳长等于点 A 到直角顶点 C 的长(点 A 到直线 l 的距离)，并且把绳子的另一端固定在平板上一点 F. 用铅笔尖紧扣着绳子，使点 A 到笔尖的一段绳子紧靠着三角板，然后将三角板沿着直尺上下滑动，笔尖就在平板上描出了一条曲线(图 6-8).

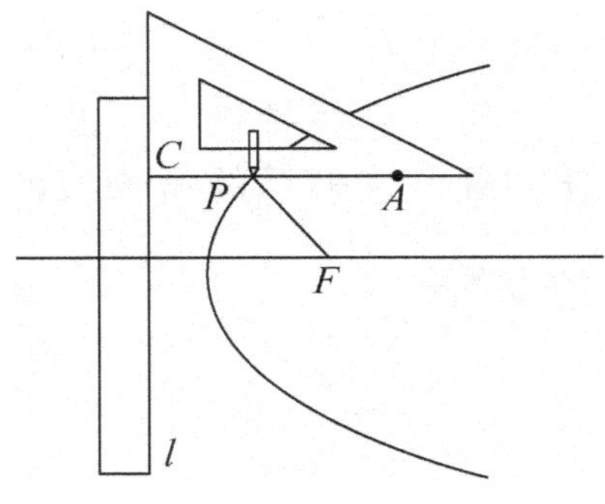

图 6-8

6.3.1 抛物线的定义及其标准方程

上面画出的曲线正是我们见过的二次函数的图像，即抛物线．分析画抛物线的作图方法，不难看出，曲线上的任意一点到直尺的距离与到点 F 的距离相等．由此，我们定义：

平面内到一个定点 F 和一条定直线 l 的距离相等的动点轨迹叫作**抛物线**，点 F 叫作**抛物线的焦点**，直线 l 叫作**抛物线的准线**．

下面，我们来建立抛物线的方程(图 6-9)．

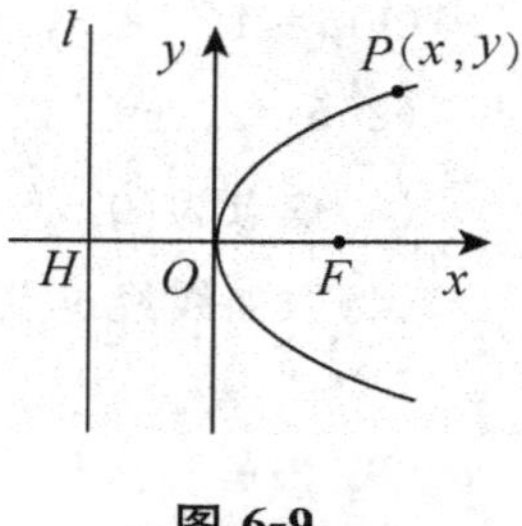

图 6-9

为了方便，将焦点 F 画在准线 l 的右侧．取经过点 F 且垂直于 l 的直线为 x 轴，x 轴与直线 l 相交于点 H，以线段 HF 的中垂线为 y 轴，建立平面直角坐标系．

设 $|FH|=p(p>0)$，则焦点 F 的坐标是 $F\left(\frac{p}{2},\ 0\right)$，准线 l 的方程是

$$x=-\frac{p}{2}.$$

在抛物线上任取一点 $P(x,\ y)$，并设点 P 到 l 的距离为 d，即 $|PF|=d$．

因为

$$|PF|=\sqrt{\left(x-\frac{p}{2}\right)^2+y^2},$$

$$d=\left|x+\frac{p}{2}\right|,$$

所以

$$\sqrt{\left(x-\frac{p}{2}\right)^2+y^2}=\left|x+\frac{p}{2}\right|.$$

平方并化简，得

$$y^2=2px.$$

上式叫作抛物线的标准方程，它表示的抛物线的焦点在 x 轴的正半轴上，坐标是 $F\left(\frac{p}{2},\ 0\right)$，准线 l 的方程是

$$x=-\frac{p}{2}.$$

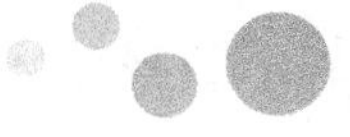

小贴士：二次函数的图像是以 y 轴或平行于 y 轴的直线为对称轴的抛物线．实际上，抛物线的对称轴可以是任意直线．

6.3.2 抛物线的几何性质

首先研究方程 $y^2=2px$ 确定抛物线的几何性质．由 $y^2=2px$ 可得 $x=\frac{y^2}{2p}$．又由 $p>0$，得 $x>0$．另外，不难看出，这个方程（抛物线）关于 x 轴对称．我们将方程 $y^2=2px$ 确定的抛物线的几何性质总结如表 6-4 所示．

表 6-4

方程	$y^2=2px$
图像	
范围	对称轴两侧的图像向开口方向无限延伸，即 $x\in[0,+\infty)$，$y\in\mathbf{R}$
对称性	以 x 轴为对称轴
顶点	(0，0)

下面是抛物线的一般性质：

(1)抛物线有一个对称轴；

(2)抛物线有一个顶点，顶点和焦点在对称轴上；

(3)抛物线在对称轴两侧的图像，沿开口方向无限延伸．

例 1 求顶点在原点，焦点为 $F(3,0)$的抛物线的标准方程．

解 由于抛物线的焦点在 x 轴的正半轴上，所以设它的标准方程为

$$y^2=2px(p>0).$$

因为 $\frac{p}{2}=3$，即 $p=6$，所以抛物线的标准方程为

$$y^2=12x.$$

例 2 已知抛物线的顶点在原点，对称轴是 x 轴，且经过点 $\left(\frac{9}{10}, 3\right)$，求它的标准方程，并画出图形.

解 依题意，应设抛物线的标准方程为

$$y^2=2px(p>0),$$

因为点 $\left(\frac{9}{10}, 3\right)$ 在抛物线上，所以 $3^2=2p\times\frac{9}{10}$，

解得

$$p=5,$$

所以抛物线的标准方程为 $y^2=10x$.

为了画出抛物线，先由方程求出第一象限内几组 x 和 y 的对应值，列表如表 6-5 所示.

表 6-5

x	0	2.5	5	10	…
y	0	5	7.1	10	…

图 6-10

描点连线，得抛物线在第一象限内的一部分图形，再利用对称性，画出整个抛物线的图形，如图 6-10 所示.

6.3.3 其他形式的抛物线标准方程

当抛物线在坐标平面的位置不同时，方程也不同. 因此抛物线的标准方程有 4 种不同的形式，如表 6-6 所示.

表 6-6

方程	图形	焦点坐标	准线方程
$y^2=2px$ $(p>0)$	l y O F x	$\left(\frac{p}{2}, 0\right)$	$x=-\frac{p}{2}$

续表

方程	图形	焦点坐标	准线方程
$y^2=-2px$ $(p>0)$		$\left(-\frac{p}{2},\ 0\right)$	$x=\frac{p}{2}$
$x^2=2py$ $(p>0)$		$\left(0,\ \frac{p}{2}\right)$	$y=-\frac{p}{2}$
$x^2=-2py$ $(p>0)$		$\left(0,\ -\frac{p}{2}\right)$	$y=\frac{p}{2}$

顶点在原点，关于坐标轴对称的抛物线的标准方程有 4 种形式．解题时应通过分析决定选用哪一种形式．方程中只含一个未知数 p，所以只需一个条件，便可求得具体的方程．

例 3 设抛物线的标准方程为 $x^2=16y$，求它的焦点坐标和准线方程．

解 由于抛物线 $x^2=16y$ 开口向上，并且 $2p=16$，所以它的焦点坐标为 $F(0,\ 4)$，准线方程为 $y=-4$．

例 4 求顶点在原点，对称轴为坐标轴，且过点 $(2,\ -1)$ 的抛物线的标准方程．

解 因为点 $(2,\ -1)$ 位于第四象限，所以抛物线的开口方向向右或向下．设抛物线的标准方程为 $y^2=2px$ 或 $x^2=-2py$．代入已知点的坐标，则有

$$(-1)^2=2p\times2 \text{ 或 } 2^2=-2p\times(-1),$$

解得

$$p=\frac{1}{4} \text{或 } p=2,$$

所求抛物线的标准方程为

$$y^2=\frac{1}{2}x \text{ 或 } x^2=-4y.$$

例 5 如图 6-11 所示，已知抛物线形拱桥的跨度 $AB=18$ m，高为 3 m，要在拱下每隔 3 m 竖一支柱，求与桥中心线相距 6 m 处支柱 MN 的高(精确到 0.01 m).

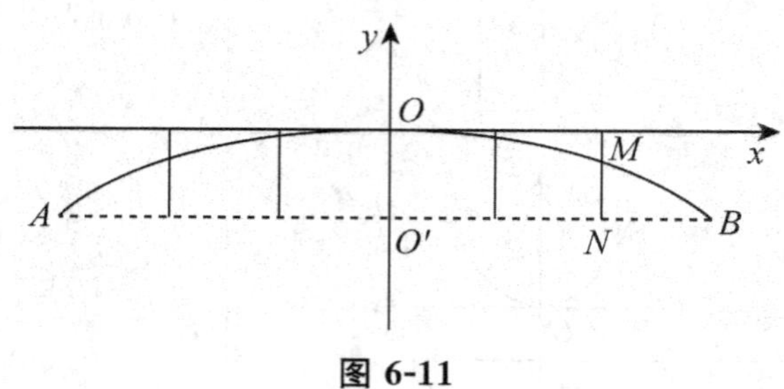

图 6-11

解 建立如图所示的平面直角坐标系，设抛物线的方程为

$$x^2=-2py.$$

因为点 $B(9, -3)$在抛物线上，所以 $9^2=-2p\times(-3)$，

解得 $$p=\frac{27}{2},$$

抛物线的方程为 $$x^2=-27y.$$

设点 M 的纵坐标为 y_1，因为点 $M(6, y_1)$在抛物线上，所以 $6^2=-27y_1$，解

$$y_1\approx-1.33,$$

则支柱的高

$$|MN|=3-|y_1|\approx3-1.33=1.67(\text{m}).$$

思考题 6-3

若抛物线方程写成 $y=ax^2$ 的形式，那么准线方程是怎样的？

课堂练习 6-3

1. 抛物线 $y^2=2px(p>0)$上一点 M 到焦点的距离是 $a\left(a>\frac{p}{2}\right)$，则点 M 到准线的距离是________，点 M 的横坐标是__________.

2. 求抛物线 $y^2=10x$ 的焦点坐标和准线方程，并画出草图.

3. 设抛物线的顶点在坐标原点，求适合下列条件的抛物线的标准方程.

(1)焦点为 $F(0, -5)$； (2)焦点为 $F(5, 0)$；

(3)准线为 $x=\frac{1}{3}$； (4)准线为 $y=-\frac{1}{3}$.

6.4 直线与圆锥曲线的应用

本节课是平面解析几何的核心内容之一．本节主要使学生学会如何判断直线与圆锥曲线的位置关系，体会运用方程思想、数形结合、分类讨论、类比归纳等数学思想方法，优化解题思维，提高解题能力．主要题型有直线和椭圆的位置关系，直线和双曲线的位置关系，直线和抛物线的位置关系，求直线和圆锥曲线的弦长及中点弦所在直线方程等．解题方法有几何法和代数法，韦达定理和方程的综合运用等．

直线与圆锥曲线的位置关系，主要涉及弦长、弦中点、对称、参数的取值范围、求曲线方程等问题. 解题中要充分重视根与系数的关系和判别式的应用. 当直线与圆锥曲线相交时，涉及弦长问题，常用“根与系数的关系”设而不求计算弦长(应用弦长公式)；涉及弦的中点问题，常用“点差法”设而不求，将弦所在直线的斜率、弦的中点坐标联系起来，相互转化. 同时还应充分挖掘题目中的隐含条件，寻找量与量间关系的灵活转化，往往就能事半功倍. 解题的主要规律可以概括为“联立方程求交点，韦达定理求弦长，根的分布找范围，曲线定义不能忘”.

例 1 已知椭圆 C：$\frac{x^2}{a^2}+\frac{y^2}{b^2}=1(a>b>0)$的一个顶点为 $A(2,0)$，离心率为 $\frac{\sqrt{2}}{2}$. 直线 $y=k(x-1)$与椭圆 C 交于不同的两点 M，N.

(1)求椭圆 C 的方程；

(2)当$\triangle AMN$ 的面积为$\frac{\sqrt{10}}{3}$时，求 k 的值.

解 (1)由题意得$\begin{cases}a=2,\\ \frac{c}{a}=\frac{\sqrt{2}}{2},\\ a^2=b^2+c^2,\end{cases}$

解得 $b=\sqrt{2}$，

所以椭圆 C 的方程为$\frac{x^2}{4}+\frac{y^2}{2}=1$.

(2)由$\begin{cases}y=k(x-1),\\ \dfrac{x^2}{4}+\dfrac{y^2}{2}=1,\end{cases}$

得$(1+2k^2)x^2-4k^2x+2k^2-4=0$.

设点M，N的坐标分别为(x_1, y_1)，(x_2, y_2)，则

$y_1=k(x_1-1)$，$y_2=k(x_2-1)$，

$x_1+x_2=\dfrac{4k^2}{1+2k^2}$，$x_1x_2=\dfrac{2k^2-4}{1+2k^2}$，

所以由弦长公式得

$$|MN|=\sqrt{(x_2-x_1)^2+(y_2-y_1)^2}=\sqrt{(1+k^2)[(x_1+x_2)^2-4x_1x_2]}$$
$$=\frac{2\sqrt{(1+k^2)(4+6k^2)}}{1+2k^2}.$$

又因为点$A(2, 0)$到直线$y=k(x-1)$的距离$d=\dfrac{|k|}{\sqrt{1+k^2}}$，

所以$\triangle AMN$的面积为$S=\dfrac{1}{2}|MN|\cdot d=\dfrac{|k|\sqrt{4+6k^2}}{1+2k^2}$.

由$\dfrac{|k|\sqrt{4+6k^2}}{1+2k^2}=\dfrac{\sqrt{10}}{3}$，

解得$k=\pm1$.

例2 设F_1，F_2分别是椭圆E：$x^2+\dfrac{y^2}{b^2}=1(0<b<1)$的左、右焦点，过点$F_1$的直线$l$与椭圆相交于$A$，$B$两点，且$|AF_2|$，$|AB|$，$|BF_2|$成等差数列.

(1)求$|AB|$；

(2)若直线l的斜率为1，求b的值.

解 (1)由椭圆定义知$|AF_2|+|AB|+|BF_2|=4$，

又$2|AB|=|AF_2|+|BF_2|$，得$|AB|=\dfrac{4}{3}$.

(2)设直线l的方程为$y=x+c$，其中$c=\sqrt{1-b^2}$.

设$A(x_1, y_1)$，$B(x_2, y_2)$，

则A，B两点的坐标满足方程组$\begin{cases}y=x+c,\\ x^2+\dfrac{y^2}{b^2}=1,\end{cases}$

化简得$(1+b^2)x^2+2cx+1-2b^2=0$.

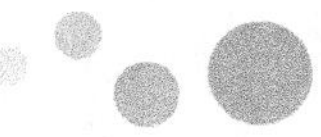

则 $x_1+x_2=\frac{-2c}{1+b^2}$，$x_1x_2=\frac{1-2b^2}{1+b^2}$.

因为直线 AB 的斜率为 1，

所以由弦长公式得 $|AB|=\sqrt{2}|x_2-x_1|$，即 $\frac{4}{3}=\sqrt{2}|x_2-x_1|$.

则 $\frac{8}{9}=(x_1+x_2)^2-4x_1x_2=\frac{4(1-b^2)}{(1+b^2)^2}-\frac{4(1-2b^2)}{1+b^2}=\frac{8b^4}{(1+b^2)^2}$，

解得 $b=\frac{\sqrt{2}}{2}$.

思考题 6－4

1. 椭圆的两种标准方程是怎样的形式，如何区分？
2. 直线与椭圆的位置关系有几种，是如何确定的？

课堂练习 6－4

1. 已知椭圆 $\frac{x^2}{a^2}+\frac{y^2}{b^2}=1(a>b>0)$ 的离心率为 $\frac{\sqrt{2}}{2}$，短轴的一个端点为 $M(0, 1)$，直线 l：$y=kx-\frac{1}{3}$ 与椭圆相交于不同的两点 A，B.

(1)若 $|AB|=\frac{4\sqrt{26}}{9}$，求 k 的值；

(2)求证：不论 k 取何值，以 AB 为直径的圆恒过点 M.

2. 已知椭圆 $\frac{x^2}{a^2}+\frac{y^2}{b^2}=1(a>b>0)$ 的离心率为 $\frac{\sqrt{2}}{2}$，椭圆上任意一点到右焦点 F 的距离的最大值为 $\sqrt{2}+1$.

(1)求椭圆的方程；

(2)已知点 $C(m, 0)$ 是线段 OF 上一个动点(O 为坐标原点)，是否存在过点 F 且与 x 轴不垂直的直线 l 与椭圆交于点 A，B，使得 $|AC|=|BC|$？请说明理由.

本章小结

知识框架

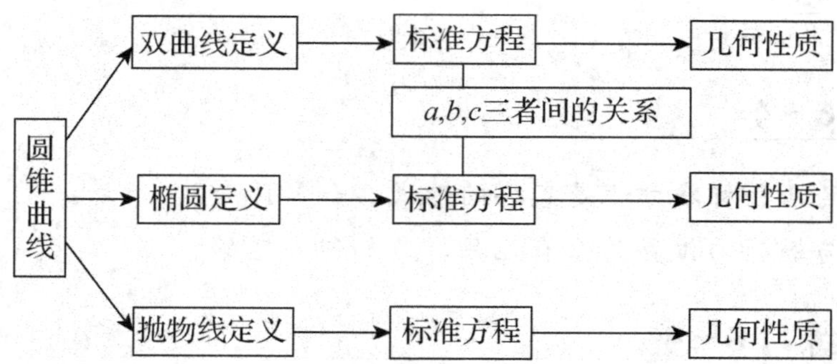

知识点梳理

6.1　椭圆的方程

1. 平面内到两个定点 F_1，F_2 的距离的和等于定长(大于 $|F_1F_2|$)的动点的轨迹叫作椭圆. 这两个定点叫作椭圆的焦点，两焦点间的距离 $|F_1F_2|$ 叫作椭圆的焦距.

2. 标准方程 $\frac{x^2}{a^2}+\frac{y^2}{b^2}=1(a>b>0)$ 所确定的椭圆具有如下几何性质.

标准方程：$\frac{x^2}{a^2}+\frac{y^2}{b^2}=1(a>b>0)$	
范围	因为 $\frac{x^2}{a^2}\leqslant 1$，$\frac{y^2}{b^2}\leqslant 1$，所以 $x\in[-a,a]$，$y\in[-b,b]$，椭圆位于直线 $x=\pm a$ 和 $y=\pm b$ 所围成的矩形之内. 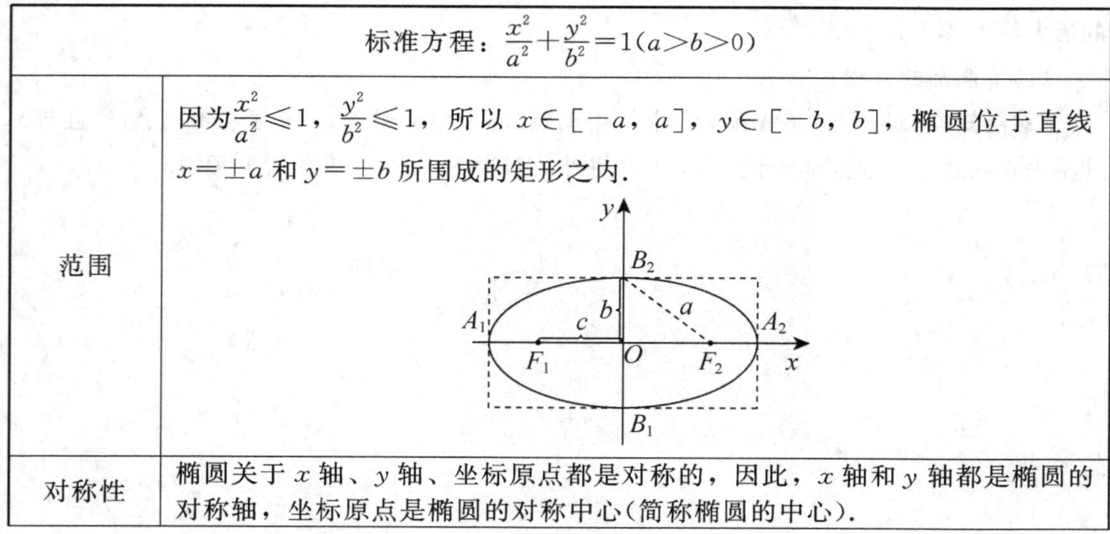
对称性	椭圆关于 x 轴、y 轴、坐标原点都是对称的，因此，x 轴和 y 轴都是椭圆的对称轴，坐标原点是椭圆的对称中心(简称椭圆的中心).

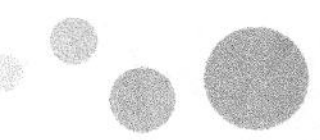

续表

标准方程：$\frac{x^2}{a^2}+\frac{y^2}{b^2}=1(a>b>0)$	
顶点	椭圆和它的两条对称轴的4个交点称为椭圆的顶点， 与 x 轴相交于两个点为 $A_1(-a, 0)$，$A_2(a, 0)$； 与 y 轴相交于两个点为 $B_1(0, -b)$，$B_2(0, b)$.
长、短轴	线段 A_1A_2 称为椭圆的长轴，线段 B_1B_2 称为椭圆的短轴；长轴和短轴的长度分别为 $2a$，$2b$，a 称为椭圆的长半轴长，b 称为椭圆的短半轴长，c 称为椭圆的半焦距；由图可知 $\lvert B_1F_1\rvert=\lvert B_1F_2\rvert=\lvert B_2F_1\rvert=\lvert B_2F_2\rvert=a$.

6.2 双曲线的方程

1. 平面内到两个定点 F_1，F_2 的距离的差的绝对值等于常数(小于 $\lvert F_1F_2\rvert$)的动点的轨迹叫作双曲线．这两个定点叫作双曲线的焦点，两焦点间的距离叫作双曲线的焦距.

2. 标准方程 $\frac{x^2}{a^2}-\frac{y^2}{b^2}=1(a>0, b>0)$ 所确定的双曲线具有如下几何性质.

标准方程：$\frac{x^2}{a^2}-\frac{y^2}{b^2}=1(a>0, b>0)$	
范围	由双曲线的标准方程，分别解出 x 和 y： $y=\pm\frac{b}{a}\sqrt{x^2-a^2}$ ① $x=\pm\frac{a}{b}\sqrt{y^2+b^2}$ ② 由①式知，要使 y 有意义，必须有 $x^2-a^2\geqslant 0$，即 $x\geqslant a$ 或 $x\leqslant -a$，这说明双曲线在两条直线 $x=a$ 和 $x=-a$ 的外侧；由①②两式可知，y 的取值在实数范围内没有限制，即 $y\in\mathbf{R}$.
对称性	双曲线关于 x 轴、y 轴、坐标原点都是对称的，因此，x 轴和 y 轴都是双曲线的对称轴，坐标原点是双曲线的对称中心(简称双曲线的中心).
顶点	双曲线与 x 轴有两个交点：$A_1(-a, 0)$，$A_2(a, 0)$，它们叫作双曲线的顶点．双曲线与 y 轴没有交点，但我们也把点 $B_1(0, -b)$，$B_2(0, b)$ 画在 y 轴上. 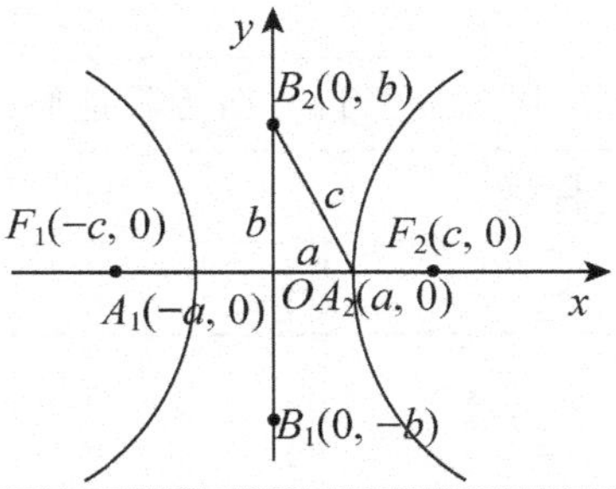

续表

<table>
<tr><td colspan="2">标准方程：$\frac{x^2}{a^2}-\frac{y^2}{b^2}=1(a>0，b>0)$</td></tr>
<tr><td>实、虚轴</td><td>线段 A_1A_2 称为双曲线的实轴，它的长等于 $2a$，a 称为双曲线的长半轴长；线段 B_1B_2 称为双曲线的虚轴，它的长等于 $2b$，b 称为双曲线的虚半轴长.实轴和虚轴等长的双曲线叫作等轴双曲线.</td></tr>
<tr><td>渐近线</td><td>双曲线在左下、左上和右上、右下方向逐渐延伸时，与这两条直线 $y=\pm\frac{b}{a}x$ 越来越接近，但永远不相交，因此，直线 $y=\pm\frac{b}{a}x$ 称为双曲线$\frac{x^2}{a^2}-\frac{y^2}{b^2}=1$ 的渐近线.
</td></tr>
</table>

6.3 抛物线的方程

1. 平面内到一个定点 F 和一条定直线 l 的距离相等的动点轨迹叫作抛物线，点 F 叫作抛物线的焦点，直线 l 叫作抛物线的准线.

2. 方程 $y^2=2px$ 确定的抛物线的几何性质如下.

<table>
<tr><td>方程</td><td>$y^2=2px$</td></tr>
<tr><td>图像</td><td></td></tr>
<tr><td>范围</td><td>对称轴两侧的图像向开口方向无限延伸，即 $x\in[0，+\infty)$，$y\in\mathbf{R}$</td></tr>
<tr><td>对称性</td><td>以 x 轴为对称轴</td></tr>
<tr><td>顶点</td><td>(0，0)</td></tr>
</table>

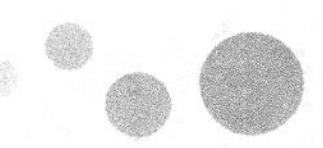

复习题六(A)

一、选择题(在每小题列出的4个备选项中只有一个是符合题目要求的，请将其代码填写在后面的括号里)

1. 已知椭圆C：$\frac{x^2}{a^2}+\frac{y^2}{4}=1$的一个焦点为(2，0)，则椭圆$C$的离心率为(　　).

A. $\frac{1}{3}$　　B. $\frac{1}{2}$　　C. $\frac{\sqrt{2}}{2}$　　D. $\frac{2\sqrt{2}}{3}$

2. 设P是椭圆$\frac{x^2}{5}+\frac{y^2}{3}=1$上的动点，则$P$到该椭圆的两个焦点的距离之和为(　　).

A. $2\sqrt{2}$　　B. $2\sqrt{3}$　　C. $2\sqrt{5}$　　D. $4\sqrt{2}$

3. 椭圆$\frac{x^2}{9}+\frac{y^2}{4}=1$的离心率是(　　).

A. $\frac{\sqrt{13}}{3}$　　B. $\frac{\sqrt{5}}{3}$　　C. $\frac{2}{3}$　　D. $\frac{5}{9}$

4. 已知椭圆$\frac{x^2}{25}+\frac{y^2}{m^2}=1(m>0)$的左焦点为$F_1(-4，0)$，则$m=$(　　).

A. 2　　B. 3　　C. 4　　D. 9

5. 已知中心在原点的椭圆C的右焦点为$F(0，1)$，离心率为$\frac{1}{2}$，则椭圆C的方程是(　　).

A. $\frac{x^2}{3}+\frac{y^2}{4}=1$　　B. $\frac{x^2}{4}+\frac{y^2}{\sqrt{3}}=1$　　C. $\frac{x^2}{4}+\frac{y^2}{2}=1$　　D. $\frac{x^2}{4}+\frac{y^2}{3}=1$

6. 双曲线$\frac{x^2}{3}-y^2=1$的焦点坐标是(　　).

A. $(-\sqrt{2}，0)$，$(\sqrt{2}，0)$　　B. $(-2，0)$，$(2，0)$

C. $(0，-\sqrt{2})$，$(0，\sqrt{2})$　　D. $(0，-2)$，$(0，2)$

7. 双曲线$\frac{x^2}{a^2}-\frac{y^2}{b^2}=1(a>0，b>0)$的离心率为$\sqrt{3}$，则其渐近线方程为(　　).

A. $y=\pm\sqrt{2}x$　　B. $y=\pm\sqrt{3}x$　　C. $y=\pm\frac{\sqrt{2}}{2}x$　　D. $y=\pm\frac{\sqrt{3}}{2}x$

8. 已知双曲线 C：$\frac{x^2}{a^2}-\frac{y^2}{b^2}=1(a>0，b>0)$的离心率为$\sqrt{2}$，则点(4，0)到双曲线 C 的渐近线的距离为(　　).

A. $\sqrt{2}$　　B. 2　　C. $\frac{3\sqrt{2}}{2}$　　D. $2\sqrt{2}$

9. 若 $a>1$，则双曲线$\frac{x^2}{a^2}-y^2=1$的离心率的取值范围是(　　).

A. $(\sqrt{2}，+\infty)$　　B. $(\sqrt{2}，2)$　　C. $(1，\sqrt{2})$　　D. (1，2)

10. 若双曲线$\frac{x^2}{a^2}-\frac{y^2}{b^2}=1$的一条渐近线经过点(3，−4)，则此双曲线的离心率为(　　).

A. $\frac{\sqrt{7}}{3}$　　B. $\frac{5}{4}$　　C. $\frac{4}{3}$　　D. $\frac{5}{3}$

二、填空题(请在每小题的空格中填上正确答案)

1. 若双曲线$\frac{x^2}{a^2}-\frac{y^2}{4}=1(a>0)$的离心率为$\frac{\sqrt{5}}{2}$，则 $a=$__________.

2. 在平面直角坐标系中，若双曲线$\frac{x^2}{a^2}-\frac{y^2}{b^2}=1(a>0，b>0)$的右焦点 $F(c，0)$到一条渐近线的距离为$\frac{\sqrt{3}}{2}c$，则其离心率的值是__________.

3. 双曲线$\frac{x^2}{a^2}-\frac{y^2}{9}=1(a>0)$的一条渐近线方程为 $y=\frac{3}{5}x$，则 $b=$__________.

4. 已知双曲线$\frac{x^2}{a^2}-\frac{y^2}{b^2}=1(a>0，b>0)$的一条渐近线为 $2x+y=0$，一个焦点为$(\sqrt{5}，0)$，则 $a=$__________，$b=$__________.

5. 已知双曲线过点$(4，\sqrt{3})$，且渐近线方程为 $y\pm\frac{1}{2}x$，则该双曲线的标准方程为__________.

6. 设双曲线 C 经过点(2，2)，且与$\frac{y^2}{4}-x^2=2$具有相同的渐近线，则双曲线 C 的方程为__________，渐近线方程为__________.

7. 已知双曲线 C_1：$\frac{x^2}{a^2}-\frac{y^2}{b^2}=1(a>0，b>0)$与双曲线 C：$\frac{x^2}{4}-\frac{y^2}{16}=1$有相同的渐近线，且双曲线 C_1 的右焦点为 $F(\sqrt{5}，0)$，则 $a=$__________，$b=$

__________.

8. 已知直线 l 过圆 $x^2+(y-3)^2=4$ 的圆心，且与直线 $x+y+1=0$ 垂直，则直线 l 的方程是__________.

9. 若圆 C_1：$x^2+y^2=1$ 与圆 C_2：$x^2+y^2-6x-8y+m=0$ 外切，则 $m=$__________.

10. 若直线 $\frac{x}{a}+\frac{y}{b}=1(a>0, b>0)$ 过点(1，2)，则 $2a+b$ 的最小值为__________.

三、解答题

1. 已知椭圆 M：$\frac{x^2}{a^2}+\frac{y^2}{b^2}=1(a>b>0)$ 的离心率为 $\frac{\sqrt{6}}{3}$，焦距为 $2\sqrt{2}$. 斜率为 k 的直线 l 与椭圆 M 有两个不同的交点 A，B，求椭圆 M 的方程.

2. 设椭圆 $\frac{x^2}{a^2}+\frac{y^2}{b^2}=1(a>b>0)$ 的右顶点为 A，上顶点为 B. 已知椭圆的离心率为 $\frac{\sqrt{5}}{3}$，$|AB|=\sqrt{13}$，求椭圆的方程.

3. 已知椭圆 C：$\frac{x^2}{a^2}+\frac{y^2}{b^2}=1(a>b>0)$ 的离心率为 $\frac{\sqrt{2}}{2}$，点 $(2, \sqrt{2})$ 在椭圆 C 上，求椭圆 C 的方程.

4. 在平面直角坐标系中，已知椭圆 C：$\frac{x^2}{a^2}+\frac{y^2}{b^2}=1(a>b>0)$ 的离心率为 $\frac{\sqrt{2}}{2}$，椭圆 C 截直线 $y=1$ 所得线段的长度为 $2\sqrt{2}$，求椭圆 C 的方程.

5. 已知椭圆 C 的两个顶点分别为 $A(-2, 0)$，$B(2, 0)$，焦点在 x 轴上，离心率为 $\frac{\sqrt{3}}{2}$，求椭圆 C 的方程.

6. 已知椭圆 C：$\frac{x^2}{a^2}+\frac{y^2}{b^2}=11$ 过 $A(2, 0)$，$B(0, 1)$两点，求椭圆 C 的方程及离心率.

复习题六(B)

一、选择题(在每小题列出的4个备选项中只有一个是符合题目要求的，请将其代码填写在后面的括号里)

1. 已知双曲线 C：$\frac{x^2}{a^2}-\frac{y^2}{b^2}$($a>0$，$b>0$)的离心率为$\frac{\sqrt{5}}{2}$，则双曲线 C 的渐近线方程为(　　).

A. $y=\pm\frac{1}{4}x$　　B. $y=\pm\frac{1}{3}x$　　C. $y=\pm\frac{1}{2}x$　　D. $y=\pm x$

2. 已知双曲线$\frac{x^2}{a^2}-\frac{y^2}{5}=1$的右焦点为(3，0)，则该双曲线的离心率为(　　).

A. $3\frac{\sqrt{14}}{14}$　　B. $\frac{3\sqrt{2}}{4}$　　C. $\frac{3}{2}$　　D. $\frac{4}{3}$

3. 已知双曲线 C：$\frac{x^2}{a^2}-\frac{y^2}{b^2}=1$的焦距为10，点 $P(2，1)$在双曲线 C 的渐近线上，则双曲线 C 的方程为(　　).

A. $\frac{x^2}{20}-\frac{y^2}{5}=1$　　B. $\frac{x^2}{5}-\frac{y^2}{20}=1$　　C. $\frac{x^2}{80}-\frac{y^2}{20}=1$　　D. $\frac{x^2}{20}-\frac{y^2}{80}=1$

4. 双曲线 $2x^2-y^2=8$ 的实轴长是(　　).

A. 2　　B. $2\sqrt{2}$　　C. 4　　D. $4\sqrt{2}$

5. 设双曲线$\frac{x^2}{a^2}-\frac{y^2}{9}=1$($a>0$)的渐近线方程为 $3x\pm 2y=0$，则 a 的值为(　　).

A. 4　　B. 3　　C. 2　　D. 1

6. 已知抛物线 $y^2=2px$($p>0$)的准线经过点(-1，1)，则该抛物线的焦点坐标为(　　).

A. (-1，0)　　B. (1，0)　　C. (0，-1)　　D. (0，1)

7. 等轴双曲线 C 的中心在原点，焦点在 x 轴上，双曲线 C 与抛物线 $y^2=16$ 的准线交于 A、B 两点，$|AB|=4\sqrt{3}$，则双曲线 C 的实轴长为(　　).

A. $\sqrt{2}$　　B. $2\sqrt{2}$　　C. 4　　D. 8

8. 已知双曲线 E 的中心为原点，$P(3,0)$是 E 的焦点，过点 F 的直线 l 与 E 相交于 A，B 两点，且 AB 的中点为 $N(-12,-15)$，则双曲线 E 的方程为(   ).

A. $\frac{x^2}{3}-\frac{y^2}{6}=1$　　B. $\frac{x^2}{4}-\frac{y^2}{5}=1$

C. $\frac{x^2}{6}-\frac{y^2}{3}=1$　　D. $\frac{x^2}{5}-\frac{y^2}{4}=1$

二、填空题(请在每小题的空格中填上正确答案)

1. 已知直线 l 过点$(1,0)$且垂直于 x 轴，若 l 被抛物线 $y^2=4ax$ 截得的线段长为 4，则抛物线的焦点坐标为__________.

2. 若抛物线 $y^2=2px(p>0)$的准线经过双曲线 $x^2-y^2=1$ 的一个焦点，则 $p=$__________.

3. 若抛物线 $y^2=2px$ 的焦点坐标为$(1,0)$，则 $p=$__________，准线方程为__________.

4. 设抛物线 $y^2=2px(p>0)$的焦点为 F，点 $A(0,2)$. 若线段 FA 的中点 B 在抛物线上，则 B 到该抛物线准线的距离为__________.

5. 在平面直角坐标系中，若双曲线$\frac{x^2}{m}-\frac{y^2}{m^2+4}=1$ 的离心率为$\sqrt{5}$，则 m 的值为__________.

6. 已知双曲线$\frac{x^2}{a^2}-\frac{y^2}{b^2}=1(a>0,b>0)$和椭圆$\frac{x^2}{16}+\frac{y^2}{9}=1$ 有相同的焦点，且双曲线的离心率是椭圆离心率的两倍，则双曲线的方程为__________.

7. 已知双曲线 $x^2-\frac{y^2}{b^2}=1(b>0)$的一条渐近线的方程为 $y=2x$，则 $b=$__________.

8. 已知双曲线 $x^2-y^2=1$，点 F_1，F_2 为其两个焦点，点 P 为双曲线上一点，若 $PF_1\perp PF_2$，则 $|PF_1|+|PF_2|$ 的值为__________.

三、解答题

1. 设抛物线 C：$y^2=4x$ 的焦点为 F，过 F 且斜率为 $k(k>0)$的直线 l 与抛物线 C 交于 A，B 两点，$|AB=8|$，求 l 的方程.

2. 设 A，B 为曲线 C：$y=\frac{x^2}{4}$上两点，A 与 B 的横坐标之和为 4，求直线 AB 的斜率.

3. 已知抛物线 C：$y^2=2px(p>0)$的焦点为 F，A 为抛物线 C 上异于原点

的任意一点，过点 A 的直线 l 交抛物线 C 于另一点 B，交 x 轴的正半轴于点 D，且有 $|FA|=|FD|$，当点 A 的横坐标为 3 时，$\triangle ADF$ 为正三角形，求抛物线 C 的方程．

4. 已知抛物线 C 的顶点为原点，其焦点 $F(0,\ c)(c>0)$ 到直线 l：$x-y-2=0$ 的距离为 $\frac{3\sqrt{2}}{2}$. 设 P 为直线 l 上的点，过点 P 作抛物线 C 的两条切线 PA，PB，其中 A，B 为切点，求抛物线 C 的方程．

5. 设抛物线 C：$x^2=2py(p>0)$ 的焦点为 F，准线为 l，A 为 C 上一点，已知以 F 为圆心，FA 为半径的圆 F 交 l 于点 B，D. 若 $\angle BDF=90°$，$\triangle ABD$ 的面积为 $4\sqrt{2}$，求 p 的值及圆 F 的方程．

6. 已知点 $A(0,\ -2)$，椭圆 E：$\frac{x^2}{a^2}+\frac{y^2}{b^2}=1(a>b>0)$ 的离心率为 $\frac{\sqrt{3}}{2}$，F 是椭圆 E 的右焦点，直线 AF 的斜率为 $\frac{2\sqrt{3}}{3}$，O 为坐标原点．

(1)求椭圆 E 的方程；

(2)设过点 A 的动直线 l 与 E 相交于 P，Q 两点，当 $\triangle OPQ$ 的面积最大时，求 l 的方程．

7. 已知椭圆 C：$\frac{x^2}{a^2}+\frac{y^2}{b^2}=1(a>b>0)$ 的一个顶点为 $A(2,\ 0)$，离心率为 $\frac{\sqrt{2}}{2}$. 直线 $y=k(x-1)$ 与椭圆 C 交于不同的两点 M，N.

(1)求椭圆 C 的方程；

(2)当 $\triangle AMN$ 的面积为 $\frac{\sqrt{10}}{3}$ 时，求 k 的值．

8. 设椭圆 C：$\frac{x^2}{a^2}+\frac{y^2}{b^2}=1(a>b>0)$ 过点 $(0,\ 4)$，离心率为 $\frac{3}{5}$.

(1)求椭圆 C 的方程；

(2)求过点 $(3,\ 0)$ 且斜率为 $\frac{4}{5}$ 的直线被椭圆 C 所截线段的中点坐标．

圆锥曲线传入中国的历史①

圆锥曲线学说在明末随着天文历算第一次传入我国.《测量全义》(1631)、《恒星历指》(1631)、《交食历指》(1632)、《测天约说》(1633)里都介绍了圆锥曲线的一些片段知识.因为这些都是历算书籍，对于圆锥曲线的论说不详细，也不完备，译名也不统一.例如，椭圆，《测量全义》称为椭圆形；《恒星历指》称为椭圆，也称为斜圆；《交食历指》则称为长圆；《测天约说》上卷测量学第一题记为："长圆形者，一线作圈，而首至尾之径大于腰间径；亦名曰瘦圈界，亦名曰椭圆".

这些书籍不是把椭圆看作圆锥的截线，而是看作圆柱的斜截线.例如，《测天约说》中载有："或问此形从何生？答曰：如一长圆柱，横断之，其断处两面皆圆形.若断处稍斜，其两面必稍长，愈斜愈长；或称卵形，亦近似，然卵两端大小不等，非其类也".《交食历指》卷7以及《测量全义》卷5也有类似记载.清康熙十三年(1674)二月呈进了南怀仁(1623—1688)的《灵台仪象志》，其中有应用占两地点的距离的和为一常数的椭圆拉线作图法.《数理精蕴》(1723)上编卷3以及下编卷20称为椭圆，也称鸭蛋形，并记载了椭圆的面积公式，但没有证明.由于天文历算需要，由明安图等人于乾隆七年(1742)编成《历象考成后编》，其中记载有椭圆作图法以及许多性质，并且证明椭圆切线定理以及其面积.

清中叶，研究西算者略有增加，如董祐诚(1791—1823)、戴煦(1806—1860)、项名达(1789—1850)、徐有壬(1800—1860)等对椭圆的周长都有一定的研究，其中最著名的是项名达，在他的《椭圆求周术》(1848年写成，1875年出版)中，论证了椭圆周长，《椭圆求周术》是中算家在圆锥曲线方面第一部独立的著作.虽然是用初等数学方法求得椭圆周长，但与近代算式相符合.项名达之后，中算家李善兰(1811—1882)与伟烈亚力(1815—1887)译罗密士《代微积拾

---

① [英]A·科克肖特，F·B·沃尔斯特.圆锥曲线的几何性质.蒋声，译.上海：上海教育出版社，2002：231－233，有部分修改.

级》(1859)18卷．同治五年(1866)又与艾约瑟(1823—1905)译《圆锥曲线说》3卷．他又著《椭圆拾遗》3卷，用几何方法论证了椭圆的一些性质．清末华蘅芳(1833—1902)与傅兰雅(1839—1928)译华里司《代数术》(1873)25卷，其中卷23“方程界线”介绍了圆锥曲线的一些概念和性质．光绪十六年(1890)，江衡与傅兰雅译哈司韦《算式集要》4卷，书中记载了圆锥曲线的一些计算公式．这就是第二次输入我国圆锥曲线的情形，这些书籍都简略地介绍了抛物线、椭圆、双曲线的性质．除《代微积拾级》以及《代数术》以外，其他各书都是用综合几何的语气叙述的．

明清时期，虽然输入我国一些圆锥曲线知识，因为流传不广，所以解析几何及圆锥曲线学说的研究在我国发展得比较迟缓．清末废科举立学堂，解析几何列为学校必修科目后，圆锥曲线研究在我国才较广泛地流传开来．

第7章 参数方程和极坐标变换

本章概述

极坐标系和参数方程是初等数学和高等数学的一个重要的衔接点，也是与现实生活联系紧密的重要基础知识，本章主要介绍了直线与圆的参数方程和极坐标变换.

本章学习要求

△ 1. 了解曲线参数方程的意义，掌握一些常用曲线的参数方程与普通方程的转化.

△ 2. 了解极坐标的概念，理解极坐标和直角坐标的关系，掌握直线与圆的极坐标方程与直角坐标方程的互化.

7.1 参数方程

7.1.1 曲线的参数方程

参数方程的概念：在平面直角坐标系中，如果曲线上任意一点的坐标 x，y 都是某个变数 t 的函数 $\begin{cases}x=f(t),\\ y=g(t),\end{cases}$ 并且对于 t 的每一个允许值，由这个方程所确定的点 $M(x, y)$ 都在这条曲线上，那么这个方程就叫作这条曲线的**参数方程**，联系变数 x，y 的变数 t 叫作**参变数**，简称**参数**.

相对于参数方程而言，直接给出点的坐标间关系的方程叫作普通方程.

例 1 将下列参数方程化为普通方程：

$\begin{cases}x=\sqrt{t}+1,\\ y=1-2\sqrt{t}.\end{cases}$ （t 为参数）

解 由 $x=\sqrt{t}+1\geqslant 1$，有 $\sqrt{t}=x-1$，

代入 $y=1-2\sqrt{t}$，

得 $y=-2x+3$.

例 2 (1)参数方程 $\begin{cases}x=2t,\\ y=t\end{cases}$ （t 为参数）化为普通方程为__________；

(2)参数方程 $\begin{cases}x=1+\cos\theta,\\ y=1-\sin\theta\end{cases}$ （θ 为参数）化为普通方程为__________.

解 (1)把 $t=\frac{1}{2}x$ 代入 $y=t$ 得 $y=\frac{1}{2}x$.

(2)参数方程变形为 $\begin{cases}x-1=\cos\theta,\\ y-1=-\sin\theta,\end{cases}$

两式平方相加，得 $(x-1)^2+(y-1)^2=1$.

7.1.2 直线和圆的参数方程

1. 直线的参数方程

经过点 $M_0(x_0, y_0)$，倾斜角为 α 的直线 l 的参数方程可表示为

$$\begin{cases} x=x_0+t\cos\alpha, \\ y=y_0+t\sin\alpha. \end{cases}(t\text{ 为参数})$$

例 3 已知直线 l 经过点 $P(1, 1)$，倾斜角为 $\alpha=\dfrac{\pi}{6}$，写出直线 l 的参数方程.

解 直线 l 的参数方程为 $\begin{cases} x=1+t\cos\dfrac{\pi}{6}, \\ y=1+t\sin\dfrac{\pi}{6}, \end{cases}$

即 $\begin{cases} x=1+\dfrac{\sqrt{3}}{2}t, \\ y=1+\dfrac{1}{2}t. \end{cases}$

2. 圆的参数方程

圆 $(x-a)^2+(y-b)^2=r^2$ 的参数方程可表示为 $\begin{cases} x=a+r\cos\theta, \\ y=b+r\sin\theta. \end{cases}(\theta\text{ 为参数})$.

特殊地，$x^2+y^2=r^2$ 的参数方程可表示为 $\begin{cases} x=r\cos\theta, \\ y=r\sin\theta. \end{cases}$

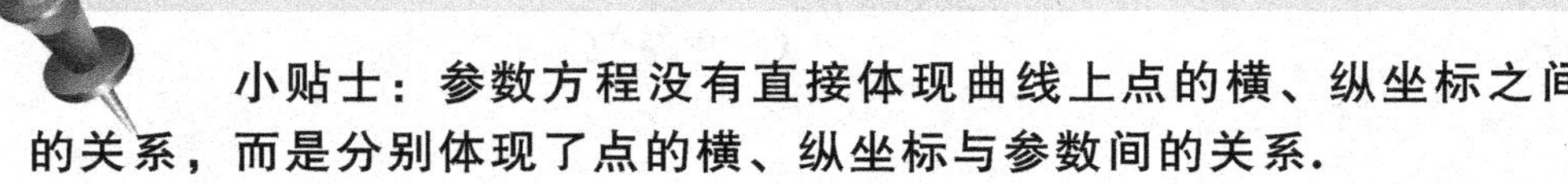

小贴士：参数方程没有直接体现曲线上点的横、纵坐标之间的关系，而是分别体现了点的横、纵坐标与参数间的关系.

例 4 圆 C：$(x-1)^2+(y-2)^2=2$，写出圆 C 的参数方程.

解 圆的参数方程为

$$\begin{cases} x=1+2\cos\theta, \\ y=2+2\sin\theta. \end{cases}(\theta\text{ 为参数})$$

7.1.3 圆锥曲线的参数方程

1. 椭圆的参数方程

中心在原点，焦点在 x 轴上的椭圆：$\dfrac{x^2}{a^2}+\dfrac{y^2}{b^2}=1(a>b>0)$ 的参数方程可表示为

$$\begin{cases}x=a\cos\theta,\\ y=b\sin\theta.\end{cases}(\theta\text{ 为参数})$$

中心在(x_0, y_0)的椭圆的参数方程为

$$\begin{cases}x=x_0+a\cos\theta,\\ y=y_0+b\sin\theta.\end{cases}(\theta\text{ 为参数})$$

2. 双曲线的参数方程

双曲线$\frac{x^2}{a^2}-\frac{y^2}{b^2}=1$的参数方程可表示为

$$\begin{cases}x=a\sec\theta,\\ y=b\tan\theta.\end{cases}(\theta\text{ 为参数})$$

中心在(x_0, y_0)，焦点在 x 轴上的双曲线为

$$\begin{cases}x=x_0+a\sec\theta,\\ y=y_0+b\tan\theta.\end{cases}(\theta\text{ 为参数})$$

3. 抛物线的参数方程

抛物线 $y^2=2px$ 的参数方程可表示为

$$\begin{cases}x=2pt^2,\\ y=2pt.\end{cases}(t\text{ 为参数，}p>0)$$

例 5 将双曲线$\frac{x^2}{2^2}-\frac{y^2}{3^2}=1$写成参数方程的形式.

解

$$\begin{cases}x=2\sec\theta,\\ y=3\tan\theta.\end{cases}(\theta\text{ 为参数})$$

思考题 7-1

普通方程化为参数方程，参数方程的形式唯一吗？

课堂练习 7-1

1. 已知直线 l_1过点 $P(2, 0)$，斜率为$\frac{4}{3}$.

(1)求直线 l_1的参数方程；

(2)若直线 l_2的方程为 $x+y+5=0$，且满足 $l_1\cap l_2=Q$，求 $|PQ|$ 的值.

2. 已知点 $P(x, y)$为曲线 C：$\begin{cases}x=3\sin\theta+4\cos\theta,\\ y=4\sin\theta+3\cos\theta\end{cases}$($\theta$ 为参数)上的动点，若不等式 $x+y+m>0$ 恒成立，求实数 m 的取值范围.

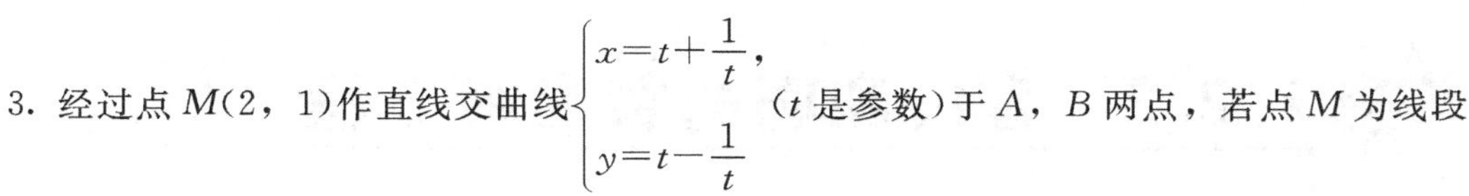

3. 经过点 $M(2，1)$作直线交曲线$\begin{cases}x=t+\dfrac{1}{t},\\ y=t-\dfrac{1}{t}\end{cases}$（$t$ 是参数）于 A，B 两点，若点 M 为线段 AB 的中点，求直线 AB 的方程.

4. 在平面直角坐标系中，圆 C 的参数方程为$\begin{cases}x=3+2\cos\theta,\\ y=-4+2\sin\theta\end{cases}$（$\theta$ 为参数）.

(1)以原点为极点、x 轴正半轴为极轴建立极坐标系，求圆 C 的极坐标方程；

(2)已知 $A(-2，0)$，$B(0，2)$，若 $M(x，y)$是圆 C 上任意一点，求$\triangle ABM$ 的面积的最大值.

7.2 极坐标变换

7.2.1 极坐标的概念

极坐标系的概念：在平面内取一个定点 O，从 O 引一条射线 Ox，选定一个单位长度以及计算角度的正方向（通常取逆时针方向为正方向），这样就建立了一个极坐标系，点 O 叫作极点，射线 Ox 叫作极轴.

小贴士：①极点；②极轴；③长度单位；④角度单位和它的正方向，构成了极坐标系的四要素，缺一不可.

点 M 的**极坐标**：设 M 是平面内一点，极点 O 与点 M 的距离 $|OM|$ 叫作点 M 的**极径**，记为 ρ；以极轴 Ox 为始边，射线 OM 为终边的$\angle xOM$ 叫作点 M 的**极角**，记为 θ. 有序数对$(\rho，\theta)$叫作点 M 的**极坐标**，记为 $M(\rho，\theta)$.

极坐标$(\rho，\theta)$与$(\rho，\theta+2k\pi)(k\in\mathbf{Z})$表示同一个点. 极点 O 的坐标为$(0，\theta)(\theta\in\mathbf{R})$.

例 1 在极坐标系中，圆 $\rho=-2\sin\theta$ 的圆心的极坐标是(　　).

解 由 $\rho=-2\sin\theta$，得 $\rho^2=-2\rho\sin\theta$，化为普通方程 $x^2+(y+1)^2=1$，其圆心坐标为$(0，-1)$，所以其极坐标为$\left(1，-\dfrac{\pi}{2}\right)$.

7.2.2 直线和圆的极坐标方程

1. 直线的极坐标方程

若直线过点 $M(\rho_0, \theta_0)$，且极轴到此直线的角为 α，则它的方程为：

$$\rho\sin(\theta-\alpha)=\rho_0\sin(\theta_0-\alpha).$$

几个特殊位置的直线的极坐标方程：

(1)直线过极点；

(2)直线过点 $M(a, 0)$且垂直于极轴；

(3)直线过点$M\left(b, \dfrac{\pi}{2}\right)$且平行于极轴.

方程：(1)$\theta=\alpha(\rho\in\mathbf{R})$ 或写成 $\theta=\alpha$ 及 $\theta=\alpha+\pi$；(2)$\rho\cos\theta=a$；(3)$\rho\sin\theta=b$.

例 2　将 $x+y=0$ 化为极坐标方程.

解　将 $x=\rho\cos\theta$，$y=\rho\sin\theta$ 代入 $x+y=0$，

得 $\rho\cos\theta+\rho\sin\theta=0$，

即 $\rho(\cos\theta+\sin\theta)=0$，

所以 $\tan\theta=-1$，

即 $\theta=\dfrac{3\pi}{4}(\rho\geqslant 0)$和 $\theta=\dfrac{7\pi}{4}(\rho\geqslant 0)$，

所以直线 $x+y=0$ 的极坐标方程为 $\theta=\dfrac{3\pi}{4}(\rho\geqslant 0)$和 $\theta=\dfrac{7\pi}{4}(\rho\geqslant 0)$.

2. 圆的极坐标方程

若圆心为 $M(\rho_0, \theta_0)$，半径为 r 的圆方程为：

$$\rho^2-2\rho_0\rho\cos(\theta-\theta_0)+\rho_0{}^2-r^2=0.$$

几个特殊位置的圆的极坐标方程：

(1)当圆心位于极点，r 为半径；

(2)当圆心位于 $C(a, 0)(a>0)$，a 为半径；

(3)当圆心位于 $C\left(a, \dfrac{\pi}{2}\right)(a>0)$，$a$ 为半径.

方程：(1)$\rho=r$；(2)$\rho=2a\cos\theta$；(3)$\rho=2a\sin\theta$.

例 3　求以点 $A(2, 0)$为圆心，且经过 $B\left(3, \dfrac{\pi}{3}\right)$的圆的极坐标方程.

解　由余弦定理知，$AB^2=2^2+3^2-2\times 2\times 3\times\cos\dfrac{\pi}{3}=7$，

所以，圆的方程为$(x-2)^2+y^2=7$.

由$\begin{cases}x=\rho\cos\theta,\\y=\rho\sin\theta\end{cases}$得圆的极坐标方程为$(\rho\cos\theta-2)^2+(\rho\sin\theta)^2=7$，

即 $\rho^2-4\rho\cos\theta-3=0$.

思考题 7－2

直线与圆的极坐标方程式是唯一的吗？

课堂练习 7－2

1. 在极坐标系中，求适合下列条件的圆的极坐标方程.

(1)圆心在 $A\left(1,\ \frac{\pi}{4}\right)$，半径为 1 的圆；

(2)圆心在 $A\left(3,\ \frac{\pi}{2}\right)$，半径为 3 的圆.

2. 将直角坐标方程化为极坐标方程.

(1)$x^2+y^2=1$；

(2)$y=-\sqrt{3}x$.

本章小结

知识框架

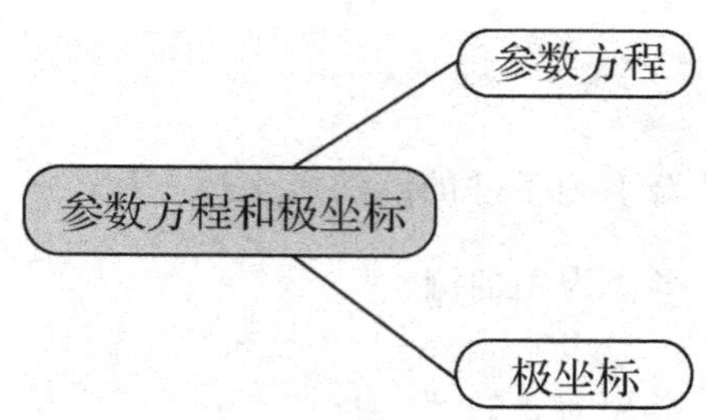

知识点梳理

7.1 参数方程

1. 参数方程的概念.

在平面直角坐标系中，如果曲线上任意一点的坐标 x，y 都是某个变数 t 的函数 $\begin{cases}x=f(t),\\ y=g(t),\end{cases}$ 并且对于 t 的每一个允许值，由这个方程所确定的点 $M(x, y)$都在这条曲线上，那么这个方程就叫作这条曲线的参数方程，联系变数 x，y 的变数 t 叫作参变数，简称参数.

相对于参数方程而言，直接给出点的坐标间关系的方程叫作普通方程.

2. 曲线的参数方程.

(1)圆$(x-a)^2+(y-b)^2=r^2$ 的参数方程可表示为$\begin{cases}x=a+r\cos\theta,\\ y=b+r\sin\theta.\end{cases}$($\theta$ 为参数).

(2)椭圆$\dfrac{x^2}{a^2}+\dfrac{y^2}{b^2}=1(a>b>0)$的参数方程可表示为$\begin{cases}x=a\cos\varphi,\\ y=b\sin\varphi.\end{cases}$($\varphi$ 为参数).

(3)抛物线 $y^2=2px$ 的参数方程可表示为$\begin{cases}x=2pt^2,\\ y=2pt.\end{cases}$($t$ 为参数).

(4)经过点 $M_0(x_0, y_0)$，倾斜角为 α 的直线 l 的参数方程可表示为

$$\begin{cases}x=x_0+t\cos\alpha,\\ y=y_0+t\sin\alpha.\end{cases}(t \text{ 为参数}).$$

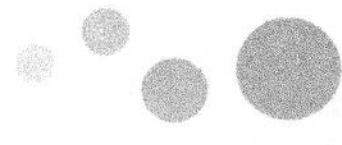

3. 在建立曲线的参数方程时，要注明参数及参数的取值范围. 在参数方程与普通方程的互化中，必须使 x，y 的取值范围保持一致.

7.2 极坐标变换

1. 伸缩变换.

设点 $P(x, y)$ 是平面直角坐标系中的任意一点，在变换 φ：$\begin{cases} x'=\lambda \cdot x(\lambda>0), \\ y'=\mu \cdot y(\mu>0). \end{cases}$ 的作用下，点 $P(x, y)$ 对应到点 $P'(x', y')$，称 φ 为平面直角坐标系中的坐标伸缩变换，简称伸缩变换.

2. 极坐标系的概念.

在平面内取一个定点 O，从 O 引一条射线 Ox，选定一个单位长度以及计算角度的正方向(通常取逆时针方向为正方向)，这样就建立了一个极坐标系，点 O 叫作极点，射线 Ox 叫作极轴.

①极点；②极轴；③长度单位；④角度单位和它的正方向，构成了极坐标系的四要素，缺一不可.

3. 点 M 的极坐标.

设 M 是平面内一点，极点 O 与点 M 的距离 $|OM|$ 叫作点 M 的极径，记为 ρ；以极轴 Ox 为始边，射线 OM 为终边的 $\angle xOM$ 叫作点 M 的极角，记为 θ. 有序数对 (ρ, θ) 叫作点 M 的极坐标，记为 $M(\rho, \theta)$.

极坐标 (ρ, θ) 与 $(\rho, \theta+2k\pi)(k\in\mathbf{Z})$ 表示同一个点. 极点 O 的坐标为 $(0, \theta)(\theta\in\mathbf{R})$.

4. 若 $\rho<0$，则 $-\rho>0$，规定点 $(-\rho, \theta)$ 与点 (ρ, θ) 关于极点对称，即 $(-\rho, \theta)$ 与 $(\rho, \pi+\theta)$ 表示同一个点.

如果规定 $\rho>0$，$0\leqslant\theta\leqslant 2\pi$，那么除极点外，平面内的点可用唯一的极坐标 (ρ, θ) 表示；同时，极坐标 (ρ, θ) 表示的点也是唯一确定的.

5. 极坐标与直角坐标的互化.

(1)互化的前提条件.

①极坐标系中的极点与直角坐标系中的原点重合；

②极轴与 x 轴的正半轴重合；

③两种坐标系中取相同的长度单位.

(2)互化公式．

$$\rho^2=x^2+y^2,$$
$$x=\rho\cos\theta,\ y=\rho\sin\theta,$$
$$\tan\theta=\frac{y}{x}(x\neq 0).$$

6. 曲线的极坐标方程．

(1)直线的极坐标方程.

若直线过点 $M(\rho_0,\ \theta_0)$，且极轴到此直线的角为 α，则它的方程为

$$\rho\sin(\theta-\alpha)=\rho_0\sin(\theta_0-\alpha).$$

几个特殊位置的直线的极坐标方程：

①直线过极点；②直线过点 $M(a,\ 0)$，且垂直于极轴；③直线过 $M\left(b,\ \frac{\pi}{2}\right)$，且平行于极轴．

方程：①$\theta=\alpha(\rho\in\mathbf{R})$ 或写成 $\theta=\alpha$ 及 $\theta=\alpha+\pi$；②$\rho\cos\theta=a$；③$\rho\sin\theta=b$.

(2)圆的极坐标方程.

若圆心为 $M(\rho_0,\ \theta_0)$，半径为 r 的圆方程为

$$\rho^2-2\rho_0\rho\cos(\theta-\theta_0)+\rho_0^2-r^2=0.$$

几个特殊位置的圆的极坐标方程：

①当圆心位于极点，r 为半径；②当圆心位于 $C(a,\ 0)(a>0)$，a 为半径；③当圆心位于 $C\left(a,\ \frac{\pi}{2}\right)(a>0)$，$a$ 为半径．

方程：①$\rho=r$；②$\rho=2a\cos\theta$；③$\rho=2a\sin\theta$.

7. 在极坐标系中，$\theta=\alpha(\rho\geqslant 0)$表示以极点为起点的一条射线；$\theta=\alpha(\rho\in\mathbf{R})$表示过极点的一条直线．

复习题七(A)

一、选择题(在每小题列出的4个备选项中只有一个是符合题目要求的，请将其代码填写在后面的括号里)

1. 已知点M的极坐标为$\left(5,\ \frac{\pi}{3}\right)$，下列给出的四个坐标中能表示点$M$的坐标是(　　).

A. $\left(5,\ -\frac{\pi}{3}\right)$　　B. $\left(5,\ \frac{4\pi}{3}\right)$　　C. $\left(5,\ -\frac{2\pi}{3}\right)$　　D. $\left(5,\ -\frac{5\pi}{3}\right)$

2. 直线：$3x-4y-9=0$与圆：$\begin{cases}x=2\cos\theta,\\ y=2\sin\theta\end{cases}$($\theta$为参数)的位置关系是(　　).

A. 相切　　B. 相离

C. 直线过圆心　　D. 相交但直线不过圆心

3. 在参数方程$\begin{cases}x=a+t\cos\theta,\\ y=b+t\sin\theta\end{cases}$($t$为参数)表示的曲线上有$B$，$C$两点，它们对应的参数值分别为$t_1$，$t_2$，则线段$BC$的中点$M$对应的参数值是(　　).

A. $\frac{t_1-t_2}{2}$　　B. $\frac{t_1+t_2}{2}$

C. $\frac{|t_1-t_2|}{2}$　　D. $\frac{|t_1+t_2|}{2}$

4. 曲线的参数方程为$\begin{cases}x=3t^2+2\\ y=t^2-1\end{cases}$($t$是参数)，则曲线是(　　).

A. 线段　　B. 双曲线的一支

C. 圆　　D. 射线

5. 设椭圆的参数方程为$\begin{cases}x=a\cos\theta\\ y=b\sin\theta\end{cases}$($0\leqslant\theta\leqslant\pi$)，若$M(x_1,\ y_1)$，$N(x_2,\ y_2)$是椭圆上两点，$M$，$N$对应的参数为$\theta_1$，$\theta_2$，且$x_1<x_2$，则(　　).

A. $\theta_1<\theta_2$　　B. $\theta_1>\theta_2$　　C. $\theta_1\geqslant\theta_2$　　D. $\theta_1\leqslant\theta_2$

6. 经过点$M(1,\ 5)$且倾斜角为$\frac{\pi}{3}$的直线，以定点M到动点P的位移t为参数的参数方程是(　　).

A. $\begin{cases} x=1+\frac{1}{2}t \\ y=5-\frac{\sqrt{3}}{2}t \end{cases}$ B. $\begin{cases} x=1-\frac{1}{2}t \\ y=5+\frac{\sqrt{3}}{2}t \end{cases}$

C. $\begin{cases} x=1-\frac{1}{2}t \\ y=5-\frac{\sqrt{3}}{2}t \end{cases}$ D. $\begin{cases} x=1+\frac{1}{2}t \\ y=5+\frac{\sqrt{3}}{2}t \end{cases}$

7. 参数方程$\begin{cases} x=t+\frac{1}{t}, \\ y=-2 \end{cases}$（$t$ 为参数）所表示的曲线是（　　）.

A. 一条射线　B. 两条射线　C. 一条直线　D. 两条直线

二、填空题（请在每小题的空格中填上正确答案）

1. 点(2，−2)的极坐标为__________.

2. 若$A\left(3，\frac{\pi}{3}\right)$，$B\left(4，-\frac{\pi}{6}\right)$，则$|AB|=$__________，$S_{\triangle AOB}=$__________.（其中$O$是极点）

3. 极点到直线$\rho(\cos\theta+\sin\theta)=\sqrt{3}$的距离是__________.

4. 极坐标方程$\rho\sin^2\theta-2\cos\theta=0$表示的曲线是__________.

5. 圆锥曲线$\begin{cases} x=2\tan\theta, \\ y=3\sec\theta \end{cases}$（$\theta$ 为参数）的准线方程是__________.

6. 直线 l 过点$M_0(1，5)$，倾斜角是$\frac{\pi}{3}$，且与直线$x-y-2\sqrt{3}=0$交于点M，则$|MM_0|$的长为__________.

7. 过抛物线$y^2=4x$的焦点作倾斜角为α的弦，若弦长不超过8，则α的取值范围是__________.

8. 直线$\begin{cases} x=-2-\sqrt{2}t, \\ y=3+\sqrt{2}t \end{cases}$（$t$ 为参数）上与点$P(-23)$距离等于$\sqrt{2}$的点的坐标为__________.

9. 圆锥曲线$\begin{cases} x=2\tan\theta, \\ y=3\sec\theta \end{cases}$（$\theta$ 为参数）的准线方程是__________.

10. 曲线$\begin{cases} x=a\sec\alpha, \\ y=b\tan\alpha \end{cases}$（$\alpha$ 为参数）与曲线$\begin{cases} x=a\tan\beta, \\ y=b\sec\beta \end{cases}$（$\beta$ 为参数）的离心率分别为e_1，e_2，则e_1+e_2的最小值为__________.

三、解答题

1. 求圆心为 $C\left(3，\frac{\pi}{6}\right)$，半径为 3 的圆的极坐标方程.

2. 求椭圆 $\frac{x^2}{9}+\frac{y^2}{4}=1$ 上一点 P 与定(1，0)之距离的最小值.

3. 求直线 $\begin{cases}x=2+t,\\ y=\sqrt{3}t\end{cases}$ (t 为参数)被曲线 $x^2-y^2=1$ 截得的弦.

4. 已知椭圆 $\begin{cases}x=4\cos\theta,\\ y=5\sin\theta\end{cases}$ 上两个相邻顶点为 A，C，B，D 为椭圆上的两个动点，且 B，D 分别在直线 AC 的两旁，求四边形 $ABCD$ 的面积的最大值.

复习题七(B)

一、选择题(在每小题列出的4个备选项中只有一个是符合题目要求的，请将其代码填写在后面的括号里)

1. 已知$M\left(-5,\ \frac{\pi}{3}\right)$，下列给出的不能表示点的坐标的是(　　).

A. $\left(5,\ -\frac{\pi}{3}\right)$　　B. $\left(5,\ \frac{4\pi}{3}\right)$

C. $\left(5,\ -\frac{2\pi}{3}\right)$　　D. $\left(-5,\ -\frac{5\pi}{3}\right)$

2. 点$P(1,\ -\sqrt{3})$，则它的极坐标是(　　).

A. $\left(2,\ \frac{\pi}{3}\right)$　　B. $\left(2,\ \frac{4\pi}{3}\right)$　　C. $\left(2,\ -\frac{\pi}{3}\right)$　　D. $\left(2,\ -\frac{4\pi}{3}\right)$

3. 极坐标方程$\rho=\cos\left(\frac{\pi}{4}-\theta\right)$表示的曲线是(　　).

A. 双曲线　　B. 椭圆　　C. 抛物线　　D. 圆

4. 圆$\rho=\sqrt{2}(\cos\theta+\sin\theta)$的圆心坐标是(　　).

A. $\left(1,\ \frac{\pi}{4}\right)$　　B. $\left(\frac{1}{2},\ \frac{\pi}{4}\right)$　　C. $\left(\sqrt{2},\ \frac{\pi}{4}\right)$　　D. $\left(2,\ \frac{\pi}{4}\right)$

5. 在极坐标系中，与圆$\rho=4\sin\theta$相切的一条直线方程为(　　).

A. $\rho\sin\theta=2$　　B. $\rho\cos\theta=2$　　C. $\rho\cos\theta=4$　　D. $\rho\cos\theta=-4$

6. 已知点$A\left(-2,\ -\frac{\pi}{2}\right)$，$B\left(\sqrt{2},\ \frac{3\pi}{4}\right)$，$O(0,\ 0)$，则$\triangle ABO$为(　　).

A. 正三角形　　B. 直角三角形

C. 等腰锐角三角形　　D. 等腰直角三角形

二、填空题(请在每小题的空格中填上正确答案)

1. 极坐标方程$4\rho\sin^2\frac{\theta}{2}=5$化为直角坐标方程是__________.

2. 圆心为$C\left(3,\ \frac{\pi}{6}\right)$，半径为3的圆的极坐标方程为__________.

3. 已知直线的极坐标方程为$\rho\sin\left(\theta+\frac{\pi}{4}\right)=\frac{\sqrt{2}}{2}$，则极点到直线的距离是

____________.

4. 在极坐标系中，点 $P\left(2,\ \frac{11\pi}{6}\right)$ 到直线 $\rho\sin\left(\theta-\frac{\pi}{6}\right)=1$ 的距离等于____________.

三、解答题

1. $\triangle ABC$ 的底边 $BC=10$，$\angle A=\frac{1}{2}\angle B$，以点 B 为极点，BC 为极轴，求顶点 A 的轨迹方程.

2. 在极坐标系中，已知圆 C 的圆心 $C\left(3,\ \frac{\pi}{6}\right)$，半径 $r=1$，点 Q 在圆 C 上运动.

(1)求圆 C 的极坐标方程；

(2)若 P 在直线 OQ 上运动，且 $OQ:QP=2:3$，求动点 P 的轨迹方程.

专题阅读

极坐标来源

第一个用极坐标来确定平面上点的位置的是牛顿．他的《流数法与无穷级数》，出版于1736年．此书包括解析几何的许多应用，例如，按方程描出曲线．书中创见之一，是引进新的坐标系．17—18世纪的人，一般只用一根坐标轴（x轴），其y值是沿着与x轴成直角或斜角的方向画出的．牛顿所引进的坐标之一，是用一个固定点和通过此点的一条直线作标准．例如，我们使用的极坐标系．牛顿还引进了双极坐标，其中每点的位置决定于它到两个固定点的距离．由于牛顿的这个工作直到1736年才被人们发现，而瑞士数学家伯努利于1691年在《教师学报》上发表了一篇基本上是关于极坐标的文章，所以通常认为伯努利是极坐标的发现者．伯努利的学生赫尔曼在1729年不仅正式宣布了极坐标的普遍可用，而且自由地应用极坐标去研究曲线．赫尔曼还给出了从直角坐标到极坐标的变换公式．确切地讲，赫尔曼把$\cos\theta$，$\sin\theta$当作变量来使用，而且用n和m来表示$\cos\theta$和$\sin\theta$. 欧拉扩充了极坐标的使用范围，而且明确地使用三角函数的记号；欧拉那个时候的极坐标系实际上就是现代的极坐标系．

有些几何轨迹问题如果用极坐标法处理，它的方程比用直角坐标法来得简单，描图也较方便．1694年，伯努利利用极坐标引进了双纽线，此曲线在18世纪起了相当大的作用．

在极坐标中，x被$\rho\cos\theta$代替，y被$\rho\sin\theta$代替，且$\rho^2=x^2+y^2$.

极坐标系是一个二维坐标系统．该坐标系统中的点由一个夹角和一段相对中心点——极点（相当于我们较为熟知的直角坐标系中的原点）的距离来表示．极坐标系的应用领域十分广泛，包括数学、物理、工程、航海以及机器人领域．在两点间的关系用夹角和距离很容易表示时，极坐标系便显得尤为重要；而在平面直角坐标系中，这样的关系就只能使用三角函数来表示，对于很多类型的曲线，极坐标方程是最简单的表达形式．甚至对于某些曲线来说，只有极坐标方程才能够表示．

极坐标方程

用极坐标系描述的曲线方程称作极坐标方程，通常用来表示 ρ 为自变量 θ 的函数.

极坐标方程经常会表现出不同的对称形式，如果 $\rho(-\theta)=\rho(\theta)$，则曲线关于极点(0°/180°)对称，如果 $\rho(\pi-\theta)=\rho(\theta)$，则曲线关于极点(90°/270°)对称，如果 $\rho(\theta-\alpha)=\rho(\theta)$，则曲线相当于从极点逆时针方向旋转 α.

(1)圆．

在极坐标系中，圆心为$(r，\varphi)$，半径为 r 的圆的方程为 $\rho=2r\cos(\theta-\varphi)$.

另外，圆心为 $M(\rho'，\theta')$，半径为 r 的圆的极坐标方程为

$$(\rho')^2+\rho^2-2\rho\rho'\cos(\theta-\theta')=r^2.$$

根据余弦定理可推得．

方程为 $r(\theta)=1$ 的圆如图 7-1 所示．

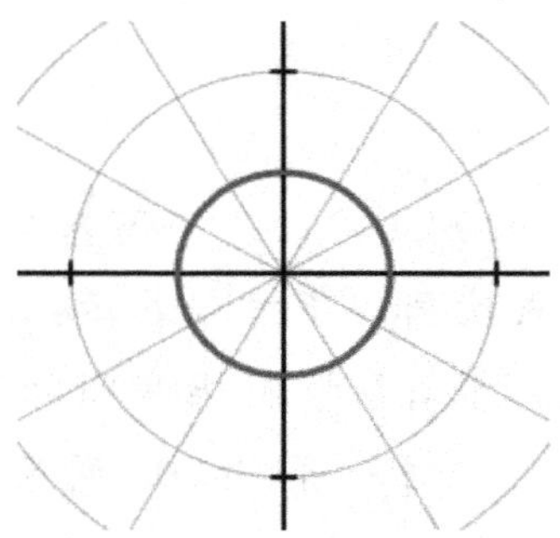

图 7-1　方程为 $r(\theta)=1$ 的圆

(2)直线．

经过极点的射线的方程如下．

$$\theta=\varphi.$$

其中 φ 为射线的倾斜角，若 m 为直角坐标系的射线的斜率，则有 $\varphi=\arctan m$. 任何不经过极点的直线都会与某条射线垂直．这些在点$(r'，\varphi)$处的直线与射线 $\theta=\varphi$ 垂直，其方程为 $r'(\theta)=r'\sec(\theta-\varphi)$.

(3)玫瑰线．

极坐标的玫瑰线是数学曲线中非常著名的曲线(图 7-2)，看上去像花瓣，它只能用极坐标方程来描述，方程如下．

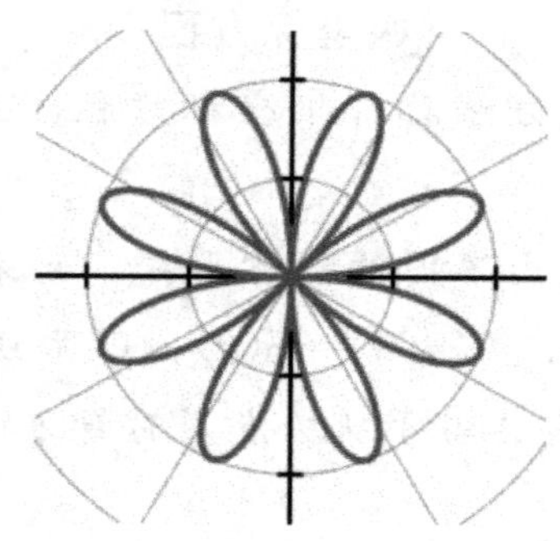

图 7-2 方程为 $r(\theta)=2\sin 4\theta$ 的玫瑰线

$$r(\theta)=a\cos k\theta \text{ 或 } r(\theta)=a\sin k\theta.$$

如果 k 是整数，当 k 是奇数时，那么曲线将会是 k 个花瓣；当 k 是偶数时，曲线将是 $2k$ 个花瓣．如果 k 为非整数，将产生圆盘状图形，且花瓣数也为非整数．注意：该方程不可能产生 4 的倍数加 2(如 2，6，10，…)个花瓣．变量 a 代表玫瑰线花瓣的长度．

(4)阿基米德螺线．

图 7-3 为方程 $r(\theta)=\theta(0<\theta<6\pi)$ 的一条阿基米德螺线．

阿基米德螺线在极坐标里使用以下方程表示：$r(\theta)=a+b\theta$.

改变参数 a 将改变螺线形状，b 控制螺线间的距离，通常为常量．阿基米德螺线有两条螺线：一条 $\theta>0$，另一条 $\theta<0$. 两条螺线在极点处平滑地连接．把其中一条翻转 90°或 270°得到其镜像，即另一条螺线．

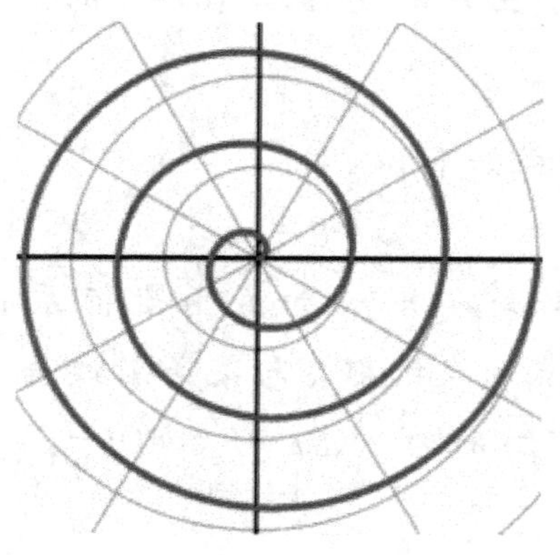

图 7-3 一条阿基米德螺线

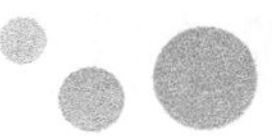

(5)圆锥曲线．

圆锥曲线方程如下．

$$r=\frac{1}{1+e\cos\theta}.$$

其中l表示半径，e表示离心率．如果$e<1$，曲线为椭圆；如果$e=1$，曲线为抛物线；如果$e>1$，则表示双曲线．

或者

$$r=\frac{ep}{1-e\cos\theta}.$$

其中e表示离心率，p表示焦点到准线的距离．

由于坐标系统是基于圆环的，所以许多有关曲线的方程，极坐标要比直角坐标系(笛卡儿坐标系)简单得多，如双纽线、心脏线．

参考文献

[1]《数学手册》编写组．数学手册．北京：人民教育出版社，1979.

[2]［德］埃伯哈德·蔡德勒，等．数学指南(实用数学手册)．李文林，等，译．北京：科学出版社，2012.

[3]人力资源和社会保障部教材办公室．数学(第五版 上、下册)．北京：中国劳动社会保障出版社，2011.

[4]朱鹏华，吴鹏．数学．北京：北京师范大学出版社，2015.